基于Python的交互式数据可视化编程

[德] 阿布哈·贝洛卡（Abha Belorkar）
[印] 沙拉特·钱德拉·冈图库（Sharath Chandra Guntuku）
[印] 舒邦吉·霍拉（Shubhangi Hora）
[印] 安舒·库马（Anshu Kumar）
著
林 琪 译

中国电力出版社
CHINA ELECTRIC POWER PRESS

内 容 提 要

本书主要介绍了使用Python创建交互式数据可视化时需要了解的内容。首先介绍如何使用非交互式数据可视化库Matplotlib和Seaborn绘制各种图。通过研究不同类型的可视化，了解如何选择一种特定类型的可视化来满足各种需求。对各种非交互式数据可视化库有所了解之后，将介绍创建直观且有说服力的数据可视化的有关原则，并使用Bokeh和Plotly将绘制的图转化为吸引人的故事。本书还会介绍交互式数据和模型可视化如何优化回归模型的性能。

本书旨在为Python开发人员、数据分析人员和数据科学家提供一个坚实的培训基础，让他们能以最佳方式呈现关键技术。

图书在版编目（CIP）数据

基于Python的交互式数据可视化编程/（德）阿布哈·贝洛卡（Abha Belorkar）等著；林琪译．—北京：中国电力出版社，2021.1

书名原文：Interactive Data Visualization with Python

ISBN 978-7-5198-4988-7

Ⅰ.①基… Ⅱ.①阿…②林… Ⅲ.①软件工具—程序设计 Ⅳ.①TP311.561

中国版本图书馆CIP数据核字（2020）第182775号

北京市版权局著作权合同登记 图字：01-2020-2694号

出版发行：中国电力出版社
地　　址：北京市东城区北京站西街19号（邮政编码100005）
网　　址：http://www.cepp.sgcc.com.cn
责任编辑：刘　炽　何佳煜（010-63412758）
责任校对：黄　蓓　王小鹏
装帧设计：赵姗姗
责任印制：杨晓东

印　　刷：北京天宇星印刷厂
版　　次：2021年1月第一版
印　　次：2021年1月北京第一次印刷
开　　本：787毫米×1092毫米　16开本
印　　张：15.75
字　　数：327千字
定　　价：69.00元

前　　言

> **说明**
>
> 这一节会简要介绍作者、本书内容、开始学习这本书所需的技能，以及完成本书所有实践活动和练习的硬件和软件需求。

关于本书

大量数据不断生成，迫切需要开发人员能够将数据有效又有趣的可视化呈现。本书将增进你的数据探索能力，可以为使用 Python 创建交互式数据可视化的学习提供一个非常好的起点。

首先你会学习如何使用非交互式数据可视化库 **Matplotlib** 和 **Seaborn** 绘制各种图。你将研究不同类型的可视化，对它们进行比较，并了解如何选择一种特定类型的可视化来满足你的需求。对各种非交互式数据可视化库有所了解之后，你将学习创建直观且有说服力的数据可视化的有关原则，并使用 **Altair**、**Bokeh** 和 **Plotly** 将你绘制的图转化为吸引人的故事。

学习完这本书，你将会拥有一组新的技能，帮助你成为能够将数据可视化转换为生动有趣故事的热门人才。

关于作者

Abha Belorkar 是计算机科学领域的一位教育工作者和研究人员。她在印度彼拉尼的博拉理工学院获得计算机科学学士学位，并在新加坡国立大学获得博士学位。目前她的研究工作包括开发基于统计学、机器学习和数据可视化技术的方法，从神经退行性疾病的异构基因组数据中获得见解。

Sharath Chandra Guntuku 是自然语言处理和多媒体计算领域的一位研究人员。他在印度彼拉尼的博拉理工学院获得计算机科学学士学位，在新加坡南洋理工大学获得博士学位。他的研究目标是利用大规模的社交媒体图片和文本数据来模拟社会健康水平和心理特征。他使用机器学习、统计分析、自然语言处理和计算机视觉来回答有关个人和社区健康和心理的问题。

Shubhangi Hora 是一位 Python 开发人员、人工智能爱好者、数据科学家和作家。她拥有计算机科学和心理学背景，尤其热衷于心理健康相关的人工智能。除此之外，她还对表演艺术感兴趣，是一名训练有素的音乐家。

Anshu Kumar 是一位数据科学家，在解决自然语言处理和推荐系统中的复杂问题方面有超过5年的经验。他拥有印度理工学院马德拉斯分校计算机科学专业工学硕士学位。他也是SpringBoard项目的导师。他目前的兴趣是为大规模多语言数据集实现语义搜索、文本摘要和内容推荐。

学习目标

学习完这本书，你将掌握以下技能：

• 探索和应用不同的静态和交互式数据可视化技术。

• 高效使用Matplotlib、Seaborn、Altair、Bokeh和Plotly库提供的各种类型的图和特征技术。

• 掌握选择适当的图片参数和风格的方法，创建吸引人的图。

• 选择有意义而且信息量大的方式通过数据讲故事。

• 为特定的场景、上下文和观众定制数据可视化。

• 避免数据可视化中的常见错误和失误。

本书面向的读者

这本书旨在为Python开发人员、数据分析师和数据科学家提供一个坚实的培训基础，使他们能够以最佳的方式把握用户的注意力和想象力，从而最有效地呈现关键的数据见解。这是一个简单的循序渐进的指南，展示了可视化的不同类型和组成元素、有效交互的原则和技术，以及创建交互式数据可视化时要避免的常见陷阱。

学习这本书的人在编写Python代码方面应当有中等水平的能力，并熟悉一些库（如pandas）的使用。

方法

学习交互式数据可视化的资源相当少。现有的资料要么采用Python以外的其他工具（例如，Tableau），要么只强调某一个Python库来实现可视化。这本书首次提供了用Python实现交互式数据可视化的多种选择，是第一本全面介绍这些内容的书。我们的介绍方法很简单，任何熟悉Python的人都能理解。

本书遵循一个引人入胜的教学大纲，将通过一系列实际的案例研究，系统地引导读者学习交互式可视化的各个步骤和各个方面。这本书自始至终提供了大量实战信息，除了编程活动外，还对所用工具的功能和限制补充提供了很有用的提示和建议。

硬件需求

为了获得最佳体验，我们推荐以下硬件配置：

- Intel® Core™ i5 处理器 4300M，2.60GHz 或 2.59GHz（1 个插槽，2 个内核，每内核 2 线程），以及 8GB DRAM。
- Intel® Xeon® 处理器 E5-2698 v3，2.30GHz（2 个插槽，分别有 16 个内核，每内核 1 线程），以及 64GB DRAM。
- Intel® Xeon Phi™处理器 7210，1.30GHz（1 个插槽，64 个内核，每内核 4 线程），32GB DRAM 和 16GB MCDRAM（支持平面模式）。
- 磁盘空间：2～3GB。
- 操作系统：Windows® 10、macOS 和 Linux。

最低系统需求：

- 处理器：Intel Atom® 处理器或 Intel® Core™ i3 处理器。
- 磁盘空间：1GB。
- 操作系统：Windows 7 或以上版本、macOS 和 Linux。

软件需求

我们还建议提前安装以下软件：

- 浏览器：Google Chrome 或 Mozilla Firefox。
- 最新版本的 Git。
- Anaconda 3.7 Python 发行版本。
- Python 3.7。
- 安装以下 Python 库：**numpy**，**pandas**，**matplotlib**，**seaborn**，**plotly**，**bokeh**，**altair** 和 **geopandas**。

本书约定

正文中的代码文字、数据库表名、文件夹名、文件名、文件扩展名、路径名、URL、用户输入和推特账号显示如下：

“Python 使用 **numpy** 和 **scipy** 等库完成高级数值和科学计算，并基于 **scikit-learn** 包支持大量机器学习方法，基于 **pandas** 包以及它与 Apache Spark 的兼容性，Python 为大数据管理提供了一个很好的接口，另外还能利用类似 **seaborn**、**plotly** 等库生成美观的图表。”

代码块显示如下：

```
# import the python modules
import seaborn as sns
# load the dataset
diamonds_df = sns.load_dataset('diamonds')
```

```
#Plot a histogram
diamonds_df.hist(column='carat')
```

新术语和重要的词用粗体显示：

“**核密度估计**是估计一个随机变量概率密度函数的非参数方法。”

安装和设置

我们将通过不同的图和交互特性可视化表示不同类型的数据，在开始我们的旅程之前，需要做好准备，提供最有效的环境。按照如下说明操作：

安装 Anaconda Python 发行版本

在官方安装页面（https：//www.anaconda.com/distribution/）上找到对应你的操作系统的 Anaconda 版本。

下载完成后，双击这个文件，打开安装工具，并按照屏幕上的提示完成安装。

安装 pip

（1）要安装 pip，访问以下链接下载 **get-pip.py** 文件：

https：//pip.pypa.io/en/stable/installing/。

（2）然后使用以下命令进行安装：**python get-pip.py**。

你可能需要使用 **python3 get-pip.py** 命令，因为你的计算机上以前版本的 Python 可能已经使用了 **python** 命令。

安装 Python 库

在你的 Anaconda 终端中使用以下命令安装 **Seaborn**：

```
pip install seaborn
```

在你的 Anaconda 终端中使用以下命令安装 **Bokeh**：

```
pip install bokeh
```

在你的 Anaconda 终端中使用以下命令安装 **Plotly**：

```
pip install plotly==4.1.0
```

使用 JupyterLab 和 Jupyter Notebook

你要在 Jupyter Lab 或 Notebook 中完成不同的练习和实践活动。这些练习和实践活动可以从相关 GitHub 存储库下载。

你可以从这里下载存储库：https：//github.com/TrainingByPackt/Interactive-Data-Visualization-with-Python。

可以使用 GitHub 下载，也可以点击右上角绿色的克隆或下载按钮下载一个 zip 压缩文件夹。要打开 Jupyter Notebooks，必须在你的终端中访问相应目录。为此，键入以下命令：

```
cd Interactive - Data - Visualization - with - Python/<your current chapter>.
```

例如：cd Interactive - Data - Visualization - with - Python/Chapter01/

最后要完成以下步骤：

（1）要得到各个实践活动和练习，必须再一次使用 **cd** 进入各个文件夹，如下所示：

cd Activity01

（2）一旦进入选择的文件夹，只需要调用以下命令：

jupyter - lab 启动 JupyterLab。类似地，对于 Jupyter Notebook，要调用 **jupyter notebook**

导入 Python 库

这本书中每个练习和实践活动会利用多个不同的库。在 Python 中导入库非常简单。做法如下：

- 要导入库，如 **seaborn** 和 **pandas**，必须运行以下代码：

```
# import the python modules
import seaborn
import pandas
```

这会把整个库导入我们的当前文件。

- 在本书练习和实践活动的第一个单元格中，你会看到以下代码。我们可以在代码中使用 **sns** 而不是 **seaborn** 来调用 **seaborn** 中的方法：

```
# import seaborn and assign alias sns
import seaborn as sns
```

安装 Git

要安装 Git，需要访问 https://git - scm. com/downloads，并按照特定于你平台的安装说明完成安装。

其他资源

我们还在 GitHub 上托管了本书代码包（https://github. com/TrainingByPackt/Interactive-Data-Visualization-with-Python）。

另外还在 https://github. com/PacktPublishing/提供了我们出版的大量图书和视频的其他代码包。去看看有什么！

目　　录

第 1 章　Python 可视化介绍：基础和定制绘图

学习目标

学习完这一章，你将掌握以下内容：

- 解释数据可视化的概念。
- 分析和描述 pandas DataFrame。
- 使用 pandas DataFrame 的基本功能。
- 使用 matplotlib 创建分布图。
- 使用 seaborn 生成美观的图。

这一章中，我们将学习使用 Python 编程实现数据可视化的基础知识。

1.1　本章介绍

数据可视化是用数据讲有趣的故事，这是一门艺术，也是一门科学。当今的开发人员和数据科学家，不论研究领域是什么，都认为使用数据可视化有效地交流见解非常重要。

数据科学家总是在寻求更好的方法，希望通过吸引人的可视化来交流他们的分析发现。针对具体的研究领域，可视化的类型有所不同，这也意味着要采用最适合可视化需求的特定的库和工具。因此，开发人员和数据科学家在寻找涵盖这个主题的一个全面的资源，希望能提供便捷易行的信息。

学习交互式数据可视化的资源相当少。另外，现有的资料要么采用 Python 以外的其他工具（例如，Tableau），要么只强调某一个 Python 库来实现可视化。这本书则设计为可供任何熟悉 Python 的人使用。

为什么选择 Python? 大部分语言都有为可视化任务专门构建的相关的包和库，但只有 Python 被认为是实现数据可视化的便利工具。Python 使用 **numpy** 和 **scipy** 等库完成高级数值和科学计算，并基于 **scikit - learn** 包支持大量机器学习方法，基于 **pandas** 包以及它与 Apache Spark 的兼容性，Python 为大数据管理提供了一个很好的接口，另外还能利用类似 **seaborn**、**plotly** 等库生成美观的图表。

这本书将通过相关的案例研究展示有效的交互式可视化原则和技术，目的是使你能自信地使用 Python 创建你自己的适合上下文的交互式数据可视化。

在深入了解不同可视化类型和介绍交互特性之前（在这本书中我们会看到，某些场景下交互特性扮演着很有用的角色），学习基础知识至关重要，特别是要了解 **pandas** 和 **seaborn** 库，这些库在 Python 中常用于数据处理和可视化。

这一章相当于复习，可以作为回顾基础知识的一站式资源。这一章具体会介绍创建和处理 **pandas** DataFrame、使用 **pandas** 和 **seaborn** 绘图的基础知识，以及管理绘图风格和增强绘图视觉吸引力的工具。

1.2 使用 pandas DataFrame 处理数据

pandas 库是一个用于处理、管理和分析结构化数据的开源工具包，功能极为丰富。数据表可以存储在 **pandas** 提供的 DataFrame 对象中，可以将多种格式的数据（例如 **.csv**、**.tsv**、**.xlsx** 和 **.json**）直接读入一个 DataFrame 对象。利用内置的函数可以高效地管理 DataFrame（例如，数据表不同视图之间的转换，如长格式/宽格式的转换。按某个特定列/特征分组。汇总数据等）。

1.2.1 从文件读取数据

大多数小型到中等规模数据集通常都可以作为分隔文件获得或共享，如逗号分隔值（**comma-separated values，CSV**）、**制表符分隔值（tab-separated values，TSV）**、**Excel**（**.xslx**）和 JSON 文件。pandas 提供了内置的 I/O 函数，可以将多种格式的文件读入一个 DataFrame，如 **read_csv**、**read_excel** 和 **read_json** 等。在这一节中，我们将使用 **diamonds** 数据集（本书 GitHub 存储库托管了这个数据集）。

> **说明**
> 这里使用的数据集可以从 https://github.com/TrainingByPackt/Interactive-Data-Visualization-with-Python/tree/master/datasets 得到。

1.2.2 练习 1：从文件读取数据

在这个练习中，我们将读取一个数据集。这里的示例将使用 **diamonds** 数据集：

（1）打开一个 jupyter notebook，并加载 **pandas** 和 **seaborn** 库：

```
#Load pandas library
import pandas as pd
import seaborn as sns
```

（2）指定数据集的 URL：

```
#URL of the dataset
diamonds_url = "https://raw.githubusercontent.com/TrainingByPackt/
Interactive-Data-Visualization-with-Python/master/datasets/diamonds.csv"
```

（3）从这个 URL 将文件读入 **pandas** DataFrame：

```
#Yes, we can read files from a URL straight into a pandas DataFrame!
diamonds_df = pd.read_csv(diamonds_url)
# Since the dataset is available in seaborn, we can alternatively read it
in using the following line of code
diamonds_df = sns.load_dataset('diamonds')
```

将直接从 URL 读入这个数据集！

> **说明**
> 如果只需要读取特定的列，可以使用 **usecols** 参数。

读取数据集特定列的语法如下：

```
diamonds_df_specific_cols = pd.read_csv(diamonds_url,
usecols=['carat','cut','color','clarity'])
```

1.2.3　观察和描述数据

既然已经了解如何读取一个数据集，下面继续观察和描述数据集中的数据。**pandas** 还提供了一种方法，可以使用 **head ()** 函数查看一个 DataFrame 中的前几行。默认显示 5 行，如果要调整这个行数，可以使用参数 **n**，例如 **head (n=5)**。

1.2.4　练习 2：观察和描述数据

在这个练习中，我们来学习如何观察和描述一个 DataFrame 中的数据。这里再次使用 **diamonds** 数据集：

（1）加载 **pandas** 和 **seaborn** 库：

```
#Load pandas library
import pandas as pd
import seaborn as sns
```

（2）指定数据集的 URL：

```
#URL of the dataset
diamonds_url = "https://raw.githubusercontent.com/TrainingByPackt/
Interactive-Data-Visualization-with-Python/master/datasets/diamonds.csv"
```

（3）从这个 URL 将文件读入 **pandas** DataFrame：

```
#Yes, we can read files from a URL straight into a pandas DataFrame!
diamonds_df = pd.read_csv(diamonds_url)
# Since the dataset is available in seaborn, we can alternatively read it
in using the following line of code
diamonds_df = sns.load_dataset('diamonds')
```

（4）使用 **head** 函数观察数据：

```
diamonds_df.head()
```

输出如图 1-1 所示。

	carat	cut	color	clarity	depth	table	price	x	y	z
0	0.23	Ideal	E	SI2	61.5	55.0	326	3.95	3.98	2.43
1	0.21	Premium	E	SI1	59.8	61.0	326	3.89	3.84	2.31
2	0.23	Good	E	VS1	56.9	65.0	327	4.05	4.07	2.31
3	0.29	Premium	I	VS2	62.4	58.0	334	4.20	4.23	2.63
4	0.31	Good	J	SI2	63.3	58.0	335	4.34	4.35	2.75

图 1-1 显示 diamonds 数据集

这个数据包含钻石的不同特征，如克拉（**carat**），切工质量（**cut quality**），颜色（**color**）和价格（**price**），这些特征都作为列。在这里，**cut**、**clarity** 和 **color** 是分类变量（**categorical variables**）、**x**、**y**、**z**、**depth**、**table** 和 **price** 是连续变量（**continuous variables**）。分类变量的值是唯一类别/名，连续变量则以实数作为值。

cut、color 和 clarity 是序数变量，分别有 5、7 和 8 个唯一值（唯一值的个数可以由 diamonds_df.cut.nunique()、diamonds_df.color.nunique() 和 diamonds_df.clarity.nunique() 得到，你可以试试看!）。**cut** 是切工质量，描述为 **Fair**，**Good**，**Very Good**，**Premium** 或 **Ideal**；**color** 描述钻石颜色，从 **J（最差）到 D（最好）**；**clarity** 这个特征测量钻石的净度，可以是 **I1（最差）**，**SI1**，**SI2**，**VS1**，**VS2**，**VVS1**，**VVS2** 和 **IF（最好）**。

（5）使用 **shape** 函数统计 DataFrame 中的行数和列数：

```
diamonds_df.shape
```

输出如下所示：

```
(53940, 10)
```

第一个数 **53940** 表示行数，第二个数 **10** 表示列数。

（6）使用 **describe（）** 汇总列，得到变量的分布，包括 **mean**，**median**，**min**，**max** 和不同的分位数：

```
diamonds_df.describe()
```

输出如图 1-2 所示。

	carat	depth	table	price	x	y	z
count	53940.000000	53940.000000	53940.000000	53940.000000	53940.000000	53940.000000	53940.000000
mean	0.797940	61.749405	57.457184	3932.799722	5.731157	5.734526	3.538734
std	0.474011	1.432621	2.234491	3989.439738	1.121761	1.142135	0.705699
min	0.200000	43.000000	43.000000	326.000000	0.000000	0.000000	0.000000
25%	0.400000	61.000000	56.000000	950.000000	4.710000	4.720000	2.910000
50%	0.700000	61.800000	57.000000	2401.000000	5.700000	5.710000	3.530000
75%	1.040000	62.500000	59.000000	5324.250000	6.540000	6.540000	4.040000
max	5.010000	79.000000	95.000000	18823.000000	10.740000	58.900000	31.800000

图 1-2　使用 describe 函数显示连续变量

这适用于连续变量。对于分类变量，还需要使用 **include=object** 参数。

（7）对于分类变量（**cut**，**color**，**clarity**），在 **describe** 函数中使用 **include=object**：

```
diamonds_df.describe(include = object)
```

输出如图 1-3 所示。

如果你想查看列类型以及一个 DataFrame 占多大内存，要怎么做呢？

（8）要得到数据集的有关信息，可以使用 **info（）** 方法：

```
diamonds_df.info()
```

输出如图 1-4 所示。

	cut	color	clarity
count	53940	53940	53940
unique	5	7	8
top	Ideal	G	SI1
freq	21551	11292	13065

图 1-3　使用 describe 函数显示分类变量

```
<class 'pandas.core.frame.DataFrame'>
RangeIndex: 53940 entries, 0 to 53939
Data columns (total 10 columns):
carat      53940 non-null float64
cut        53940 non-null object
color      53940 non-null object
clarity    53940 non-null object
depth      53940 non-null float64
table      53940 non-null float64
price      53940 non-null int64
x          53940 non-null float64
y          53940 non-null float64
z          53940 non-null float64
dtypes: float64(6), int64(1), object(3)
memory usage: 4.1+ MB
```

图 1-4　diamonds 数据集的有关信息

图 1-4 显示了各个列的数据类型（**float64，object，int64..**）以及这个 DataFrame 所占的内存大小（**4.1MB**）。它还给出了这个 DataFrame 中的行数（**53940**）。

1.2.5 从 DataFrame 选择列

下面来看如何从一个数据集选择特定的列。可以用两种简单的方法访问 **pandas** DataFrame 中的一列：使用 **. 操作符，或者使用 [ ] 操作符**。例如，我们可以用 **diamonds_df.cut** 或 **diamonds_df** ['cut'] 访问 **diamonds_df** DataFrame 的 **cut** 列。不过，有些情况下不能使用 **. 操作符**：

- 列名包含空格时。
- 列名是一个整数时。
- 创建一个新列时。

那么，如果要选择切工质量为 **Ideal** 的钻石对应的所有行，并把它们存储在一个单独的 DataFrame 中，该怎么做呢？可以使用 **loc 函数来选择**：

```
diamonds_low_df = diamonds_df.loc[diamonds_df['cut'] == 'Ideal']
diamonds_low_df.head()
```

输出如图 1-5 所示。

	carat	cut	color	clarity	depth	table	price	x	y	z
0	0.23	Ideal	E	SI2	61.5	55.0	326	3.95	3.98	2.43
11	0.23	Ideal	J	VS1	62.8	56.0	340	3.93	3.90	2.46
13	0.31	Ideal	J	SI2	62.2	54.0	344	4.35	4.37	2.71
16	0.30	Ideal	I	SI2	62.0	54.0	348	4.31	4.34	2.68
39	0.33	Ideal	I	SI2	61.8	55.0	403	4.49	4.51	2.78

图 1-5 从一个 DataFrame 选择特定的列

在这里，首先得到满足条件（[**diamonds_df** ['**cut**'] ==' **Ideal**']）的行索引，然后使用 **loc** 选择这些行。

1.2.6 为 DataFrame 增加新列

下面来看如何为一个 DataFrame 增加新列。我们可以在 **diamonds** DataFrame 中增加列，比如增加一个 **price_per_carat** 列。可以将两个列（**price 和 carat**）的值相除，来填充新增列的数据字段。

1.2.7 练习 3：为 DataFrame 增加新列

在这个练习中，我们要用 **pandas** 库向 **diamonds** 数据集增加新列。首先来看简单地增加列，然后再考虑有条件地增加列。按照以下步骤完成：

（1）加载 **pandas** 和 **seaborn 库**：

```
#Load pandas library
import pandas as pd
import seaborn as sns
```

（2）指定数据集的 URL：

```
#URL of the dataset
diamonds_url = "https://raw.githubusercontent.com/TrainingByPackt/
Interactive-Data-Visualization-with-Python/master/datasets/diamonds.csv"
```

（3）从这个 URL 将文件读入 **pandas** DataFrame：

```
#Yes, we can read files from a URL straight into a pandas DataFrame!
diamonds_df = pd.read_csv(diamonds_url)
# Since the dataset is available in seaborn, we can alternatively read it
in using the following line of code
diamonds_df = sns.load_dataset('diamonds')
```

下面来看如何简单地增加列。

（4）为 DataFrame 增加一个 **price _ per _ carat** 列：

```
diamonds_df['price_per_carat'] = diamonds_df['price']/diamonds_df['carat']
```

（5）调用 DataFrame **head** 函数检查是否如预期增加了新列：

```
diamonds_df.head()
```

输出如图 1-6 所示。

	carat	cut	color	clarity	depth	table	price	x	y	z	price _ per _ carat
0	0.23	Ideal	E	SI2	61.5	55.0	326	3.95	3.98	2.43	1417.391304
1	0.21	Premium	E	SI1	59.8	61.0	326	3.89	3.84	2.31	1552.380952
2	0.23	Good	E	VS1	56.9	65.0	327	4.05	4.07	2.31	1421.739130
3	0.29	Premium	I	VS2	62.4	58.0	334	4.20	4.23	2.63	1151.724138
4	0.31	Good	J	SI2	63.3	58.0	335	4.34	4.35	2.75	1080.645161

图 1-6　简单地增加列

类似的，还可以对两个数值列使用加、减和其他数学运算符。

下面来看有条件地增加列。我们要根据 **price _ per _ carat** 中的值增加一列，比如大于 3500 时为高（编码为 1），小于（等于）3500 时为低（编码为 0）。

（6）使用 Python **numpy** 包中的 **np. where** 函数：

```
# Import numpy package for linear algebra
import numpy as np
diamonds_df['price_per_carat_is_high'] = np.where(diamonds_df['price_per_
carat']>3500,1,0)
diamonds_df.head()
```

输出如图 1-7 所示。

	carat	cut	color	clarity	depth	table	price	x	y	z	price_per_carat	price_per_carat_is_high
0	0.23	Ideal	E	SI2	61.5	55.0	326	3.95	3.98	2.43	1417.391304	0
1	0.21	Premium	E	SI1	59.8	61.0	326	3.89	3.84	2.31	1552.380952	0
2	0.23	Good	E	VS1	56.9	65.0	327	4.05	4.07	2.31	1421.739130	0
3	0.29	Premium	I	VS2	62.4	58.0	334	4.20	4.23	2.63	1151.724138	0
4	0.31	Good	J	SI2	63.3	58.0	335	4.34	4.35	2.75	1080.645161	0

图 1-7 有条件地增加列

可以看到，我们成功地向这个数据库增加了两个新列。

1.2.8 在 DataFrame 列上应用函数

可以在一个 DataFrame 列上应用简单函数，如加、减、乘、除、平方、求幂等。还可以对 **pandas** DataFrame 中的一个和多个列应用更复杂的函数。

举个例子，假设我们想把钻石的价格取整为其正取整值（即等于或大于实际价格的最接近的整数）。下面通过一个练习来研究这个问题。

1.2.9 练习 4：在 DataFrame 列上应用函数

在这个练习中，我们要考虑这样一个场景，钻石价格有所上涨，我们想对记录中的所有钻石价格应用一个增量因子 1.3。这可以通过应用一个简单函数来实现。接下来，我们要把价格取整为其正取整值（ceil）。这要通过应用一个复杂函数来做到。步骤如下：

（1）加载 **pandas** 和 **seaborn** 库：

```
# Load pandas library
import pandas as pd
import seaborn as sns
```

（2）指定数据集的 URL：

```
#URL of the dataset
diamonds_url = "https://raw.githubusercontent.com/TrainingByPackt/
Interactive-Data-Visualization-with-Python/master/datasets/diamonds.csv"
```

（3）从这个 URL 将文件读入 **pandas** DataFrame：

```
#Yes, we can read files from a URL straight into a pandas DataFrame!
diamonds_df = pd.read_csv(diamonds_url)
# Since the dataset is available in seaborn, we can alternatively read it
in using the following line of code
diamonds_df = sns.load_dataset('diamonds')
```

（4）向这个 DataFrame 增加一个 **price _ per _ carat** 列：

```
diamonds_df['price_per_carat'] = diamonds_df['price']/diamonds_df['carat']
```

（5）使用 Python **numpy** 包的 **np. where** 函数：

```
#Import numpy package for linear algebra
import numpy as np
diamonds_df['price_per_carat_is_high'] = np.where(diamonds_df['price_per_
carat']>3500,1,0)
```

（6）使用以下代码对 price 列应用一个简单函数：

```
diamonds_df['price'] = diamonds_df['price'] * 1.3
```

（7）应用一个复杂函数将钻石价格取整为其正取整值（ceil）：

```
import math
diamonds_df['rounded_price'] = diamonds_df['price'].apply(math.ceil)
diamonds_df.head()
```

输出如图 1-8 所示。

	carat	cut	color	clarity	depth	table	price	x	y	z	price _ per _ carat	price _ per _ carat _ is _ high	rounded _ price
0	0.23	Ideal	E	SI2	61.5	55.0	423.8	3.95	3.98	2.43	1417.391304	0	424
1	0.21	Premium	E	SI1	59.8	61.0	423.8	3.89	3.84	2.31	1552.380952	0	424
2	0.23	Good	E	VS1	56.9	65.0	425.1	4.05	4.07	2.31	1421.739130	0	426
3	0.29	Premium	I	VS2	62.4	58.0	434.2	4.20	4.23	2.63	1151.724138	0	435
4	0.31	Good	J	SI2	63.3	58.0	435.5	4.34	4.35	2.75	1080.645161	0	436

图 1-8　应用了简单和复杂函数后的数据集

在这里，现有的库已经提供了我们需要的函数（求正取整值的 ceil）。不过，有些情况下，可能必须写你自己的函数来完成你想实现的任务。对于很小的函数，还可以使用 **lambda** 操作符，这相当于接受单个参数的一个单行函数。例如，假设你想为 DataFrame 增加另外一列，将钻石价格取整为（等于或大于其价格的）最接近的 100 的倍数。

（8）使用以下 **lambda** 函数将钻石价格取整为最接近的 100 的倍数：

```
import math
diamonds_df['rounded_price_to_100multiple'] = diamonds_df['price'].
apply(lambda x: math.ceil(x/100) * 100)
diamonds_df.head()
```

输出如图 1-9 所示。

	carat	cut	color	clartity	depth	table	price	x	y	z	price_per_carat	price_per_carat_is_high	rounded_price	rounded_price_to_100multiple
0	0.23	Ideal	E	SI2	61.5	55.0	423.8	3.95	3.98	2.43	1417.391304	0	424	500
1	0.21	Premium	E	SI1	59.8	61.0	423.8	3.89	3.84	2.31	1552.380952	0	424	500
2	0.23	Good	E	VS1	56.9	65.0	425.1	4.05	4.07	2.31	1421.739130	0	426	500
3	0.29	Premium	I	VS2	62.4	58.0	434.2	4.20	4.23	2.63	1151.724138	0	435	500
4	0.31	Good	J	SI2	63.3	58.0	435.5	4.34	4.35	2.75	1080.645161	0	436	500

图 1-9 应用 lambda 函数后的数据集

不过，并不是所有函数都可以写为单行函数，要知道如何在 **apply** 函数中包含用户自定义函数，这很重要。为了说明这一点，下面用一个用户自定义函数完成同样的工作。

（9）编写代码创建一个用户自定义函数，将钻石价格取整为最接近的 100 的倍数：

```
import math

def get_100_multiple_ceil(x):
    y = math.ceil(x/100) * 100
    return y

diamonds_df['rounded_price_to_100multiple'] = diamonds_df['price'].
apply(get_100_multiple_ceil)
diamonds_df.head()
```

输出如图 1-10 所示。

	carat	cut	color	clarity	depth	table	price	x	y	z	price_per_carat	price_per_carat_is_high	rounded_price	rounded_price_to_100multiple
0	0.23	Ideal	E	SI2	61.5	55.0	423.8	3.95	3.98	2.43	1417.391304	0	424	500
1	0.21	Premium	E	SI1	59.8	61.0	423.8	3.89	3.84	2.31	1552.380952	0	424	500
2	0.23	Good	E	VS1	56.9	65.0	425.1	4.05	4.07	2.31	1421.739130	0	426	500
3	0.29	Premium	I	VS2	62.4	58.0	434.2	4.20	4.23	2.63	1151.724138	0	435	500
4	0.31	Good	J	SI2	63.3	58.0	435.5	4.34	4.35	2.75	1080.645161	0	436	500

图 1-10 应用一个用户自定义函数后的数据集

有意思！现在我们创建了一个用户自定义函数向数据集增加一列。

1.2.10　练习 5：对多列应用函数

对一个 DataFrame 的多个列应用一个函数时，可以类似地使用 **lambda** 或用户自义函数。下面继续使用 **diamonds** 数据集。假设我们有兴趣购买切工质量为 **Ideal** 、颜色为 **D**（完全无色）的钻石。这个练习要向 DataFrame 增加一个新列 **desired**，如果满足我们的条件，这一列的值就为 **yes**，如果不满足，则值为 **no** 。下面来看如何实现：

（1）导入必要的模块：

```
import seaborn as sns
import pandas as pd
```

（2）从 **seaborn** 导入 **diamonds** 数据集：

```
diamonds_df_exercise = sns.load_dataset('diamonds')
```

（3）编写一个函数，确定一个记录 **x** 是否是我们想要的：

```
def is_desired(x):
    bool_var = 'yes' if (x['cut'] = ='Ideal' and x['color'] = ='D') else 'no'
    return bool_var
```

（4）使用 **apply** 函数增加新列 **desired**：

```
diamonds_df_exercise['desired'] = diamonds_df_exercise.apply(is_desired,
axis = 1)
diamonds_df_exercise.head()
```

输出如图 1 - 11 所示。

	carat	cut	color	clarity	depth	table	price	x	y	z	desired
0	0.23	Ideal	E	SI2	61.5	55.0	326	3.95	3.98	2.43	no
1	0.21	Premium	E	SI1	59.8	61.0	326	3.89	3.84	2.31	no
2	0.23	Good	E	VS1	56.9	65.0	327	4.05	4.07	2.31	no
3	0.29	Premium	I	VS2	62.4	58.0	334	4.20	4.23	2.63	no
4	0.31	Good	J	SI2	63.3	58.0	335	4.34	4.35	2.75	no

图 1 - 11　对多列应用函数后的数据集

现在确实增加了这个新列 **desired**！

1.2.11 从 DataFrame 删除列

最后来看如何从一个 **pandas** DataFrame 删除列。例如，我们要删除 **rounded_price** 和 **rounded_price_to_100multiple** 列。来完成以下练习。

1.2.12 练习 6：从 DataFrame 删除列

在这个练习中，我们要从一个 **pandas** DataFrame 删除列。这里仍然使用 **diamonds** 数据集：

（1）导入必要的模块：

```
import seaborn as sns
import pandas as pd
```

（2）从 **seaborn** 导入 **diamonds** 数据集：

```
diamonds_df = sns.load_dataset('diamonds')
```

（3）为这个 DataFrame 增加一个 **price_per_carat** 列：

```
diamonds_df['price_per_carat'] = diamonds_df['price']/diamonds_df['carat']
```

（4）使用 Python **numpy** 包的 **np.where** 函数：

```
# Import numpy package for linear algebra
import numpy as np
diamonds_df['price_per_carat_is_high'] = np.where(diamonds_df['price_per_
carat']>3500,1,0)
```

（5）应用一个复杂函数将钻石价格取整为其正取整值：

```
import math
diamonds_df['rounded_price'] = diamonds_df['price'].apply(math.ceil)
```

（6）编写代码创建一个用户自定义函数：

```
import math

def get_100_multiple_ceil(x):
    y = math.ceil(x/100) * 100
    return y

diamonds_df['rounded_price_to_100multiple'] = diamonds_df['price'].
apply(get_100_multiple_ceil)
```

（7）使用 **drop** 函数删除 **rounded _ price** 和 **rounded _ price _ to _ 100multiple** 列：

```
diamonds_df = diamonds_df.drop(columns = ['rounded_price', 'rounded_price_
to_100multiple'])
diamonds_df.head()
```

输出如图 1 - 12 所示。

	carat	cut	color	clarity	depth	table	price	x	y	z	price _ per _ carat	price _ per _ carat _ is _ high
0	0.23	Ideal	E	SI2	61.5	55.0	326	3.95	3.98	2.43	1417.391304	0
1	0.21	Premium	E	SI1	59.8	61.0	326	3.89	3.84	2.31	1552.380952	0
2	0.23	Good	E	VS1	56.9	65.0	327	4.05	4.07	2.31	1421.739130	0
3	0.29	Premium	I	VS2	62.4	58.0	334	4.20	4.23	2.63	1151.724138	0
4	0.31	Good	J	SI2	63.3	58.0	335	4.34	4.35	2.75	1080.645161	0

图 1 - 12 删除列之后的数据集

说明

在一个 **pandas** DataFrame 上使用 **apply** 或 **drop** 函数时，原来的 DataFrame 默认不会改变。这些函数会返回修改后 DataFrame 的一个副本。因此，要把返回值赋给包含 DataFrame 的变量（例如，**diamonds _ df＝diamonds _ df. drop（columns＝ ['rounded _ price', 'rounded _ price _ to _ 100multiple']）**）。

对于 **drop** 函数，还可以通过设置 **inplace＝True** 参数避免赋值，在这种情况下，会在原 DataFrame 上完成列的删除，而不返回任何结果。

1.2.13 将 DataFrame 写至文件

最后要做的是把一个 DataFrame 写至文件。我们要使用 **to _ csv（）** 函数。输出总是一个 **.csv** 文件，其中将包含列和行标题。下面来看如何把我们的 DataFrame 写入一个 **.csv** 文件。

1.2.14 练习 7：将 DataFrame 写至文件

在这个练习中，我们要把一个 **diamonds** DataFrame 写至一个 **.csv** 文件。为此，使用以下代码：

（1）导入必要的模块：

```
import seaborn as sns
import pandas as pd
```

（2）从 **seaborn** 导入 **diamonds** 数据集：

```
diamonds_df = sns.load_dataset('diamonds')
```

（3）将 diamonds 数据集写入一个 .csv 文件：

```
diamonds_df.to_csv('diamonds_modified.csv')
```

（4）下面是 DataFrame 的前几行：

```
print(diamonds_df.head())
```

输出如图 1-13 所示。

	carat	cut	color	clarity	depth	table	price	x	y	z
0	0.23	Ideal	E	SI2	61.5	55.0	326	3.95	3.98	2.43
1	0.21	Premium	E	SI1	59.8	61.0	326	3.89	3.84	2.31
2	0.23	Good	E	VS1	56.9	65.0	327	4.05	4.07	2.31
3	0.29	Premium	I	VS2	62.4	58.0	334	4.20	4.23	2.63
4	0.31	Good	J	SI2	63.3	58.0	335	4.34	4.35	2.75

图 1-13 源代码文件夹中生成的 .csv 文件

to_csv 函数输出的文件默认包含列标题和行号。一般并不需要行号，可以用一个 **index** 参数去除行号。

（5）增加一个参数 **index=False** 去除行号：

```
diamonds_df.to_csv('diamonds_modified.csv', index = False)
```

这就可以了！可以在源代码目录中找到这个 **.csv** 文件。现在，你已经能够在 **pandas** DataFrame 上执行所有基本函数，可以开始用 Python 实现数据可视化了。

为了做好准备来使用各种可视化技术，我们回顾了处理 **pandas** DataFrame 的以下方面：

- 使用 **read_csv ( )**，**read_excel ( )** 和 **read_json ( )** 函数从文件读数据。
- 使用 **dataframe.head ( )**，**dataframe.tail ( )**，**dataframe.describe ( )** 和 **dataframe.info ( )** 函数观察和描述数据。
- 使用 **dataframe.column_ _name** 或 **dataframe ['column_ _name']** 记法选择列。
- 使用 **dataframe ['newcolumnname'] =...** 记法增加新列。
- 使用 **dataframe.apply (func)** 函数对已有的列应用函数。
- 使用 **dataframe.drop (column_list)** 函数从 DataFrame 删除列。
- 使用 **dataframe.tocsv ()** 函数将 DataFrame 写至文件。

这些函数很有用，可以采用适当的格式准备数据，以作为 **seaborn** 等 Python 库可视化函数的输入。

1.3　使用 pandas 和 seaborn 绘图

我们已经对如何加载和处理一个 **pandas** DataFrame 对象中的数据有了基本的认识，下面开始由数据创建一些简单的图。尽管 Python 中有很多绘图库（包括 **matplotlib**、**plotly** 和 **seaborn**），但这一章中我们主要讨论 **pandas** 和 **seaborn** 库，它们很有用，也非常流行，而且易于使用。

1.3.1　创建简单图可视化显示变量分布

matplotlib 是大多数 Python 发行版本都会提供的一个绘图库，这是很多绘图包的基础，包括 **pandas** 和 **seaborn** 的内置绘图功能。**matplotlib** 可以控制图的每一个方面，一般认为它比较烦琐。**seaborn** 和 **pandas** 可视化函数都建立在 **matplotlib** 之上。**pandas** 的内置绘图工具是一个很有用的探索性工具，生成的图虽不足以正式发布，但对于理解所处理的数据集很有用。另一方面，**seaborn** 提供的 API 可以绘制各种很美观的图。

为了介绍一些关键概念和探索 **diamonds** 数据集，这一章中我们首先实现两个简单的可视化—直方图和柱状图。

1.3.2　直方图

一个特征的直方图（Histogram）是指：x 轴是这个特征的范围，y 轴是该特征在相应范围内的数据点个数。

来看下面使用 **pandas** 绘制直方图的练习。

1.3.3　练习 8：绘制和分析直方图

在这个练习中，我们将创建这个数据集中钻石频度的一个直方图，x 轴为各个 **carat** 规格：

（1）导入必要的模块：

```
import seaborn as sns
import pandas as pd
```

（2）从 **seaborn** 导入 **diamonds** 数据集：

```
diamonds_df = sns.load_dataset('diamonds')
```

（3）使用 **diamonds** 数据集绘制一个直方图，其中 **x axis = carat**（即 x 轴为 **carat**）：

```
diamonds_df.hist(column='carat')
```

输出如图 1-14 所示。

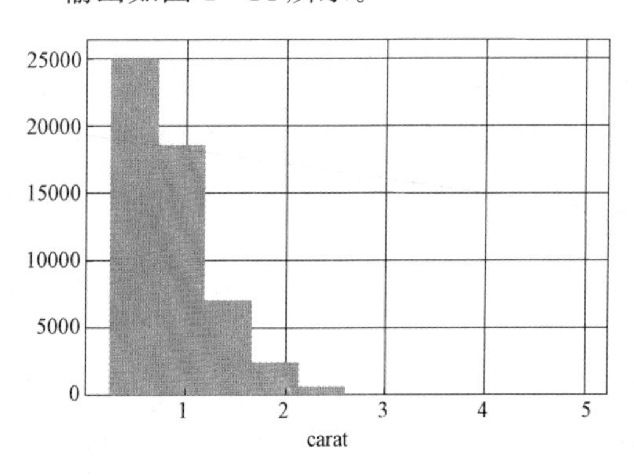

图 1-14 直方图

这个图的y轴表示数据集中对应 x 轴上 **carat** 规格的钻石数目。

hist 函数有一个参数，名为 **bins**，字面上这表示相同大小的分组或桶（bin）数，数据点会划分到这样一些桶中。默认地，**pandas** 中 bins 参数设置为 10。如果愿意，我们也可以把它改为一个不同的数。

（4）将 **bins** 参数改为 **50**：

```
diamonds_df.hist(column='carat', bins=50)
```

输出如图 1-15 所示。

这是 bins 参数为 50 的直方图。注意，随着桶数的增加，可以看到更细粒度的分布。可以用多个不同的桶数测试，来了解特征的具体分布，这会很有帮助。**bins** 的范围为从 1（所有值都在同一个桶中）到值的个数（每个特征值都分别在不同的桶中）。

（5）下面来看使用 **seaborn** 时生成直方图的函数：

```
sns.distplot(diamonds_df.carat)
```

输出如图 1-16 所示。

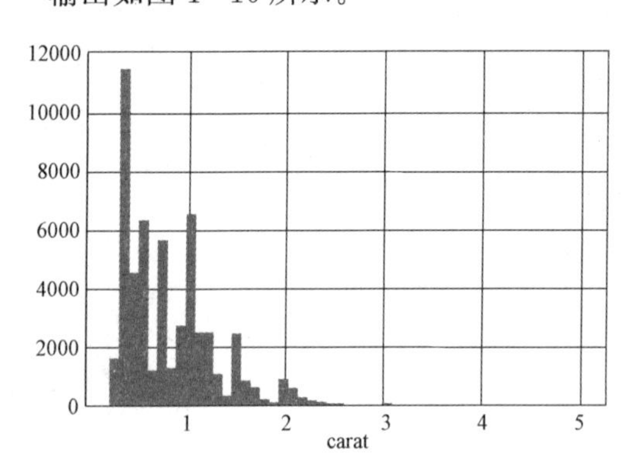

图 1-15 bins=50 的直方图

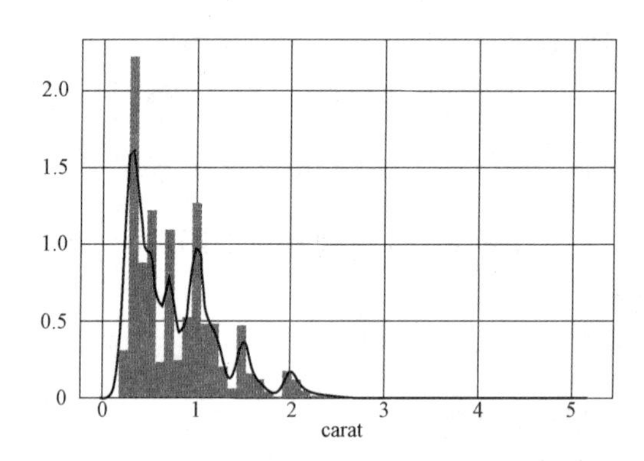

图 1-16 使用 seaborn 生成直方图

pandas hist 函数与 **seaborn distplot** 函数有两个显著的区别：

- **pandas** 将 **bins** 参数默认设置为 10，而 **seaborn** 会根据数据集的统计分布推导出一个适当的桶数。

• 默认的，**distplot** 函数还包括直方图上的一个平滑曲线，这称为核密度估计（**kernel density estimation**，IDE）。

核密度估计是估计一个随机变量概率密度函数的非参数方法。通常，除了由直方图本身得到的信息外，KDE 并不能提供更多信息。不过，在同一个图上比较多个直方图时，KDE 会很有帮助。如果你想去掉 KDE，只查看直方图本身，可以使用 **kde=False** 参数。

（6）修改参数 **kde=False** 来去除 KDE：

```
sns.distplot(diamonds_df.carat, kde = False)
```

输出如图 1 - 17 所示。

还要注意，当桶数从 10 增加到 50 时，看起来这个 **bins** 参数提供了一个更详细的图。下面再试着将桶数增加到 100。

（7）将 **bins 增加到 100**：

```
sns.distplot(diamonds_df.carat, kde = False, bins = 100)
```

输出如图 1 - 18 所示。

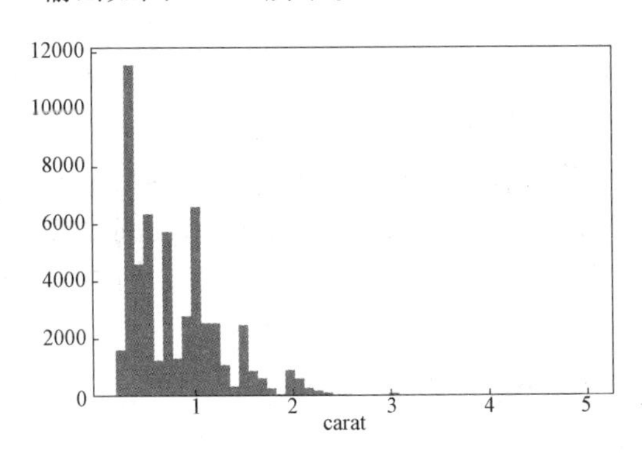

图 1 - 17　KDE=false 的直方图

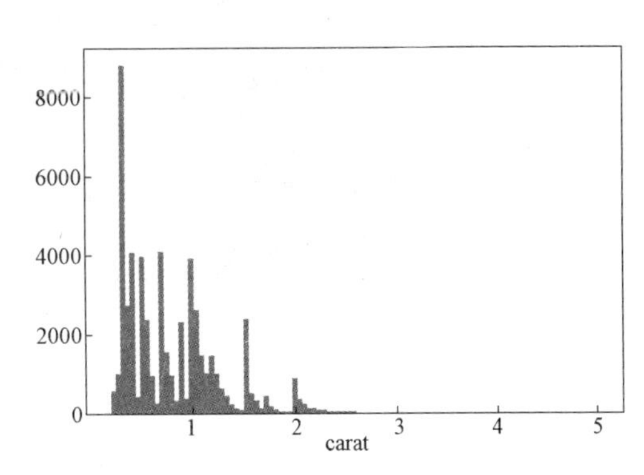

图 1 - 18　桶数增加后的直方图

bins 为 100 时，这个直方图可以更好地可视化显示变量的分布，可以看到特定的 **carat** 值上有一些峰值。另外可以观察到，大多数数据都集中在较低的 **carat** 值上，它的尾部（**tail**）在右边，也就是说，这是右偏斜的直方图。

对数变换有助于识别更多趋势。例如，在图 1 - 19 中，x 轴显示 **price** 变量的对数变换值，可以看到，这里有两个峰值，这表示了两类钻石，一类价格高，另一类价格低。

（8）在直方图上使用对数变换：

```
import numpy as np
sns.distplot(np.log(diamonds_df.price), kde = False)
```

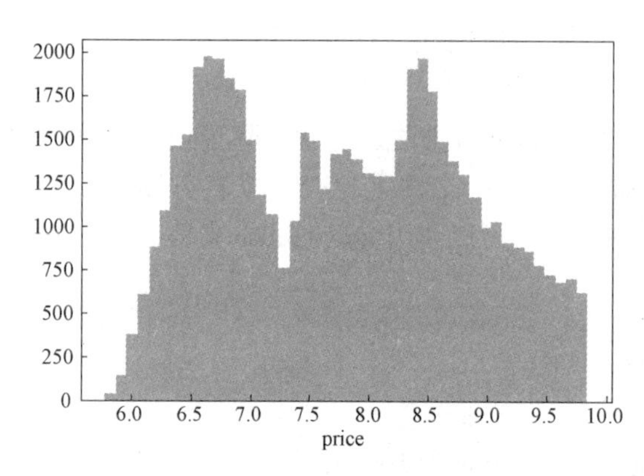

图 1-19 使用对数变换的直方图

输出如图 1-19 所示。

这很不错。如果查看这个直方图，即使是毫无基础的观察者也能马上看出这个特征的分布。具体来讲，直方图中有 3 个重要的观察结果：

- 哪些特征值在数据集中出现比较频繁[在这里，6.8 附近有一个峰值，8.5～9 之间有另外一个峰值，注意这里的 x 值是 **log(price)**]。
- 数据中有多少个峰值（要在数据上下文中进一步分析出现峰值的可能原因）。
- 数据中是否有异常值（outlier）。

1.3.4 柱状图

这一章要介绍的另一种图是柱状图（bar plot）。

最简单的柱状图会显示分类变量的个数。一般地，柱状图用来表示一个分类变量和一个数值变量之间的关系，直方图则是显示一个连续数值特征的统计分布。

下面来看对 **diamonds** 数据集绘制柱状图的一个练习。首先，我们要给出数据集中各个切工质量的钻石数。其次，要查看数据集中各种不同切工质量（**Ideal**，**Good**，**Premium** 等）相关的价格，并得出平均价格分布。这里我们会使用 **pandas 和 seaborn**，从而对如何使用这两个库中的内置绘图函数都有些认识。

在生成这些图之前，作为复习，先来看 **cut** 和 **clarity** 列中的唯一值。

1.3.5 练习 9：创建柱状图并计算平均价格分布

在这个练习中，我们要学习如何使用 **pandas crosstab** 函数创建一个表。要用一个表来生成柱状图。然后会探索用 **seaborn** 库生成的一个柱状图，并计算平均价格分布。为此，要完成以下步骤：

（1）导入必要的模块和数据集：

```
import seaborn as sns
import pandas as pd
```

（2）从 **seaborn** 导入 **diamonds** 数据集：

```
diamonds_df = sns.load_dataset('diamonds')
```

（3）打印 **cut 列的唯一值**：

```
diamonds_df.cut.unique()
```

输出如下：

```
array(['Ideal', 'Premium', 'Good', 'Very Good', 'Fair'], dtype = object)
```

（4）打印 **clarity** 列的唯一值：

```
diamonds_df.clarity.unique()
```

输出如下：

```
array (['SI2', 'SI1', 'VS1', 'VS2', 'VVS2', 'VVS1', 'I1', 'IF'],
      dtype = object)
```

> **说明**
> **unique ()** 返回一个数组。**cut** 中有 5 个唯一的切工质量，**clarity** 中有 8 个唯一的值。唯一值的个数可以用 **pandas** 中的 **nunique ()** 得到。

（5）要得到每个切工质量的相应钻石数，首先使用 **pandas crosstab ()** 函数创建一个表：

```
cut_count_table = pd.crosstab(index = diamonds_df['cut'],columns = 'count')
cut_count_table
```

输出如图 1-20 所示。

col_0	count
cut	
Fair	1610
Good	4906
Ideal	21551
Premium	13791
Very Good	12082

图 1-20 使用 crosstab 函数创建的表

（6）将这些数传入另一个 **pandas** 函数，**plot (kind='bar')**：

```
cut_count_table.plot(kind = 'bar')
```

输出如图 1-21 所示。

可以看到，这个数据集中大部分钻石的切工质量都是 **Ideal**，其后按顺序分别是 **Premium**，**Very Good**，**Good** 和 **Fair**。下面来看如何使用 **seaborn** 生成同样的图。

（7）使用 **seaborn** 生成同样的柱状图：

```
sns.catplot("cut", data = diamonds_df, aspect = 1.5, kind = "count", color = "b")
```

输出如图 1-22 所示。

注意 **catplot ()** 函数不要求我们创建中间的计数表（即无需使用 **pd.crosstab ()**），这样绘图过程中可以减少一步。

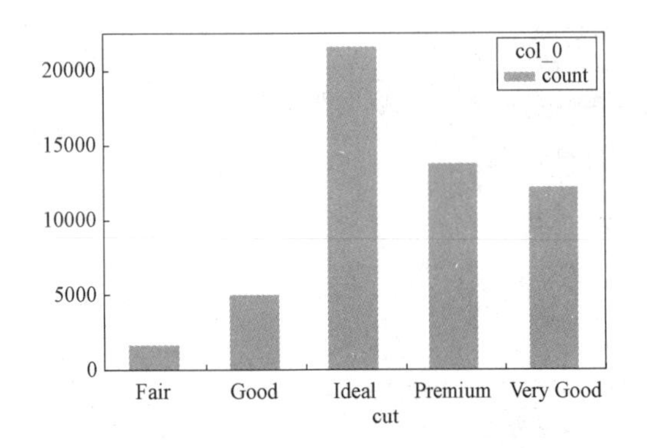

图 1-21 使用 pandas DataFrame 得到的柱状图

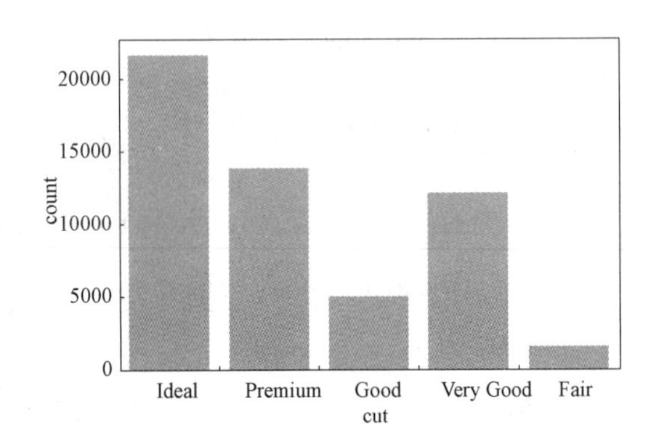

图 1-22 使用 seaborn 生成的柱状图

（8）接下来，可以如下使用 **seaborn** 得到不同切工质量的平均价格分布：

```
import seaborn as sns
from numpy import median, mean
sns.set(style="whitegrid")
ax = sns.barplot(x="cut", y="price", data=diamonds_df,estimator=mean)
```

输出如图 1-23 所示。

在这里，矩形上的黑线（误差条）表示均值估计的不确定性（或值的分布）。默认地，这个值设置为置信度 **95%**。如何改变这个值？例如，可以使用 **ci=68** 参数把它设置为 **68%**。还可以使用 **ci=sd** 绘制价格的标准差。

（9）使用 **order** 重排x 轴条柱的顺序：

```
ax = sns.barplot(x="cut", y="price", data=diamonds_df, estimator=mean,
ci=68, order=['Ideal','Good','Very Good','Fair','Premium'])
```

输出如图 1-24 所示。

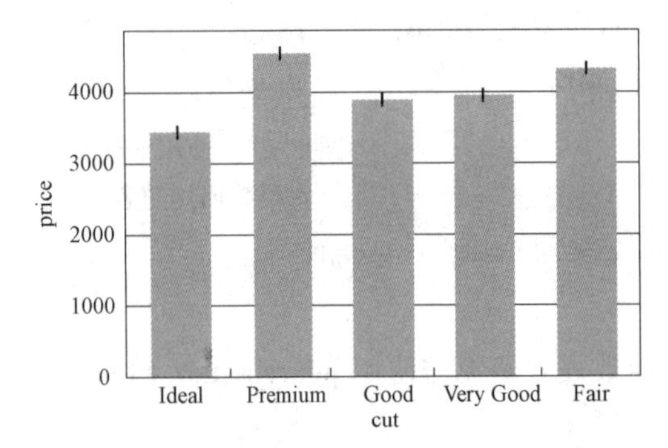

图 1-23 平均价格分布的柱状图

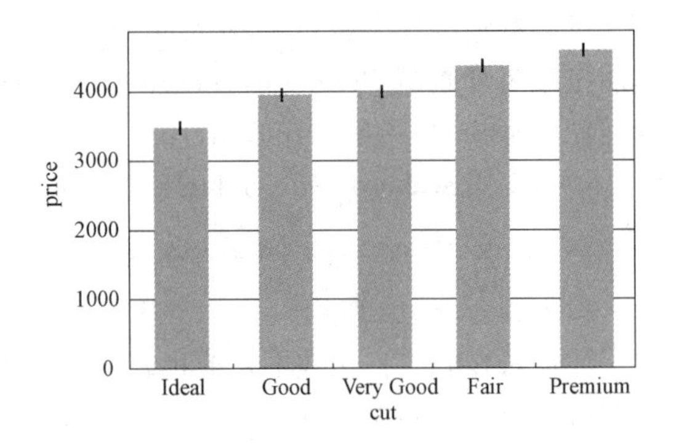

图 1-24 有适当顺序的柱状图

分组柱状图对于可视化表示一个特定特征在不同组中的变化可能很有用。前面已经看到了如何调整一个柱状图的绘图参数，下面来看如何生成按一个特定特征分组的柱状图。

1.3.6　练习 10：创建按一个特定特征分组的柱状图

在这个练习中，我们将使用 **diamonds** 数据集生成每个切工质量中不同颜色钻石的价格分布。在“练习 9：创建柱状图并计算平均价格分布”中，我们查看了不同切工质量的钻石价格分布。现在我们想了解每种颜色的价格变化：

（1）导入必要的模块，在这里只导入 **seaborn**：

```
#Import seaborn
import seaborn as sns
```

（2）加载数据集：

```
diamonds_df = sns.load_dataset('diamonds')
```

（3）使用 **hue** 参数绘制嵌套分组：

```
ax = sns.barplot(x="cut", y="price", hue=
'color', data=diamonds_df)
```

输出如图 1-25 所示。

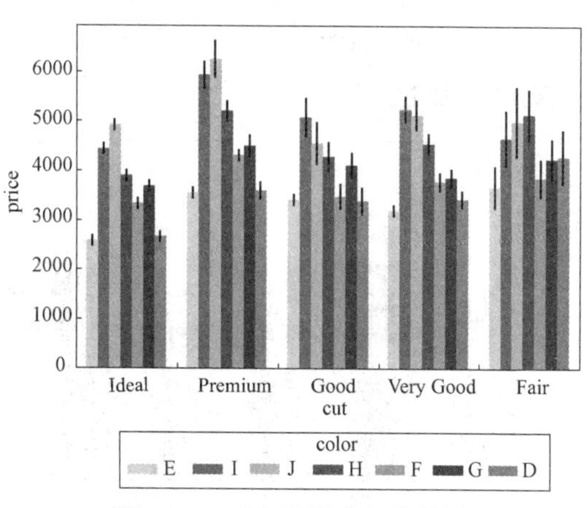

图 1-25　有图例的分组柱状图

在这里可以观察到，对于每种切工质量，不同颜色的钻石价格模式都是类似的。例如，对于切工质量为 **Ideal** 的钻石，不同颜色钻石的价格分布与 **Premium** 和其他钻石的相应分布都相同。

1.4　调整绘图参数

查看上一节的图 1-25，我们发现图例的位置不合适。可以修改绘图参数来调整图例和轴标签的位置，还可以改变刻度标签的字体大小和旋转角度。

1.4.1　练习 11：调整分组柱状图的绘图参数

在这个练习中，我们要调整一个分组柱状图的绘图参数，例如 **hue** 参数。我们将了解如何将图例和轴标签放在正确的位置上，还会研究旋转特性：

（1）导入必要的模块，在这里只导入 **seaborn**：

```
# Import seaborn
import seaborn as sns
```

（2）加载数据集：

```
diamonds_df = sns.load_dataset('diamonds')
```

（3）使用 **hue** 参数绘制嵌套分组：

```
ax = sns.barplot(x = "cut", y = "price", hue = 'color', data = diamonds_df)
```

输出如图 1-26 所示。

（4）在柱状图中适当地放置图例：

```
ax = sns.barplot(x = 'cut', y = 'price', hue = 'color', data = diamonds_df)
ax.legend(loc = 'upper right',ncol = 4)
```

输出如图 1-27 所示。

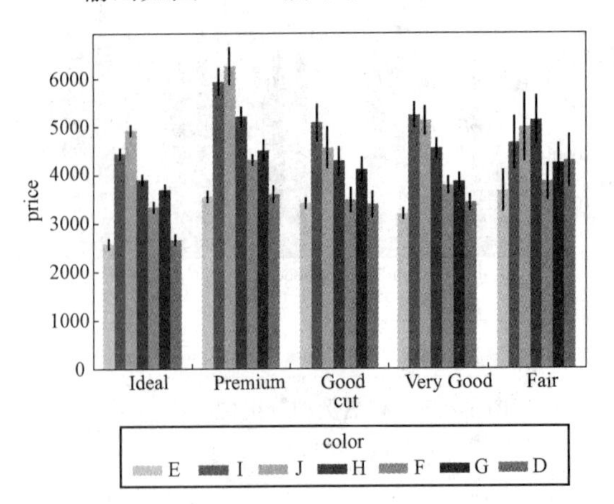

图 1-26 有 hue 参数的分组柱状图

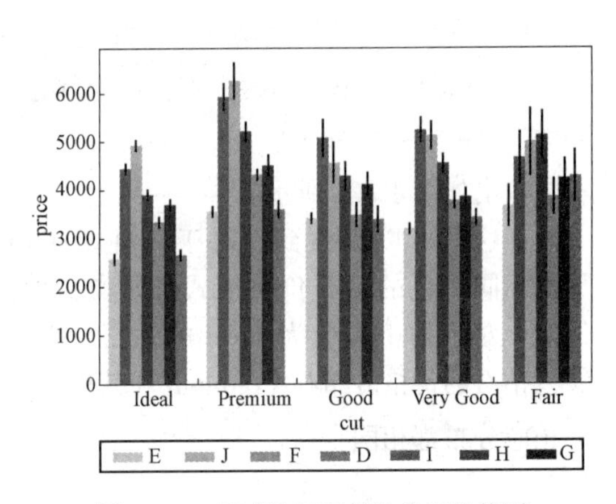

图 1-27 适当放置图例的分组柱状图

在前面的 **ax. legend ()** 调用中，**ncol** 参数指示了图例中的值要组织为几列，**loc** 参数指定了图例的位置，可以有 8 个可取值（*upper left*，*lower center* 等）。

（5）要修改 x 轴和 y 轴上的轴标签，输入以下代码：

```
ax = sns.barplot(x = 'cut', y = 'price', hue = 'color', data = diamonds_df)
ax.legend(loc = 'upper right', ncol = 4)
ax.set_xlabel('Cut', fontdict = {'fontsize' : 15})
ax.set_ylabel('Price', fontdict = {'fontsize' : 15})
```

输出如图 1-28 所示。

（6）类似地，使用以下代码修改 x 轴刻度标签的字体大小和旋转角度：

```
ax = sns.barplot(x='cut', y='price', hue='color', data=diamonds_df)
ax.legend(loc='upper right',ncol=4)
# set fontsize and rotation of x-axis tick labels
ax.set_xticklabels(ax.get_xticklabels(), fontsize=13, rotation=30)
```

输出如图 1-29 所示。

如果刻度标签很长，在 x 轴上摆放很拥挤时，旋转特性（*rotation feature*）尤其有用。

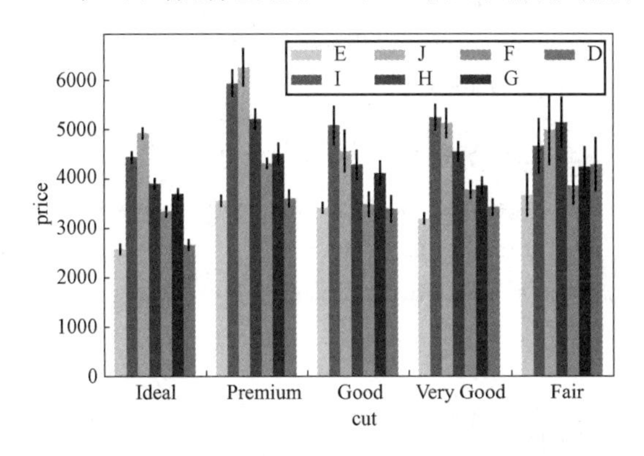

图 1-28　修改了轴标签的分组柱状图

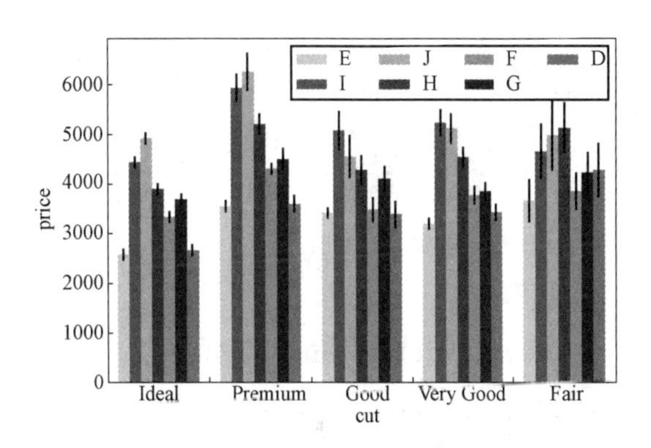

图 1-29　提供标签旋转特性的分组柱状图

1.4.2　标注

图的另一个有用的特性是标注特性。在下面的练习中，我们将通过增加一些标注，让一个简单的柱状图更有信息含量。假设我们想在图中增加有关理想切工钻石的更多信息。可以在下面的练习中做到。

1.4.3　练习 12：标注一个柱状图

在这个练习中，我们要标注一个柱状图，这个柱状图使用 **seaborn** 库的 **catplot** 函数生成，我们将在图上方增加一个标注。下面来看如何做到：

（1）导入必要的模块：

```
import matplotlib.pyplot as plt
import seaborn as sns
```

（2）加载 **diamonds** 数据集：

```
diamonds_df = sns.load_dataset('diamonds')
```

（3）使用 **seaborn** 库的 **catplot** 函数生成一个柱状图：

```
ax = sns.catplot("cut", data = diamonds_df, aspect = 1.5, kind = "count",
color = "b")
```

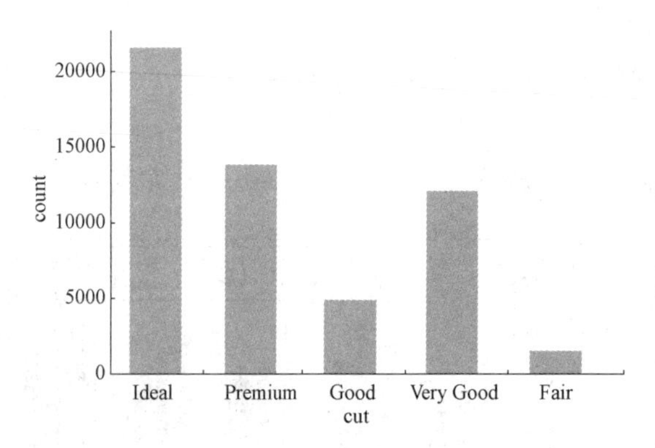

图 1 - 30　使用 seaborn 的 catplot 函数生成的柱状图

输出如图 1 - 30 所示。

（4）对属于 **Ideal** 类别的列加标注：

```
# get records in the DataFrame corresponding
to ideal cut
ideal_group = diamonds_df.loc[diamonds_df
['cut'] = = 'Ideal']
```

（5）找到放置标注的 x 坐标位置：

```
# get the location of x coordinate where the
annotation has to be placed
x = ideal_group.index.tolist()[0]
```

（6）找到放置标注的 y 坐标位置：

```
# get the location of y coordinate where the annotation has to be placed
y = len(ideal_group)
```

（7）打印 x 和 y 坐标位置：

```
print(x)
print(y)
```

输出为：

```
0
21551
```

（8）对图加标注：

```
# annotate the plot with any note or extra information
sns.catplot("cut", data = diamonds_df, aspect = 1.5, kind = "count", color = "b")
plt.annotate('excellent polish and symmetry ratings;\nreflects almost
all the light that enters it', xy = (x,y), xytext = (x + 0.3, y + 2000),
arrowprops = dict(facecolor = 'red'))
```

输出如图 1 - 31 所示。

看起来 **annotate** 函数中有很多参数，不过不用担心！Matplotlib 的 https://matplotlib.org/3.1.0/

api/ _ as _ gen/matplotlib. pyplot. annotate. html 官方文档涵盖了所有细节。例如，**xy** 参数表示图上标注的点（**x，y**）。**xytext** 表示放置文本的位置（*x*，*y*）。如果 **xytext** 为 **None**，则默认为 **xy**。注意，为了提高文本的可读性，我们为 x 增加了一个偏移量 **0.3**，为 y 增加了一个偏移量 **2000**（因为 y 接近 20000）。箭头颜色用 **annotate** 函数中的 **arrowprops** 参数指定。

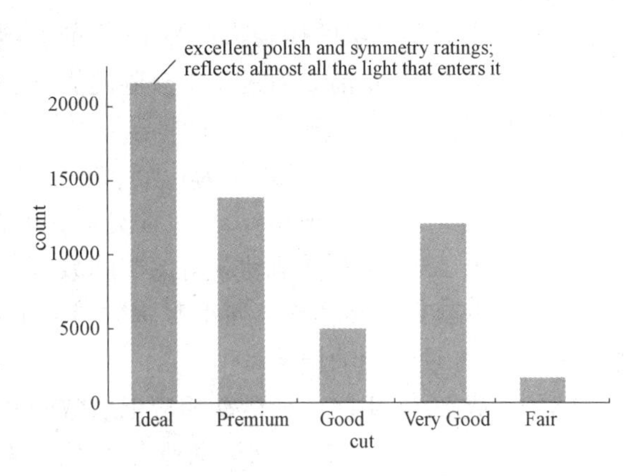

图 1-31　加标注的柱状图

Python 中的可视化库还有其他一些细节问题，这本书后面会逐步介绍。在目前这个阶段，我们将通过完成本章的实践活动来复习这一章介绍过的概念。

到目前为止，我们了解了如何使用 **seaborn** 和 **pandas** 生成两种简单的图，即直方图和柱状图。

- **直方图**：直方图对于理解给定数据集中于一个数值特征的统计分布很有用。可以使用 **pandas** 中的 **hist（）** 函数和 **seaborn** 中的 **distplot（）** 函数生成直方图。
- **柱状图**：柱状图对于深入了解给定数据集中一个分类特征的值很有用。可以使用 **pandas** 中的 **plot（kind＝**'bar'）函数以及 **seaborn** 中的 **catplot（kind＝**'count'）和 **barplot（）** 函数生成柱状图。

绘制这两类图的过程中会有一些考虑，基于这些考虑，我们介绍了数据可视化中的一些基本概念：

- 使用 **legend** 函数中的 **loc** 和其他参数来格式化图例，为图中不同元素提供标签。
- 利用 **set _ xticklabels（）** 和 **set _ yticklabels（）** 函数中的参数，修改刻度标签的属性，如字体大小（font - size）和旋转角度（rotation）。
- 用 **annotate（）** 函数增加标注来提供额外的信息。

1.4.4　实践活动 1：分析不同场景并生成适当的可视化

我们将使用奥运会 120 年历史（**120 years of Olympic History**）数据集，这是 Randi Griffin 从 https：//www. sports - reference. com/ 获得的一个数据集，可以在本书 GitHub 存储库得到。你的任务是根据 2016 年获得的奖牌数找出奖牌数最多的前 5 项运动（以下简称前 5 项运动），然后完成以下分析：

（1）生成一个图，表示 2016 年前 5 项运动分别获得的奖牌数。

（2）生成一个图，表示 2016 年前 5 项运动奖牌获得者的年龄分布。

(3) 找出哪些国家的代表队在 2016 年前 5 项运动中获得奖牌数最多。

(4) 观察 2016 年前 5 项运动中获胜的男子和女子运动员平均体重的趋势。

主要步骤

(1) 下载数据集，并格式化为一个 pandas DataFrame。

(2) 过滤这个 DataFrame，只包含奖牌获得者相应的行。

(3) 得出 2016 年各项运动获得的奖牌数。

(4) 根据获得的奖牌数，列出奖牌数最多的前 5 项运动。再一次过滤 DataFrame，只包含 2016 年前 5 项运动的记录。

(5) 生成 2016 年前 5 项运动相应记录数的柱状图。

(6) 为（2016 年）前 5 项运动所有奖牌获得者的年龄（Age）特征生成一个直方图。

(7) 生成一个柱状图，表示 2016 年每个国家代表队在前 5 项运动中获得多少奖牌。

(8) 生成一个柱状图，表示 2016 年前 5 项运动中获胜运动员的平均体重（按性别分类）。

期望得到的输出如下：

第 1 步完成后图 1 - 32 所示。

	ID	Name	Sex	Age	Height	Weight	Team	NOC	Games	Year	Season	City	Sport	Event	Medal
0	1	A Dijiang	M	24.0	180.0	80.0	China	CHN	1992 Summer	1992	Summer	Barcelona	Basketball	Basketball Men's Basketball	NaN
1	2	A Lamusi	M	23.0	170.0	60.0	China	CHN	2012 Summer	2012	Summer	London	Judo	Judo Men's Extra - Lightweight	NaN
2	3	Gunnar Nielsen Aaby	M	24.0	NaN	NaN	Denmark	DEN	1920 Summer	1920	Summer	Antwerpen	Football	Football Men's Football	NaN
3	4	Edgar Lindenau Aabye	M	34.0	NaN	NaN	Denmark/Sweden	DEN	1900 Summer	1900	Summer	Paris	Tug - Of - War	Tug - Of - War Men's Tug - Of - War	Gold
4	5	Christine Jacobe Aaftink	F	21.0	185.0	82.0	Netherlands	NED	1988 Winter	1988	Winter	Calgary	Speed Skating	Speed Skating Women's 500 metres	NaN

图 1 - 32 奥运会数据集

第 2 步完成后如图 1 - 33 所示。

	ID	Name	Sex	Age	Height	Weight	Team	NOC	Games	Year	Season	City	Sport	Event	Medal
3	4	Edgar Lindenau Aabye	M	34.0	NaN	NaN	Denmark/Sweden	DEN	1900 Summer	1900	Summer	Paris	Tug-Of-War	Tug-Of-War Men's Tug-Of-War	Gold
37	15	Arvo Ossian Aaltonen	M	30.0	NaN	NaN	Finland	FIN	1920 Summer	1920	Summer	Antwerpen	Swimming	Swimming Men's 200 metres Breaststroke	Bronze
38	15	Arvo Ossian Aaltonen	M	30.0	NaN	NaN	Finland	FIN	1920 Summer	1920	Summer	Antwerpen	Swimming	Swimming Men's 400 metres Breaststroke	Bronze
40	16	Juhamatti Tapio Aaltonen	M	28.0	184.0	85.0	Finland	FIN	2014 Winter	2014	Winter	Sochi	Ice Hockey	Ice Hockey Men's Ice Hockey	Bronze
41	17	Paavo Johannes Aaltonen	M	28.0	175.0	64.0	Finland	FIN	1948 Summer	1948	Summer	London	Gymnastics	Gymnastics Men's Individual All-Around	Bronze

图1-33 过滤后的Olympics DataFrame

第3步完成后如图1-34所示。

```
Athletics                192
Swimming                 191
Rowing                   144
Football                 106
Hockey                    99
Handball                  89
Cycling                   84
Canoeing                  82
Water Polo                78
Rugby Sevens              74
Basketball                72
Volleyball                72
Wrestling                 72
Gymnastics                66
Fencing                   65
Judo                      56
Boxing                    51
Sailing                   45
Equestrianism             45
Shooting                  45
Weightlifting             45
Diving                    36
Taekwondo                 32
Synchronized Swimming     32
Table Tennis              24
Badminton                 24
Tennis                    24
Archery                   24
Rhythmic Gymnastics       18
Beach Volleyball          12
Modern Pentathlon          6
Trampoling                 6
Golf                       6
Triathlon                  6
Name:Sport,dtype:int64
```

图1-34 获得的奖牌数

第 4 步完成后如图 1-35 所示。

	ID	Name	Sex	Age	Height	Weight	Team	NOC	Games	Year	Season	City	Sport	Event	Medal
158	62	Giovanni Abagnale	M	21.0	198.0	90.0	Italy	ITA	2016 Summer	2016	Summer	Rio de Janeiro	Rowing	Rowing Men's Coxless Pairs	Bronze
814	465	Matthew " Matt" Abood	M	30.0	197.0	92.0	Australia	AUS	2016 Summer	2016	Summer	Rio de Janeiro	Swimming	Swimming Men's 4x 100 metres Freestyle Relay	Bronze
1228	690	Chantal Achterberg	F	31.0	172.0	72.0	Netherlands	NED	2016 Summer	2016	Summer	Rio de Janeiro	Rowing	Rowing Women's Quadruple Sculls	Silver
1529	846	Valene Kasanita Adams-Vili (- Price)	F	31.0	193.0	120.0	New Zealand	NZL	2016 Summer	2016	Summer	Rio de Janeiro	Athletics	Athletics Women's Shot Put	Silver
1847	1017	Nathan Ghar-Jun Adrian	M	27.0	198.0	100.0	United States	USA	2016 Summer	2016	Summer	Rio de Janeiro	Swimming	Swimming Men's 50 metres Freestyle	Bronze

图 1-35 Olympics DataFrame

第 5 步完成后如图 1-36 所示。

第 6 步完成后如图 1-37 所示。

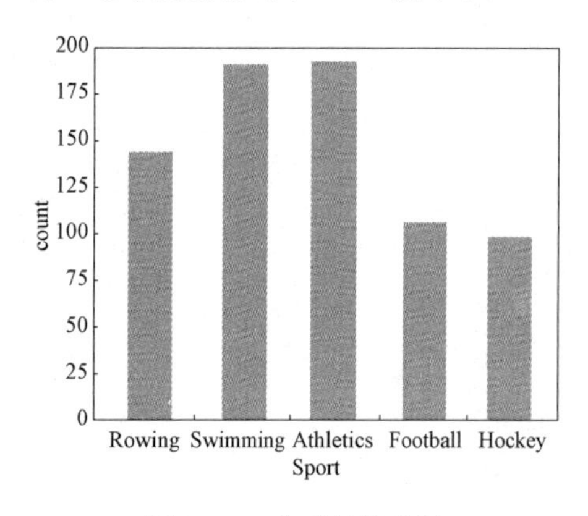

图 1-36 生成的柱状图

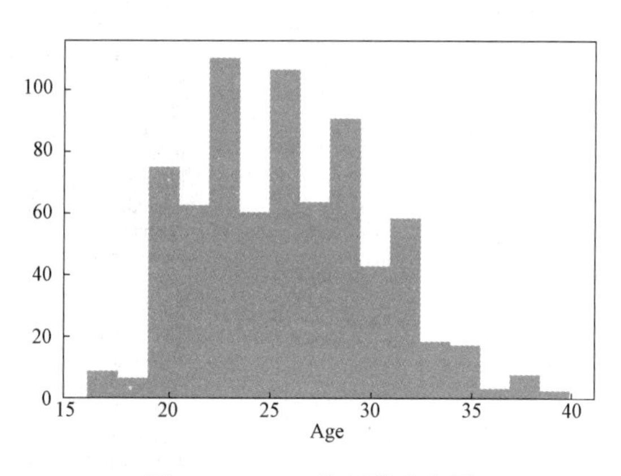

图 1-37 Age 特征的直方图

第 7 步完成后如图 1-38 所示。

第 8 步完成后如图 1-39 所示。

这个柱状图表示，体重最重的运动员参加的是赛艇项目，其后是游泳，然后是其余运动项目。对于男子和女子运动员，趋势是类似的。

说明

答案见附录第 1 节。

<Seaborn.axisgrid.FacetGrid at 0xlab5e1a0208>

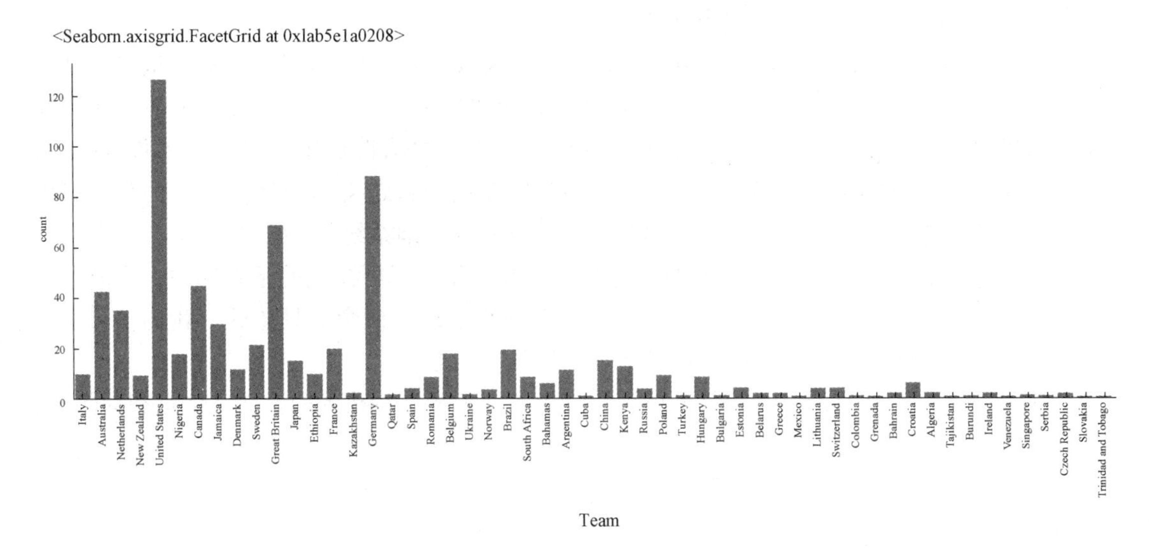

图 1 - 38　获得奖牌数的柱状图

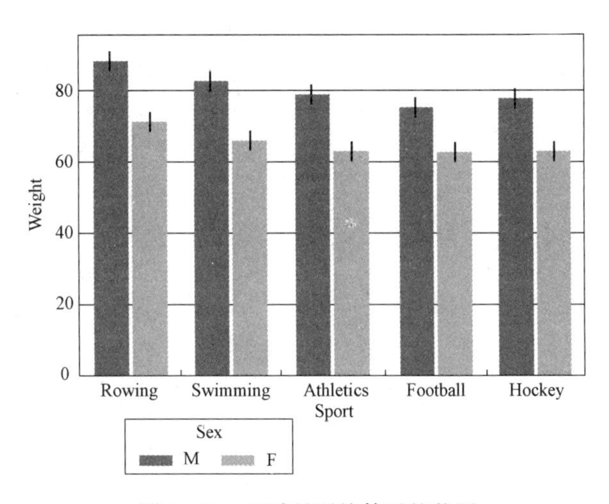

图 1 - 39　运动员平均体重柱状图

1.5　小结

这一章中，我们介绍了处理 **pandas** DataFrame 的有关基础知识，可以对 DataFrame 适当地格式化，来作为 **pandas**、**seaborn** 等库中不同可视化函数的输入，我们还介绍了生成和修改绘图的一些基本概念，从而能创建美观的图表。

pandas 库包含 **read _ csv**（）、**read _ excel**（）和 **read _ json**（）等函数可以读取结构化的文本数据文件。诸如 **describe**（）和 **info**（）等函数可以用来获得 DataFrame 中特征的汇总统计和内存使用信息。**pandas** DataFrame 上的其他重要操作包括根据用户指定的条件/约束分组、为 DataFrame 增加新列、用内置 Python 函数以及用户自定义函数转换现有的列、删除 DataFrame 中的指定列，以及将修改后的 DataFrame 写入本地系统的一个文件。

掌握了 **pandas** DataFrame 的这些常用操作后，我们复习了可视化的基础知识，了解了如何改善绘图的外观。这里通过绘制直方图和柱状图介绍了这些概念。具体的，我们学习了提供标签和图例、修改刻度标签的属性以及增加标注的不同方法。

下一章中，我们将学习一些流行的可视化技术，并了解这些技术的含义、优点和局限性。

第 2 章　静态可视化：全局模式和汇总统计

学习目标

学习完这一章，你将掌握以下内容：

- 解释适用于不同上下文的各种可视化技术。
- 识别数据集中一个或多个特征的全局模式。
- 绘图表示数据中的全局模式：散点图、六边形图、等高线图和热图。
- 绘图表示数据的汇总统计：（再谈）直方图、箱形图和小提琴图。

这一章中，我们将探讨表示数据全局模式和汇总统计的不同可视化技术。

2.1　本章介绍

上一章中，我们学习了如何处理 **pandas** DataFrame 作为数据可视化的输入，如何用 **pandas** 和 **seaborn** 绘图，以及如何改进绘图来增加美感。这一章的目的是掌握有关多种可视化技术优缺点的实用知识。我们将为不同上下文绘制图表。不过，你会注意到，不论是现有的绘图类型还是可视化技术，种类都相当繁多，从中选择适当的可视化方法可能会让人很困惑。有时，一个图可能显示了太多信息以至于读者难以掌握，也可能显示的信息太少，导致读者无法获得有关这个数据的必要认识。有些情况下，可视化可能太过深奥，读者无法正确理解，还有一些情况下，过于简单的可视化则无法达到适当的效果。如果能够掌握不同类型可视化技术及其优缺点的实用知识，就能避免所有这些情况。

作为入门，这一章将简单介绍不同类型的静态可视化，以及这些可视化技术在哪些上下文中最有效。通过使用 **seaborn**，你会了解如何创建各种不同的图，并能熟练地选择适当的可视化技术来提供最适合的数据表示。结合第 1 章“Python 可视化介绍：基本和定制绘图”中学习的技术，这些技能可以帮助你绘制既有意义又有吸引力的优秀图表。

下面首先研究适当的可视化技术或绘图来表示数据中的全局模式。

2.2　绘图表示数据中的全局模式

这一节中，我们将研究绘图表示数据中全局模式的几种情况，如：

- 绘图显示数据中单个特征的变化，如直方图。
- 绘图显示数据中不同特征的相对变化，如散点图、折线图和热图。

大多数数据科学家都比较喜欢看这些图，因为可以从中对所关注特征的整个取值范围有所认识。表示全局模式的图之所以很有用，还有一个原因是可以更容易地找出数据中的异常值。

我们将使用一个名为 **mpg** 的数据集。这个数据集由卡耐基梅隆大学维护的*StatLib* 库发布，可以从 **seaborn** 库得到这个数据集。原先这个数据集用来研究里程（每加仑汽油行驶英里数，**miles per gallon** 或 **mpg**）与数据集中其他特征之间的关系，因此数据集得名 **mpg**。由于这个数据集包含 3 个离散特征和 5 个连续特征，所以很适合用来说明这一章要介绍的多个概念。

可以使用以下代码看看这个数据集：

```
import seaborn as sns
# load a seaborn dataset
mpg_df = sns.load_dataset("mpg")
print(mpg_df.head())
```

输出如图 2 - 1 所示。

	mpg	cylinders	displacement	...	model _ year	origin	name
0	18.0	8	307.0	...	70	usa	chevrolet chevelle malibu
1	15.0	8	350.0	...	70	usa	buick skylark 320
2	18.0	8	318.0	...	70	usa	plymouth satellite
3	16.0	8	304.0	...	70	usa	amc rebel sst
4	17.0	8	302.0	...	70	usa	ford torino

[5 rows x 9 columns]

图 2 - 1 mpg 数据集

下面来看表示这个数据的不同类型的图，并从中得出一些统计结论。

2.2.1 散点图

我们要生成的第一种类型的图是散点图。散点图（**scatter plot**）是一个简单的图，可以表示数据集中两个特征的值。每个数据点在图中由一个点表示，其 x 坐标是第一个特征的值，y 坐标是第二个特征的值。散点图是进一步了解这样两个数值属性的很好的工具。

散点图可以帮助挖掘数据中不同特征之间的关系，如天气与销量、多种环境下营养摄入与卫生统计数据之间的关系。

我们将借助一个练习来学习如何创建一个散点图。

2.2.2　练习 13：创建一个静态散点图

在这个练习中，我们将由 **mpg** 数据集生成一个散点图，分析汽车重量（**weight**）与汽车里程［**mileage**（**mpg**）］之间的关系。为此，完成以下步骤：

（1）打开一个 Jupyter notebook，并导入必要的 Python 模块：

```
import seaborn as sns
```

（2）从 **seaborn** 导入数据集：

```
mpg_df = sns.load_dataset("mpg")
```

（3）使用 **scatterplot（）** 函数生成一个散点图：

```
# seaborn ('version 0.9.0 is required')
ax = sns.scatterplot(x = "weight", y = "mpg", data = mpg_df)
```

输出如图 2-2 所示。

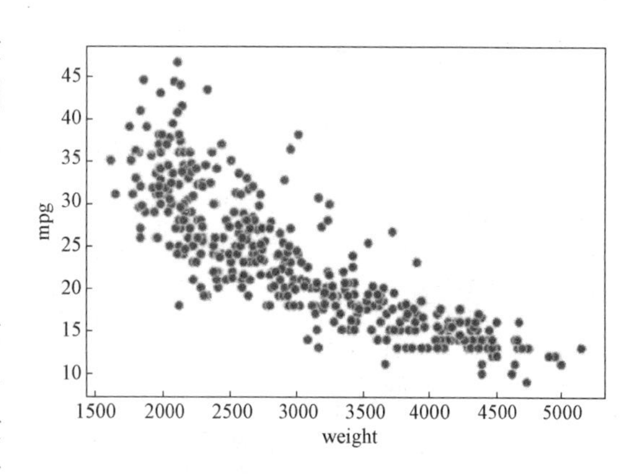

图 2-2　散点图

注意，这个散点图显示出随着汽车重量（**weight**）的增加，里程数［**mileage**（**mpg**）］会减少。这是对数据集中不同特征之间关系的一个有用的认识。

2.2.3　六边形图

散点图还有一个更漂亮的版本，称为六边形图（**hexbin plot**），行和列都对应数值属性时，可以使用这种六边形图。如果有大量数据点，散点图中绘制的点很有可能出现大量重叠，以至于最后会得到一个很乱的图。在这种情况下，将很难从中发现趋势。利用一个六边形图，相同区域中如果有大量数据点，可以使用一个更深的阴影显示。六边形图使用六边形表示数据点的聚类。颜色较深的六边形表示 x 和 y 轴特征的相应范围内有更多的点。颜色较浅的六边形表示有较少的点。如果是空白，则表示没有相应的数据点。这样一来，我们就能得到一个更清晰的图。

下面通过一个练习来学习如何创建一个六边形图。

2.2.4　练习 14：创建一个静态六边形图

在这个练习中，我们将生成一个六边形图，从而更好地理解 **weight** 与 **mileage**（**mpg**）之间的关系。需要完成以下步骤：

（1）导入必要的 Python 模块：

import seaborn as sns

（2）从 **seaborn** 导入数据集：

mpg _ df = sns. load _ dataset（" mpg"）

（3）使用 **jointplot** 并将 **kind** 设置为 **hex** 来绘制一个六边形图：

```
## set the plot style to include ticks on the axes.
sns.set(style="ticks")
## hexbin plot
sns.jointplot(mpg_df.weight, mpg_df.mpg, kind="hex", color="#4CB391")
```

注意以上代码中提到的 **seaborn** 的 **jointplot** 函数。这个函数定义为，如果我们提供了 x 轴和 y 轴的值，并指定 kind 参数（在这里这个参数设置为 **hex**），就会生成指定类型的图。

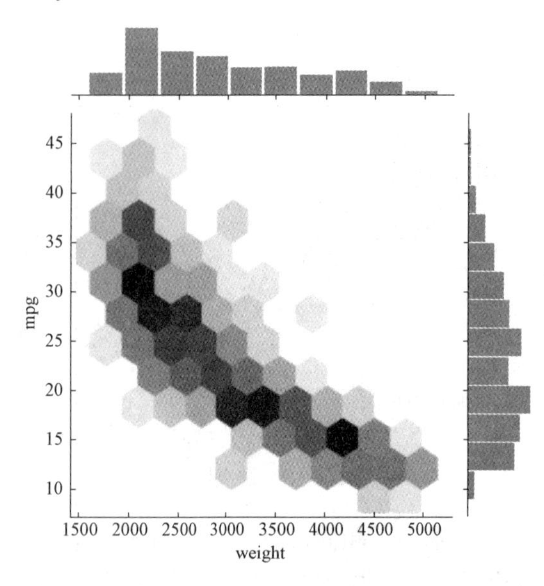

图 2-3　weight 与 mpg 的六边形图

输出如图 2-3 所示。

你可能注意到了，上方和右边的直方图分别显示了 x 和 y 轴表示的特征的变化（在这个例子中就是 **weight 和 mpg**）。另外，在前一个散点图中可能已经注意到，某些区域中的数据点严重重叠，这会模糊这些特征的实际分布。数据点很稠密时，六边形图是一个很好的数据可视化工具。

2.2.5　等高线图

如果特定区域中数据点很稠密，散点图的另一种替代方法是等高线图（**contour plot**）。使用等高线图的优点与六边形图相同，可以在数据点可能严重重叠的情况下准确地可视化表示特征的分布。等高线图常用于在地理区域地图上显示一些天气指标的分布，如温度、降雨量以及其他一些指标。

下面通过练习来创建一个等高线图。

2.2.6　练习 15：创建静态等高线图

在这个练习中，我们将创建一个等高线图显示 **mpg** 数据集中 **weight** 和（**mpg**）之间的关系。可以看到，有更多数据点时，**weight** 和 **mileage**（**mpg**）之间的关系最强。来完成以下步骤：

（1）导入必要的 Python 模块：

```
import seaborn as sns
```

（2）从 **seaborn** 导入数据集：

```
mpg_df = sns.load_dataset("mpg")
```

（3）使用 **set _ style** 方法创建一个等高线图：

```
# contour plot
sns.set_style("white")
```

（4）生成一个核密度估计图（**kernel density estimate，KDE**）（见第 1 章“Python 可视化介绍：基本和定制绘图”的介绍）：

```
# generate KDE plot：first two parameters are arrays of X and Y coordinates
of data points
# parameter shade is set to True so that the contours are filled with a
color gradient based on number of data points
sns.kdeplot(mpg_df.weight，mpg_df.mpg，shade = True)
```

输出如图 2 - 4 所示。

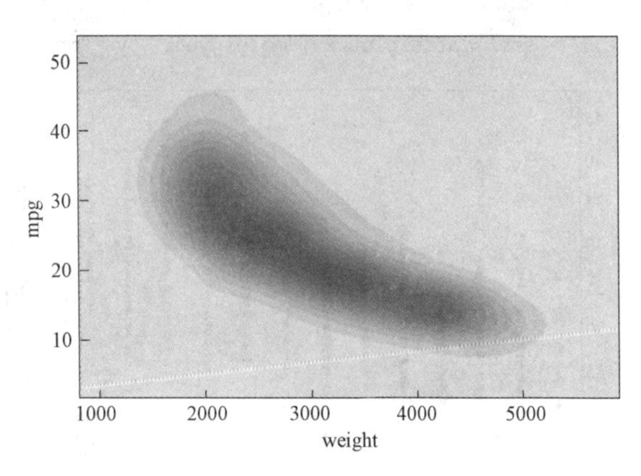

图 2 - 4　显示 weight 与 mpg 关系的等高线图

注意等高线图的解释与六边形图的解释类似，较深的区域表示有更多数据点，较浅的区域表示数据点较少。

在这个关于 **weight** 与 **mileage**（**mpg**）关系的例子中，六边形图和等高线图表示，这里有一条曲线，沿着这条曲线，**weight** 与 **mileage** 之间的负相关关系最强，从数据点数更多可以明显看出这一点。随着远离这条曲线（数据点较少），这种负相关关系会相对变弱。

2.2.7　折线图

表示数据中全局模式的另一种图是折线图。

折线图（**line plots**）将信息表示为一系列数据点，点之间用直线线段连接。折线图对于表示一个离散数值特征（在 x 轴上，如 **mpg** 数据集中的 **model _ year**）与一个连续数值特征（在 y 轴上，如 **mpg** 数据集中的 **mpg**）之间的关系很有用。

来看下面的练习，我们要创建 **model _ year** 与 **mpg** 的一个折线图。

2.2.8 练习 16：创建一个静态折线图

在这个练习中，我们将为另外一对特征 **model _ year** 和 **mpg** 创建一个散点图。然后再根据这些离散属性（**model _ year** 和 **mpg**）生成一个折线图。为此，需要完成以下步骤：

（1）导入必要的 Python 模块：

```
import seaborn as sns
```

（2）从 **seaborn** 导入数据集：

```
mpg_df = sns.load_dataset("mpg")
```

（3）创建一个等高线图：

```
# contour plot
sns.set_style("white")
```

（4）创建一个二维散点图：

```
# seaborn 2-D scatter plot
ax1 = sns.scatterplot(x = "model_year", y = "mpg", data = mpg_df)
```

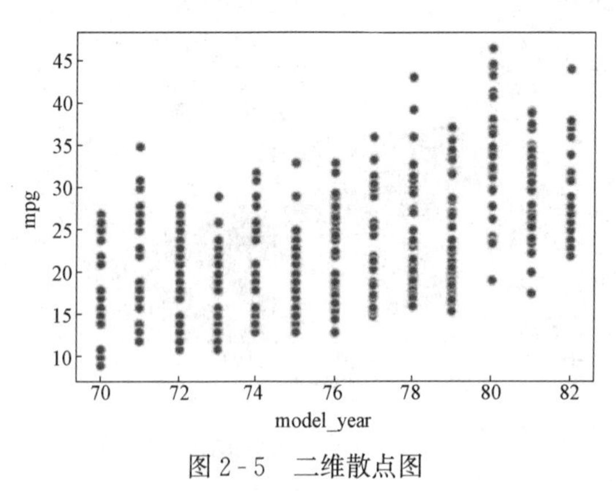

图 2-5 二维散点图

输出如图 2-5 所示。

在这个例子中，我们看到，**model _ year** 特征只有 70～82 之间的离散值。如果有类似这样的一个离散数值特征（**model _ year**），绘制一个折线图连接这些数据点会是一个好主意。我们可以用以下代码绘制一个简单的折线图，显示 **model _ year** 和 **mileage** 之间的关系。

（5）绘制一个简单的折线图，显示 **model _ year** 和 **mileage** 之间的关系：

```
# seaborn ('version 0.9.0 is required') line plot code
ax = sns.lineplot(x = "model_year", y = "mpg", data = mpg_df)
```

输出如图 2-6 所示。

可以看到，用实线连接的点表示相应 x 坐标上 y 轴特征的均值。折线图附近的阴影区域显示了 y 轴特征的置信区间（seaborn 会默认设置为一个 **95%置信区间**）。可以使用 ci 参数修改为一个不同的置信区间。“**x%**置信区间”可以解释为 x%的数据点所出现的特征值范围。下面的代码给出了改为 **68%**置信区间的一个例子。

（6）将置信度改为 **68%**：

```
sns.lineplot(x="model_year", y="mpg", data=mpg_df, ci=68)
```

输出如图 2-7 所示。

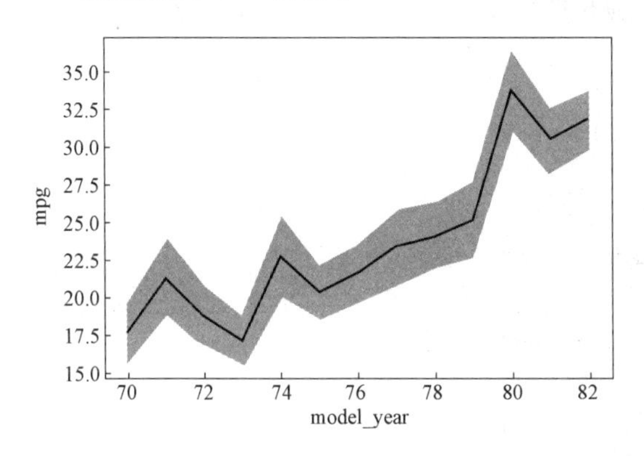

图 2-6　显示 model _ year 与 mileage 之间关系的折线图

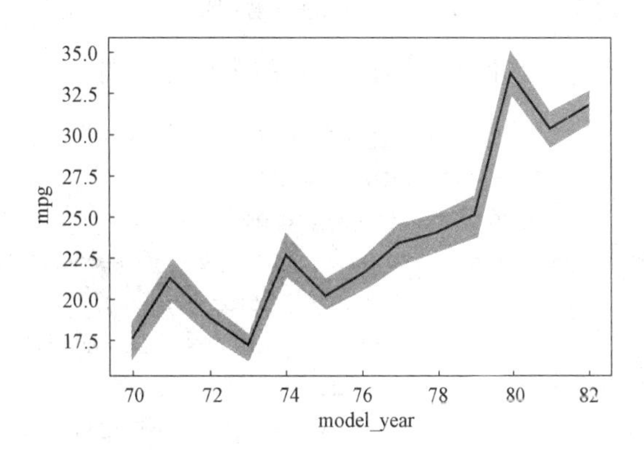

图 2-7　ci=68 的折线图

从图 2-7 可以看到，**68%**置信区间可以解释为 68%的数据点所出现的特征值范围。数据会随时间改变的情况下，折线图是非常好的可视化技术，x 轴可以表示日期或时间，这个图有助于查看一个值如何随时间变化。

谈到使用折线图表示数据随时间的变化，下面考虑 **seaborn** 中 **flights** 数据集的一个例子。这个数据集用来研究航空公司之间的比较、延迟分布、预计航班延误等方面（这个开源数据集在 Packt 的 GitHub 存储库上托管）。通过下面的练习，我们会看到如何生成折线图来表示这个数据集。

2.2.9　练习 17：用多个折线图表示数据随时间的变化

在这个例子中，我们会了解如何用多个折线图表示数据随时间的变化。这里将使用 **flights** 数据集：

（1）导入必要的 Python 模块：

```
import seaborn as sns
```

（2）加载 flights 数据集：

```
flights_df = sns.load_dataset("flights")
print(flights_df.head())
```

	year	month	passengers
0	1949	January	112
1	1949	February	118
2	1949	March	132
3	1949	April	129
4	1949	May	121

图 2-8　Flights 数据集

输出如图 2-8 所示。

假设你想查看不同年份同一个月的乘客人数会如何变化。你要如何显示这个信息?

一种选择是在一个图中画出多个折线图。例如，下面来看不同年份的 12 月～1 月的相应折线图。可以用以下代码生成这个图。

(3) 创建 12 月～1 月的多个折线图:

```
#flights_df = flights_df.pivot("month", "year", "passengers")
#ax = sns.heatmap(flights_df)
# line plots for the planets dataset
ax = sns.lineplot(x="year", y="passengers", data=flights_df[flights_
df['month']=='January'], color='green')
ax = sns.lineplot(x="year", y="passengers", data=flights_df[flights_
df['month']=='February'], color='red')
ax = sns.lineplot(x="year", y="passengers", data=flights_df[flights_
df['month']=='March'], color='blue')
ax = sns.lineplot(x="year", y="passengers", data=flights_df[flights_
df['month']=='April'], color='cyan')
ax = sns.lineplot(x="year", y="passengers", data=flights_df[flights_
df['month']=='May'], color='pink')
ax = sns.lineplot(x="year", y="passengers", data=flights_df[flights_
df['month']=='June'], color='black')
ax = sns.lineplot(x="year", y="passengers", data=flights_df[flights_
df['month']=='July'], color='grey')
ax = sns.lineplot(x="year", y="passengers", data=flights_df[flights_
df['month']=='August'], color='yellow')
ax = sns.lineplot(x="year", y="passengers", data=flights_df[flights_
df['month']=='September'], color='turquoise')
ax = sns.lineplot(x="year", y="passengers", data=flights_df[flights_
df['month']=='October'], color='orange')
ax = sns.lineplot(x="year", y="passengers", data=flights_df[flights_
df['month']=='November'], color='darkgreen')
ax = sns.lineplot(x="year", y="passengers", data=flights_df[flights_
```

```
df['month'] == 'December'], color = 'darkred')
```

输出如图 2-9 所示。

从这个包含 12 个折线图的例子中可以看到，如果一个图包含太多折线图，很快会变得很拥挤，也很让人困惑。所以，有些情况下，折线图既不美观，也不是很有用。

那么，对于我们的这个用例，有什么替代方法呢？

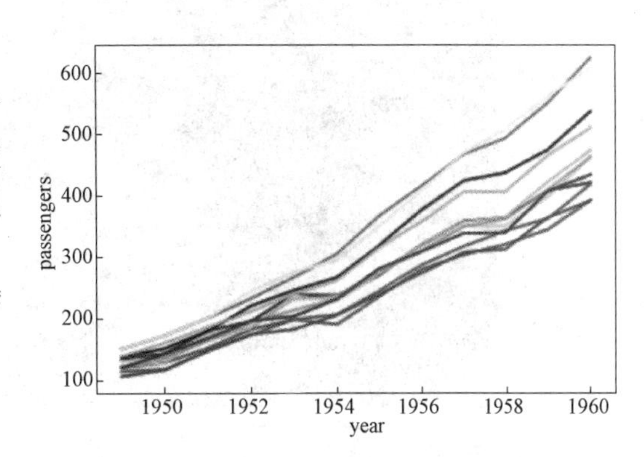

图 2-9　表示年份与乘客人数的多个折线图

2.2.10　热图

这就要引入热图。

热图（heatmap）是一种可视化表示，它将一个特定的连续数值特征表示为数据集中另外两个离散特征（可以是分类特征或离散数值特征）的函数。信息用网格形式表示，网格中的每个单元格对应这两个离散特征的一对特定的值，并根据第 3 个数值特征的值着色。热图是可视化表示高维度数据的一个极好的工具，甚至可以梳理出不同类别间有很大变化的特征。

下面来看一个具体的练习。

2.2.11　练习 18：创建和探索一个静态热图

在这个练习中，我们将探索和创建一个热图。这里会使用 **seaborn** 库的 **flights** 数据集生成一个热图，表示 **1949～1960** 年间每个月的乘客人数：

（1）首先导入 **seaborn** 库并加载 **flights** 数据集：

```
import seaborn as sns
flights_df = sns.load_dataset('flights')
```

（2）在生成热图之前，现在需要使用 **pivot ( )** 函数为数据集指定所需的变量作为轴。**pivot** 函数首先接受在行上显示的特征参数，然后是在列上显示的特征，最后一个参数是我们感兴趣的那个特征，我们就是想要观察这个特征的变化。这个函数使用指定索引/列的唯一值来建立最终 DataFrame 的轴：

```
df_pivoted = flights_df.pivot("month", "year", "passengers")
ax = sns.heatmap(df_pivoted)
```

输出如图 2-10 所示。

在这里可以看到，从 1949 年～1960 年，每年的航班总数（乘客人数）在稳步增长。另外，在所观察的这些年份里，看起来 7 月和 8 月的航班数最多（相比其他月份）。真不错，从

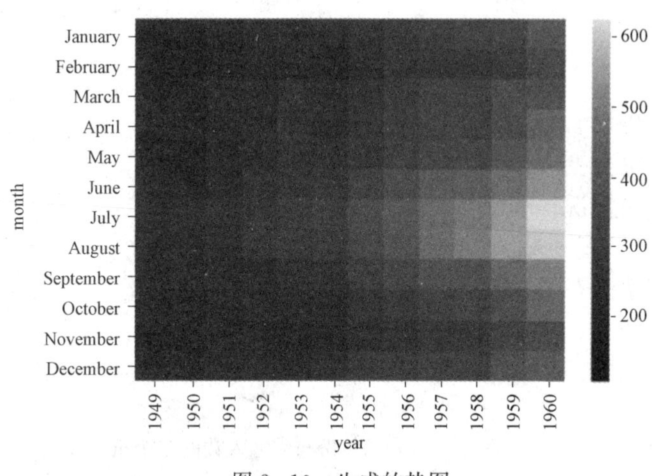

图 2-10 生成的热图

这样一个简单的可视化中就能发现这个有意思的趋势！

探索如何绘制热图很有趣，有很多选项可以用来调整参数。可以从 https://seaborn.pydata.org/generated/seaborn.clustermap.html 和 https://seaborn.pydata.org/generated/seaborn.heatmap.html 了解更多有关内容。这里我们只介绍一些重要的方面：聚类选项和距离度量。

热图中的行或列还可以根据其相似程度聚类。为此，在 **seaborn** 中可以使用 **clustermap** 选项。

下面继续完成练习 18。

（3）使用 **clustermap** 选项对行和列聚类：

```
ax = sns.clustermap(df_pivoted, col_cluster = False, row_cluster = True)
```

输出如图 2-11 所示。

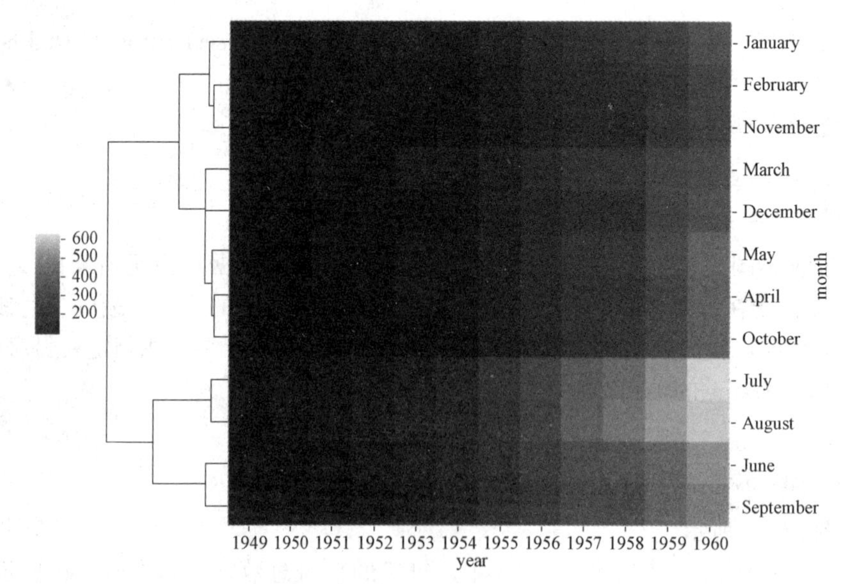

图 2-11 使用 clustermap 生成的热图

*注意到了吗？在图 2 - 11 中，月份的顺序已经重新排列，不过有些月份（例如，7 月和 8 月）由于有类似的趋势仍保持在一起。*接近 1960 年的最后几年中，7 月和 8 月的航班数增长幅度更大。

> **说明**
> 可以切换参数值（**row _ cluster=False，col _ cluster=True**）按年对数据聚类，或者使用（**row _ cluster=True，col _ cluster=True**）对行和列都聚类。

现在你可能在想，*怎么计算行之间和列之间的相似程度呢？*答案是这取决于距离度量，也就是说，如何计算两行或两列之间的距离。与有较大距离的行/列相比，距离最小的行/列会更紧密地聚类在一起。通过使用 **metric** 选项［见下文步骤（4）］，用户可以把距离度量设置为多个选择之一（**manhattan**，**euclidean**，**correlation** 以及其他选择）。关于距离 **metric** 选项的更多内容参见这里：https：//scikit - learn. org/stable/modules/generated/sklearn. neighbors. DistanceMetric. html。

> **说明**
> **seaborn** 默认将距离度量设置为 **euclidean** 。

继续完成练习 18。

（4）将 **metric** 设置为 **euclidean**：

```
# equivalent to ax = sns.clustermap(df_pivoted, row_cluster = False,
metric = 'euclidean')
ax = sns.clustermap(df_pivoted, col_cluster = False)
```

输出如图 2 - 12 所示。

（5）将 **metric** 改为 **correlation**：

```
# change distance metric to correlation
ax = sns.clustermap(df_pivoted, row_cluster = False, metric = 'correlation')
```

输出如图 2 - 13 所示。

谈到距离度量时，我们知道它定义了两行/列之间的距离。不过，如果仔细看，会看到热图不仅对单个的行或列聚类，还会对行和列的组聚类。这里就要引入连锁。做好准备来学习这个内容！

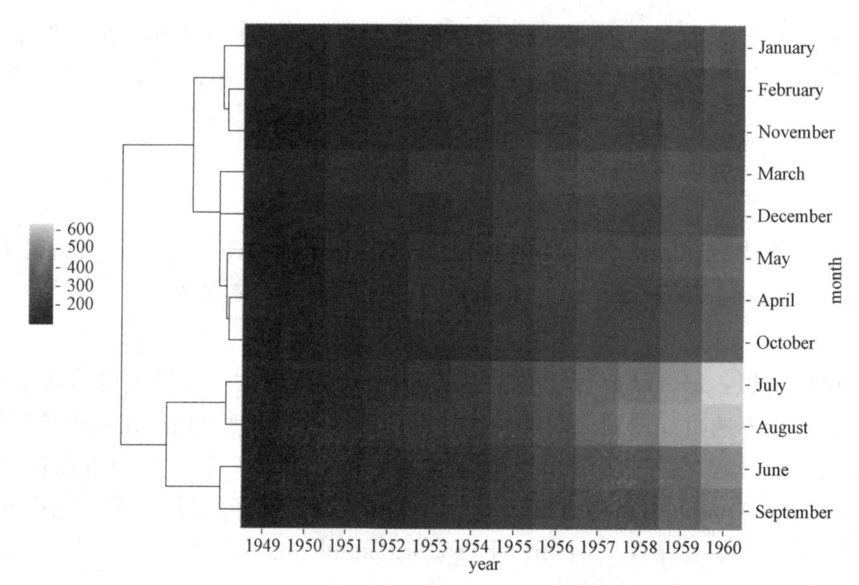

图 2-12 距离度量设置为 euclidean 的热图

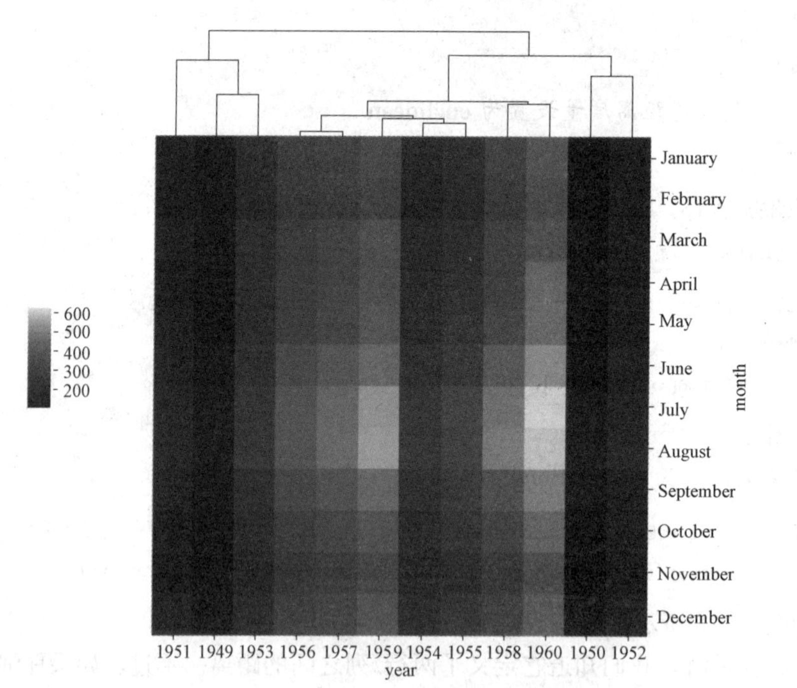

图 2-13 距离度量为 correlation 的热图

2.2.12　热图中连锁的概念

这些热图中看到的聚类称为凝聚层次聚类，因为需要对行/列顺序分组，直到它们属于一个聚类，这样就得到一个层次结构。不失一般性，下面假设我们要对行聚类。在层次聚类中，第一步是计算任意两行之间的距离，并选择距离最小的两行，比如说A和B。一旦将这些行分组在一起，则称它们合并到一个聚类中。这种情况下，我们需要一个规则，不仅要确定两行之间的距离，还要确定任意两个聚类之间的距离（即使聚类中只包含单个点）：

• 如果规则将两个聚类之间的距离定义为不同聚类中彼此最接近的两个点的距离，这个规则称为单连锁（**single linkage**）。

• 如果规则将两个聚类之间的距离定义为相距最远的两个点之间的距离，这称为全连锁（**complete linkage**）。

• 如果规则将两个聚类之间的距离定义为两个聚类中所有可能行对的平均距离，这称为平均连锁（**average linkage**）。

列的聚类也是一样。

2.2.13　练习19：在静态热图中创建连锁

在这个练习中，我们将生成一个热图，并理解热图中单连锁、全连锁和平均连锁的概念，这里会使用**flights**数据集。我们将使用**clustermap**方法并把**method**参数设置为不同的值，如**average**、**complete**和**single**。为此，完成以下步骤：

（1）首先导入**seaborn**库并加载**flights**数据集：

```
import seaborn as sns
flights_df = sns.load_dataset('flights')
```

（2）在生成热图之前，下面需要使用**pivot（）**函数为数据集指定所需的变量作为轴：

```
df_pivoted = flights_df.pivot("month", "year", "passengers")
ax = sns.heatmap(df_pivoted)
```

输出如图2-14所示。

（3）使用以下代码为热图创建连锁：

```
ax = sns.clustermap(df_pivoted, col_cluster=False, metric='correlation',
method='average')
ax = sns.clustermap(df_pivoted, row_cluster=False, metric='correlation',
method='complete')
ax = sns.clustermap(df_pivoted, row_cluster=False, metric='correlation',
```

```
method='single')
```

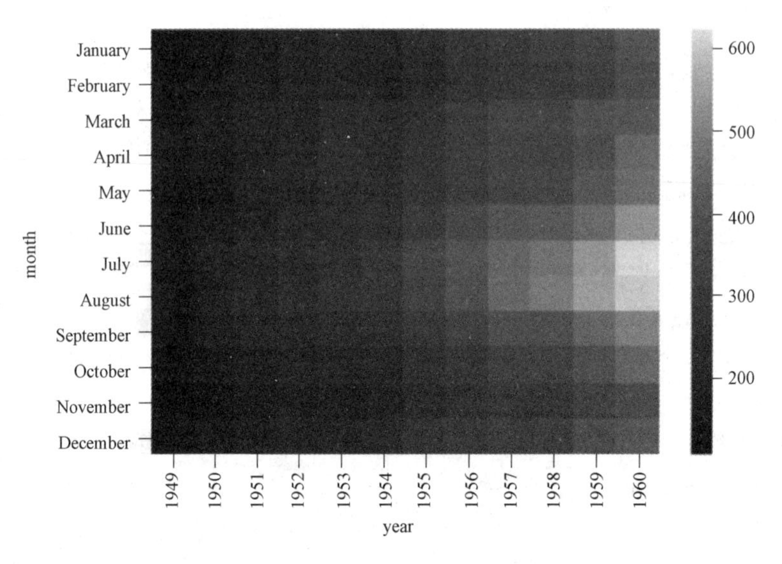

图 2-14 为 flights 数据集生成的热图

输出如图 2-15 所示。

热图也是二维空间中可视化表示数据的一个很好的方法。例如，可以使用热图显示一场足球赛中哪个区域最活跃。类似地，对于一个网站，可以使用热图显示用户最常访问的区域。

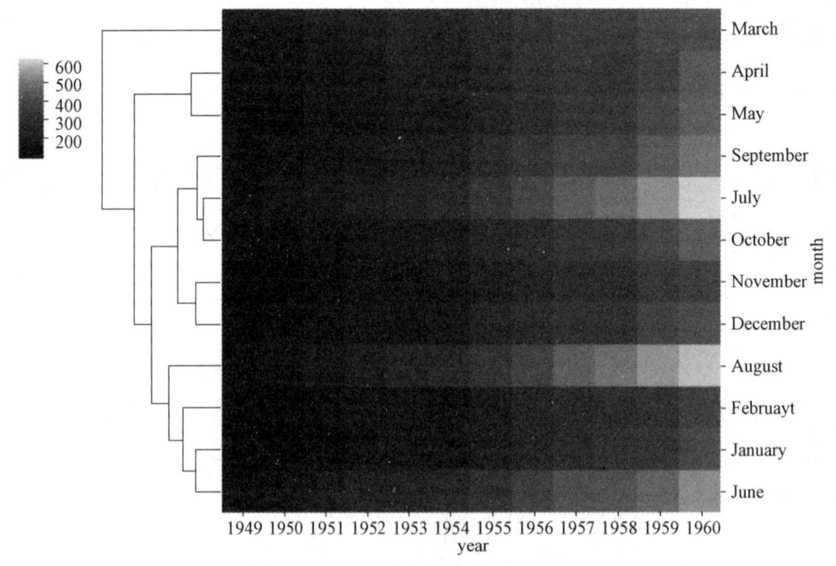

图 2-15（a） 显示平均连锁的热图

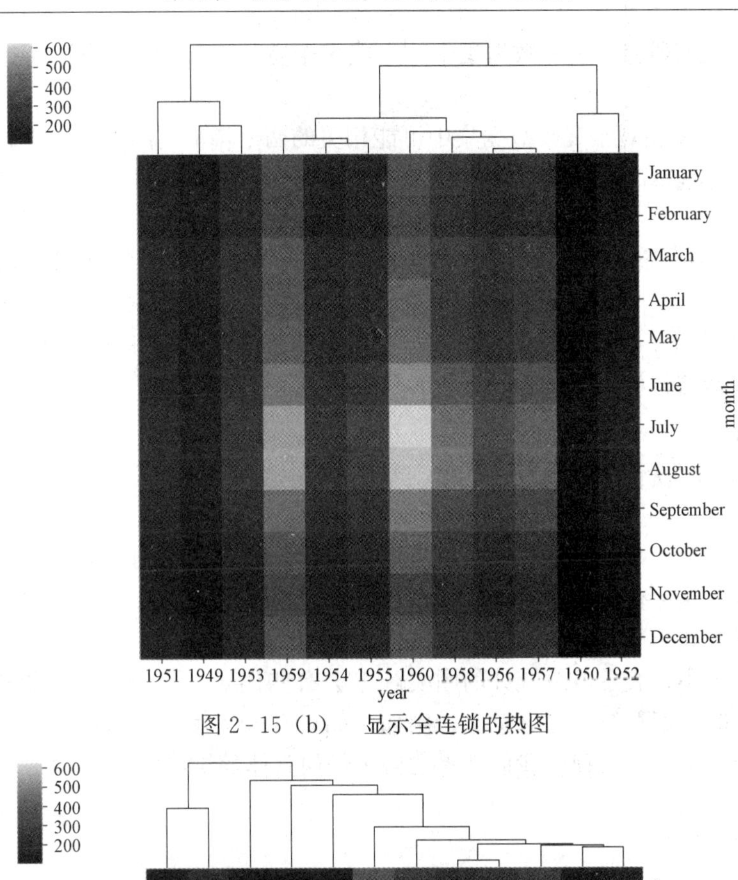

图 2-15（b）　显示全连锁的热图

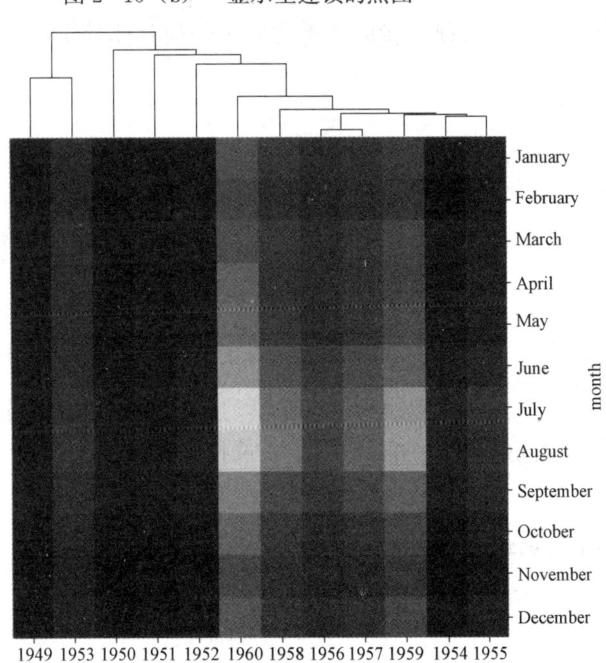

图 2-15（c）　显示单连锁的热图

这一节中，我们研究了表示数据集中一个或多个特征全局模式的图。这一节特别强调了下面几种类型的图。

- *散点图*：散点图对于观察数据集中可能相关的两个特征之间的关系很有用。
- *六边形图和等高线图*：如果特征空间中某些部分的数据过于稠密，它们是散点图很好的替代选择。
- *折线图*：折线图对于表示一个离散数值特征（x 轴上）和一个连续数值特征（y 轴上）之间的关系很用。
- *热图*：热图对于分析我们感兴趣的一个连续数值特征与另外两个特征（可以是分类特征，或者是离散数值特征）之间的关系很有用。

2.3 绘图表示数据的汇总统计

现在转向下一节。数据集很庞大时，可以查看不同特征的汇总统计，对这个数据集有一个初步认识，有时这会很有用。例如，任意数值特征的汇总统计包括集中趋势度量（如均值）和散布程度度量（如标准差）。

如果数据集太小，表示汇总统计的图实际上会有些误导，因为只有当数据集足够大，可以得出统计结论时，汇总统计才有意义。例如，如果有人使用 5 个数据点来报告一个特征的变化，关于这个特征的散布程度我们就无法做出任何具体的结论。

2.3.1 再谈直方图

下面再来考虑第 1 章“Python 可视化介绍：基本和定制绘图”介绍过的直方图。尽管直方图只是显示数据中一个给定特征的分布，但我们可以在同一个图中显示一些汇总统计信息，让这个图提供更多信息。下面再使用我们的 **mpg** 数据集，绘制一个直方图来分析这个数据集中汽车重量的分布。

2.3.2 示例 1：再谈直方图

我们要绘制一个直方图来回顾第 1 章中学习的概念。下面完成以下工作：

导入必要的 Python 模块；加载数据集；选择桶数以及是否显示核密度估计；在 x 轴上用一条红色直线显示均值（与 y 轴平行）；定义图例的位置：

```
# histogram using seaborn
import matplotlib.pyplot as plt
import seaborn as sns
import numpy as np
```

```
mpg_df = sns.load_dataset("mpg")
ax = sns.distplot(mpg_df.weight, bins = 50, kde = False)
# `label` defines the name used in legend
plt.axvline(x = np.mean(mpg_df.weight), color = 'red', label = 'mean')
plt.axvline(x = np.median(mpg_df.weight), color = 'orange', label = 'median')
plt.legend(loc = 'upper right')
```

输出如图 2-16 所示。

<matplotlib.legend.Legend at 0x1a24a60358>

这个直方图显示了 **weight** 特征的分布以及均值和中位数。注意，均值不等于中位数，这说明，这个特征不是均匀分布的。有关的更多信息参见这里：http://mathworld.wolfram.com/NormalDistribution.html。

下面再来看另外几个表示数据汇总统计的图。

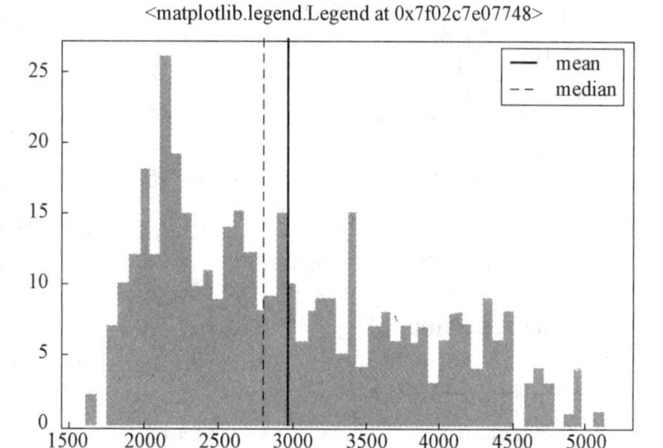

图 2-16 再谈直方图

2.3.3 箱形图

箱形图（**box plot**）是一个很好的工具，可以用来分析一个数值特征的汇总统计与其他分类特征之间的关系。假设现在我们想看 **mpg** 特征（**mileage**）按另一个特征（汽缸数）分类的汇总统计。显示这种信息的一种流行方法就是使用箱形图。用 **seaborn** 库很容易做到。

2.3.4 练习 20：创建和探索静态箱形图

在这个练习中，我们将使用 **mpg** 数据集创建一个箱形图，来分析 **model _ year** 与 **mileage** 之间的关系。我们会分析一个时间段内（多个年份）的汽车生产时间和汽车里程。为此，完成以下步骤：

（1）导入 **seaborn** 库：

```
import seaborn as sns
```

（2）加载数据集：

```
mpg_df = sns.load_dataset("mpg")
```

（3）创建一个箱形图：

```
# box plot: mpg(mileage) vs model_year
sns.boxplot(x='model_year', y='mpg', data=mpg_df)
```

输出如图 2-17 所示。

<matplotlib.axes._subplots.AxesSubplot at 0x7f02c7e7bdd8>

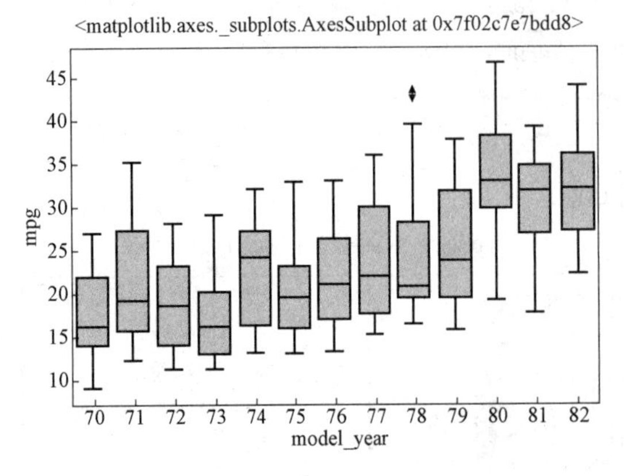

图 2-17 箱形图

可以看到，箱子边界指示了四分位数间距，上界标志 **25%**四分位数，下界标志 **75%**四分位数。箱子中间的水平线表示中位数。箱须（箱子上方和下方的 T 形线）以外孤立的点表示异常值，箱须本身显示了非异常值的最小值和最大值。

显然，与 20 世纪 70 年代相比，20 世纪 80 年代的里程数（**mileage**）有显著提升。下面为我们的 **mpg** DataFrame 增加另一个特征，指示汽车是在 70 年代还是 80 年代生产。

（4）修改 **mpg** DataFrame，创建一个新特征 **model _ decade**：

```
import numpy as np
# creating a new feature 'model_decade'
mpg_df['model_decade'] = np.floor(mpg_df.model_year/10) * 10
mpg_df['model_decade'] = mpg_df['model_decade'].astype(int)
mpg_df.tail()
```

输出如图 2-18 所示。

	mpg	cylinders	displacement	horsepower	weight	acceleration	model _ year	origin	name	model _ decade
393	27.0	4	140.0	86.0	2790	15.6	82	usa	ford mustang gl	80
394	44.0	4	97.0	52.0	2130	24.6	82	europe	vw pickup	80
395	32.0	4	135.0	84.0	2295	11.6	82	usa	dodge rampage	80
396	28.0	4	120.0	79.0	2625	18.6	82	usa	ford ranger	80
397	31.0	4	119.0	82.0	2720	19.4	82	usa	chevy s-10	80

图 2-18 修改后的 mpg DataFrame

（5）下面再来绘制我们的箱形图，查看这两个十年的 **mileage** 分布：

```
# a boxplot with multiple classes
sns.boxplot(x='model_decade', y='mpg', data=mpg_df)
```

输出如图 2-19 所示。

用箱形图还可以做更多事情。我们还可以增加另一个特征，比如原产地（**region of origin**），看看这会对目前我们考虑的两个特征即里程（**mileage**）和汽车生产时间（**manufacturing time**）之间的关系有什么影响。

（6）使用 **hue** 参数按产地（**origin**）分组：

```
# boxplot: mpg (mileage) vs model_decade
# parameter hue is used to group by a specific feature, in this case 'origin'
sns.boxplot(x = 'model_decade', y = 'mpg', data = mpg_df, hue = 'origin')
```

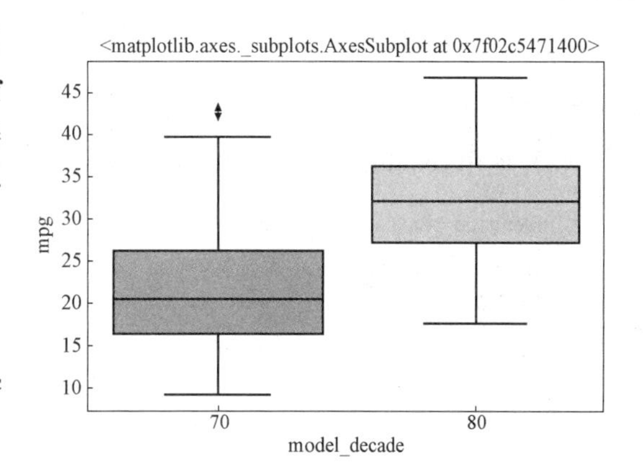

图 2 - 19　重绘的箱形图

输出如图 2 - 20 所示。

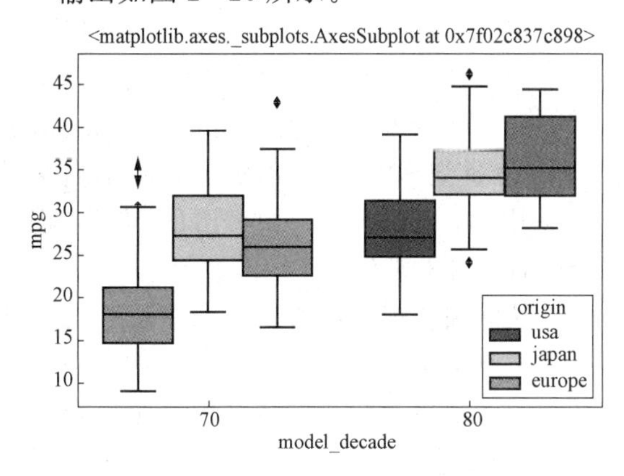

图 2 - 20　hue=origin 的箱形图

可以看到，根据 **mpg** 数据集，在 20 世纪 70 年代和 80 年代早期，欧洲和日本生产的汽车比美国产汽车的行驶里程更远。有意思！

2.3.5　小提琴图

下面来考虑一个不同的场景。一个特定数值特征按其他分类特征分组，如果能得到有关整个分布的提示信息就好了。这里最合适的可视化技术是小提琴图（**violin plot**）。小提琴图类似于箱形图，不过它还包括有关数据变化的更多详细信息。小提琴图的形状可以指示数据分布的形状，如果数据点聚类在一个共同值周围，小提琴就很胖，如果数据点较少，小提琴就比较瘦。下面通过练习来看一个具体的例子。

2.3.6　练习 21：创建一个静态小提琴图

在这个练习中，我们将使用 **mpg** 数据集生成一个小提琴图，表示 **mileage**（**mpg**）基于生产年代（**model _ decade**）和原产地（**region of origin**）的详细变化：

（1）导入必要的 Python 模块：

```
import seaborn as sns
```

（2）加载数据集：

```
mpg_df = sns.load_dataset("mpg")
```

（3）使用 **seaborn** 中的 **violinplot** 函数生成小提琴图：

```
# creating the feature 'model_decade'
import numpy as np
mpg_df['model_decade'] = np.floor(mpg_df.model_year/10) * 10
mpg_df['model_decade'] = mpg_df['model_decade'].astype(int)

# code for violinplots
# parameter hue is used to group by a specific feature, in this case
'origin', while x represents the model year and y represent mileage
sns.violinplot(x = 'model_decade', y = 'mpg', data = mpg_df, hue = 'origin')
```

输出如图 2-21 所示。

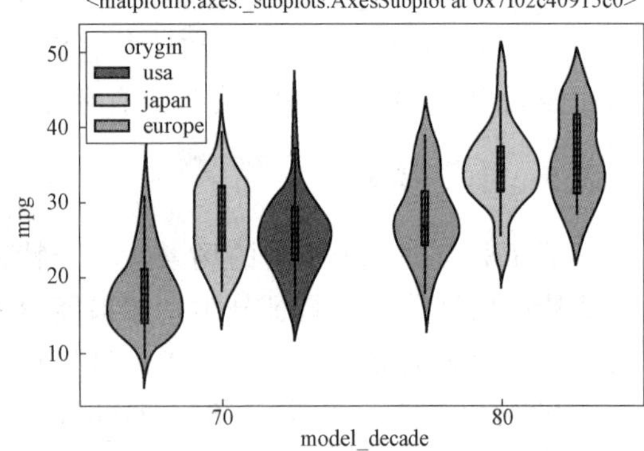

图 2-21 小提琴图

在这里可以看到，20 世纪 70 年代美国大部分汽车的里程中位数为 **19 mpg**，日本和欧洲的汽车里程中位数约为 **27** 和 **25 mpg**。到了 20 世纪 80 年代，欧洲和日本的汽车里程上升了 7 到 8 **mpg**，而美国的汽车里程仍类似日本和欧洲汽车 10 年前的水平。

从前面的图可以看到，图中较胖的部分指示了 y 轴特征值概率较大的范围，而较瘦的部分表示概率较小的区域。每个分布中心的粗实线表示四分位数间距，两端分别为 **25%和 75%四**分位数，点是中位数。细实线显示了四分位数间距的 1.5 倍。

> **说明**
>
> 由于小提琴图根据现有数据估计一个概率分布，图中数据点的 y 轴特征值有时可能为负值。这可能会带来困惑，会让读者质疑你的结果。

这一节中，我们研究了表示数据集中不同特征汇总统计的一些图。如果数据集很庞大，生成表示数据全局模式的图可能在计算上很昂贵，而且很耗费时间，这种情况下，这些表示汇总统计的图尤其有用。我们学习了如何在数据集给定特征的直方图中增加均值和中位数标志。我们还研究了箱形图和小提琴图，箱形图只表示汇总统计（包括中位数和四分位数），小提琴图还会显示特征在不同值域的概率分布。

2.3.7　实践活动 2：设计静态可视化表示全局模式和汇总统计

我们继续使用奥运会 120 年历史（**120 years of Olympic History**）数据集，这是 Randi Griffin 从 https://www.sports-reference.com/ 获得的一个数据集，可以在本书 GitHub 存储库得到。作为一个可视化专家，你的任务是为 2016 年以下 5 项运动（田径、游泳、赛艇、足球和曲棍球）的奖牌获得者创建两个图：

- 使用适当的可视化技术创建一个图，最好地表示 2016 年这 5 项运动奖牌获得者身高（**height**）和体重（**weight**）特征的全局模式。
- 使用适当的可视化技术创建一个图，最好地表示数据中获得各类奖牌（金牌/银牌/铜牌）的运动员身高和体重的汇总统计。

希望你能发挥你的创造力和能力，从这些数据中得出重要见解。

概要步骤

（1）下载数据集，并格式化为一个 **pandas** DataFrame。

（2）过滤这个 DataFrame，对于实践活动描述中提到的 5 项运动，只包含 2016 年奥运会这 5 项运动奖牌获得者相应的行。

（3）查看数据集中的特征，明确它们的数据类型，是分类特征还是数值特征？

（4）评估适合的可视化技术来表示 **height** 和 **weight** 特征的全局模式。

（5）评估适合的可视化技术来表示 **height** 和 **weight** 特征关于奖牌的汇总统计（进一步按运动员性别分组）。

期望得到的输出如下：

第 1 步完成后输出如图 2-22 所示。

	ID	Name	Sex	Age	Height	Weight	Team	NOC	Games	Year	Season	City	Sport	Event	Medal
0	1	A Dijiang	M	24.0	180.0	80.0	China	CHN	1992 Summer	1992	Summer	Barcelona	Basketball	Basketball Men's Basketball	NaN
1	2	A Lamusi	M	23.0	170.0	60.0	China	CHN	2012 Summer	2012	Summer	London	Judo	Judo Men's Extra-Lightweight	NaN
2	3	Gunnar Nielsen Aaby	M	24.0	NaN	NaN	Denmark	DEN	1920 Summer	1920	Summer	Antwerpen	Football	Football Men's Football	NaN
3	4	Edgar Lindenau Aabye	M	34.0	NaN	NaN	Denmark/Sweden	DEN	1900 Summer	1900	Summer	Paris	Tug-Of-War	Tug-Of-War Men's Tug-Of-War	Gold
4	5	Christine Jacoba Aaftink	M	21.0	185.0	82.0	Netherlands	NED	1988 Winter	1988	Winter	Calgary	Speed Skating	Speed Skating Women's 500 metres	NaN

图 2-22　奥运会历史数据集

第 2 步完成后输出如图 2-23 所示。

	ID	Name	Sex	Age	Height	Weight	Team	NOC	Games	Year	Season	City	Sport	Event	Medal
158	62	Giovanni Abagnale	M	21.0	198.0	90.0	Italy	ITA	2016 Summer	2016	Summer	Rio de Janeiro	Rowing	Rowing Men's Coxless Pairs	Bronze
814	465	Matthew " Matt" Abood	M	30.0	197.0	92.0	Australia	AUS	2016 Summer	2016	Summer	Rio de Janeiro	Swimming	Swimming Men's 4 x 100 metres Freestyle Relay	Bronze
1228	690	Chantal Achterberg	F	31.0	172.0	72.0	Netherlands	NED	2016 Summer	2016	Summer	Rio de Janeiro	Rowing	Rowing Women's Quadruple Sculls	Silver
1529	846	Valerie Kasanita Adams-Vili (-Price)	F	31.0	193.0	120.0	New Zealand	NZL	2016 Summer	2016	Summer	Rio de Janeiro	Athletics	Athletics Women's Shot Put	Silver
1847	1017	Nathan Ghar-Jun Adrian	M	27.0	198.0	100.0	United States	USA	2016 Summer	2016	Summer	Rio de Janeiro	Swimming	Swimming Men's 50 metres Freestyle	Bronze

图 2-23 奥运会历史数据集（奖牌获得者）

第 3 步完成后输出如图 2-24 所示。

	Age	Height	Weight
count	732.000000	729.000000	727.000000
mean	25.577869	180.023320	73.720770
std	4.451373	10.076398	14.279014
min	16.000000	150.000000	40.000000
25%	22.000000	173.000000	64.000000
50%	25.000000	180.000000	72.000000
75%	29.000000	187.000000	82.000000
max	40.000000	207.000000	136.000000

图 2-24 奥运会历史数据集（前 5 项运动奖牌获得者）

第 4 步完成后输出如图 2-25、图 2-26 所示。

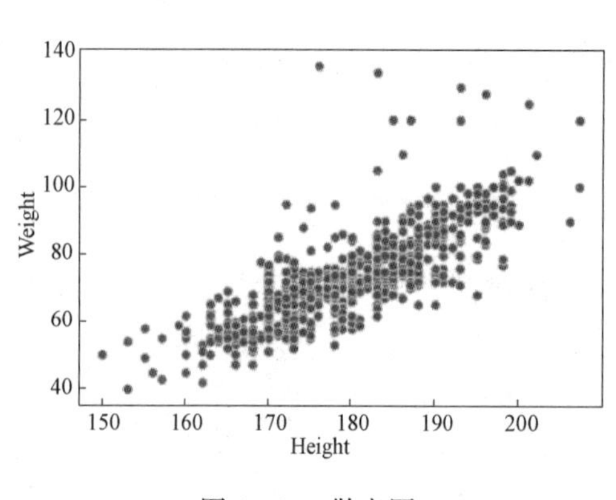

图 2-25 散点图

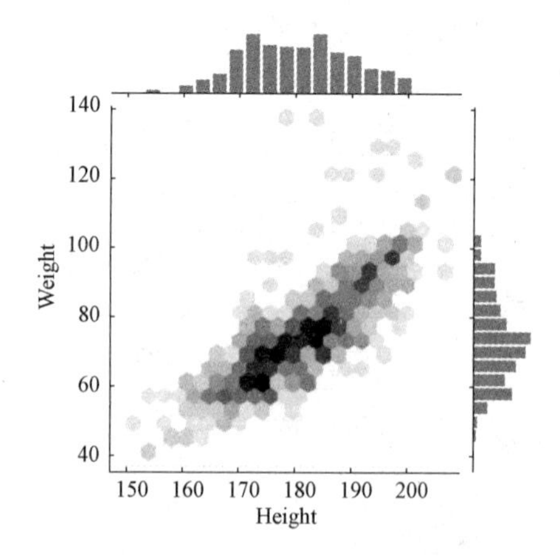

图 2-26 六边形图

第 5 步完成后输出如图 2-27、图 2-28 所示。

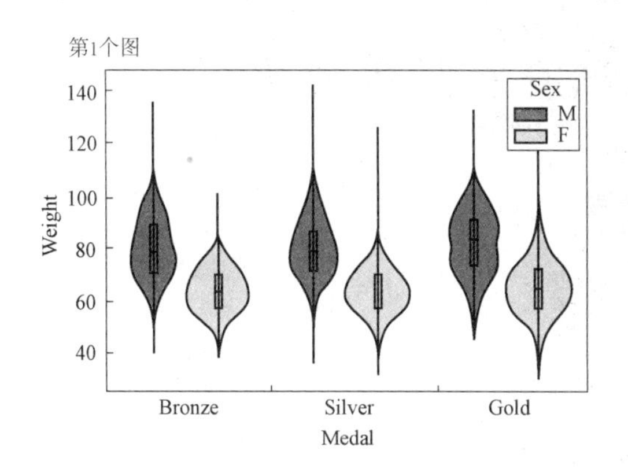

图 2-27　显示奖牌与体重关系的小提琴图

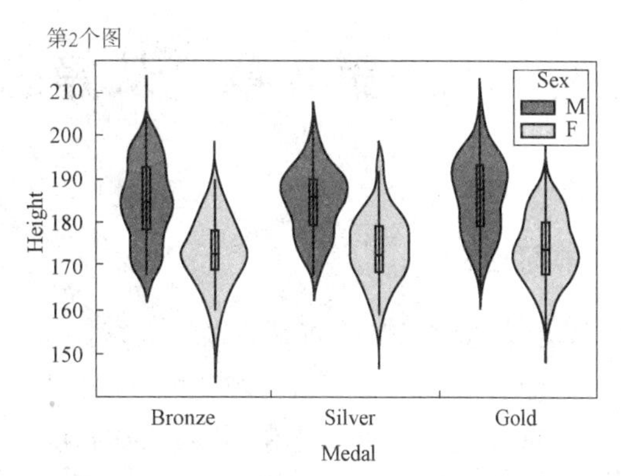

图 2-28　显示奖牌与身高关系的小提琴图

说明

答案见附录第 2 节。

2.4　小结

这一章中，我们学习了如何根据 4 个关键要素选择最合适的可视化：

- 数据集中特征的性质：分类/离散，数值/连续数值。
- 数据集的规模：小/中/大。
- 所选特征空间中数据点的稠密程度：是否有太多或太少的数据点设置为某些特征值。
- 可视化上下文：数据集来源和给定应用经常使用的可视化技术。

为了清楚地解释概念，并定义一些一般原则，我们将可视化分为两类：

- 表示所选特征全局模式的图（例如，直方图、散点图、六边形图、等高线图、折线图和热图）。
- 表示特定特征汇总统计的图（箱形图和小提琴图）。

并不是说必须立即为任何给定的应用确定最佳的可视化技术；对于大多数数据集，往往要测试不同类型的图，并仔细分析从这些图得出的结论，才有可能得到最适合的可视化方法。这一章提供了必要的资源来学习各种流行以及不太常用的信息可视化类型，理解其解释和用法。下一章中，我们将在此基础上为可视化增加交互性。

第 3 章　从静态到交互式可视化

学习目标

学习完这一章，你将掌握以下内容：

- 解释静态和交互式可视化之间的区别。
- 解释交互式可视化在不同领域的应用。
- 利用缩放、悬停和滑动功能创建交互式图。
- 使用 Bokeh 和 Plotly（Express）Python 库创建交互式数据可视化。

这一章中，我们将从静态可视化转向交互式可视化，并介绍不同场景下交互式可视化的应用。

3.1　本章介绍

在前几章中讨论过，数据可视化是信息和数据的图形表示。其目的是从包含数字和数据的多个行和列中提取不这样做就很难理解的值，并用美观的图来表示。因此，可以从数据可视化立即得到关于数据的关键信息。这是原始数据甚至表格形式的分析数据都无法做到的。

上一章我们讨论了静态数据可视化，那些图是静止的，不能修改，也不能与用户实时交互。

交互式数据可视化则比静态可视化更进一步。下面来看交互式（**interactive**）这个术语，理解如何做到交互式。交互式的定义指出，这涉及两个或多个合作的事物或人之间的通信。因此，交互式可视化是分析数据的（静态或动态）图形表示，可以立即对用户动作做出响应。它们是结合了交互特性的静态可视化，可以接受人类输入，因此可以增强和提高数据的效果。

发生一个用户动作时，如你的鼠标停留在某个数据点上，图能提供有关这个数据点的更多信息，正是这种能力使这个图具有交互性。从图 3-1、3-2 中可以看到一个例子。

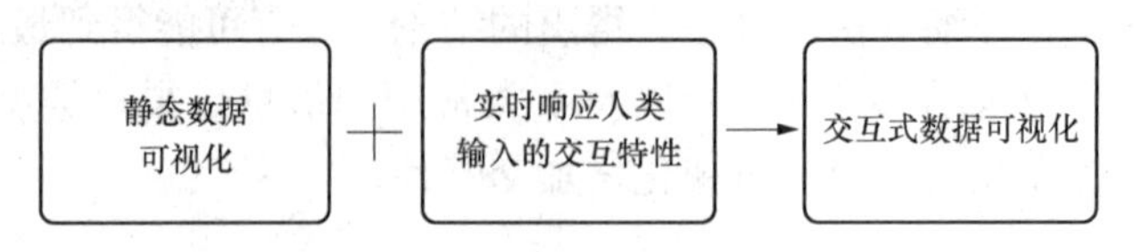

图 3-1　交互式数据可视化

交互式可视化通常建立在动态数据上。动态一词表示不断变化的某个东西，用于数据可视化时，这表示可视化所基于的输入数据会不断变化，而不同于静态数据，静态数据是静止的，不会改变。基于动态数据的交互式数据可视化的一个例子是表示股市行情波动的可视化。用来创建这些图的输入数据是动态的，会实时不断改变，所以可视化是交互式的。静态数据更多用于商业智能，如使用数据可视化作为一个数据科学/机器学习过程的一部分。

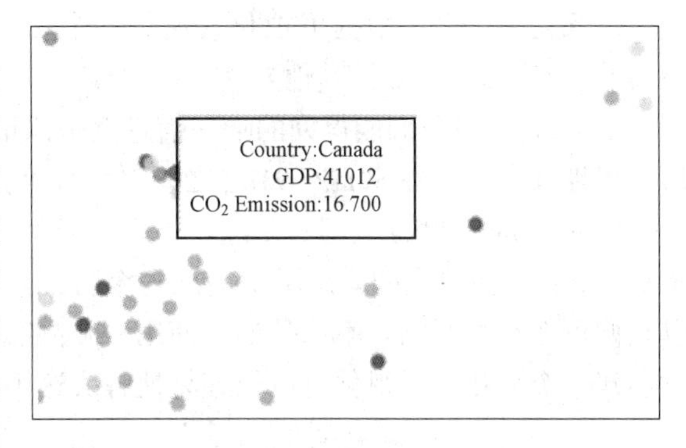

图 3-2 鼠标悬停在某个数据点上时会提供它的更多有关信息

为了理解交互式可视化的实际功能，下面对它与静态可视化做个比较。

3.2 静态与交互式可视化

我们的目标是提取和解释数据集中包含的值和信息，尽管静态数据可视化（*static data visualizations*）是朝着这个目标的一个巨大飞跃，但交互式的加入更使得可视化向前迈进了一大步。

交互式数据可视化（Interactive data visualizations）有以下特点：

- 更易于探索，因为它们允许你通过改变颜色、参数和图与数据交互。
- 可以很容易地即时管理。由于可以与之交互，图会在你面前即时改变。例如，在这一章的练习和实践活动中，你会创建一个交互式滑动条。这个滑动条的位置改变时，你看到的图就会改变。还能创建复选框，允许你选择想看到的参数。
- 可以访问实时数据和它们提供的信息。这会支持高效和快速地分析趋势。
- 更易于理解，使组织可以更好地基于数据做出决策。
- 不再需要为同一个信息提供多个图，一个交互式图就能传达同样的信息。
- 允许观察关系（例如，因果关系）。

我们先来看一个例子，了解通过交互式可视化可以得到什么。下面考虑一个数据集，其中包含在一个健身房登记的会员信息（见图 3-3）。

	age	weight	sex
0	29	88	2
1	45	96	1
2	35	91	0
3	37	79	1
4	27	62	0

图 3-3 健身房客户数据集

下面是一个静态数据可视化，这是一个箱形图，描述了会员体重按性别分类的情况（0是男性，1是女性，2是其他）：

从图 3-4 中我们能得到的唯一信息就是体重（**weight**）和性别（**sex**）之间的关系，健身房的男性客户体重在 **62kg～91kg** 之间，女性客户体重在 **57kg～86kg** 之间，性别为其他的客户体重在 **61kg～90kg 之间。**不过，这里还使用了数据集中的第 3 个特征生成这个箱形图，即年龄（**age**）。在前面的静态图中增加这个特征，从理解数据的角度来讲可能会带来困惑。所以我们可能有些纠结，不清楚如何使用一个静态可视化显示所有这 3 个特征之间的关系。通过创建一个交互式可视化可以很容易地解决这个问题，如图 3-5 所示。

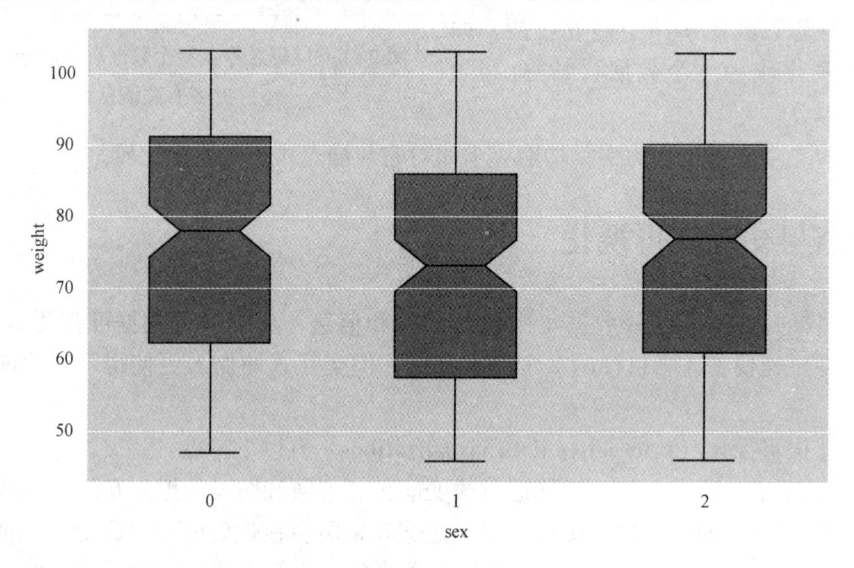

图 3-4　显示健身房客户体重与性别关系的一个静态可视化

在前面的箱形图中，为年龄（**age**）特征引入了一个滑动条。用户可以手动地滑动这个滑动条的位置，来观察对于不同**年龄客户的**体重与性别之间的关系。另外，还有一个悬停提示工具（hover tool），使用户可以得到有关这个数据的更多信息。

前面的箱形图描述了，在这个健身房，所有 46 岁的客户都是性别为其他的客户，最重的 46 岁客户体重为 82kg，最轻的体重为 **56**kg。

用户可以滑动到另一个位置，观察不同 **age** 的 **weight** 与 **sex** 之间的关系，如图 3-6 所示。

图 3-6 描述了 34 岁客户的数据，没有这个年龄的男性客户，不过，最重的 34 岁女性客户体重为 100kg，最轻的体重为 71kg。

不过区分静态和交互式可视化时还有一些方面要考虑。来看图 3-7。

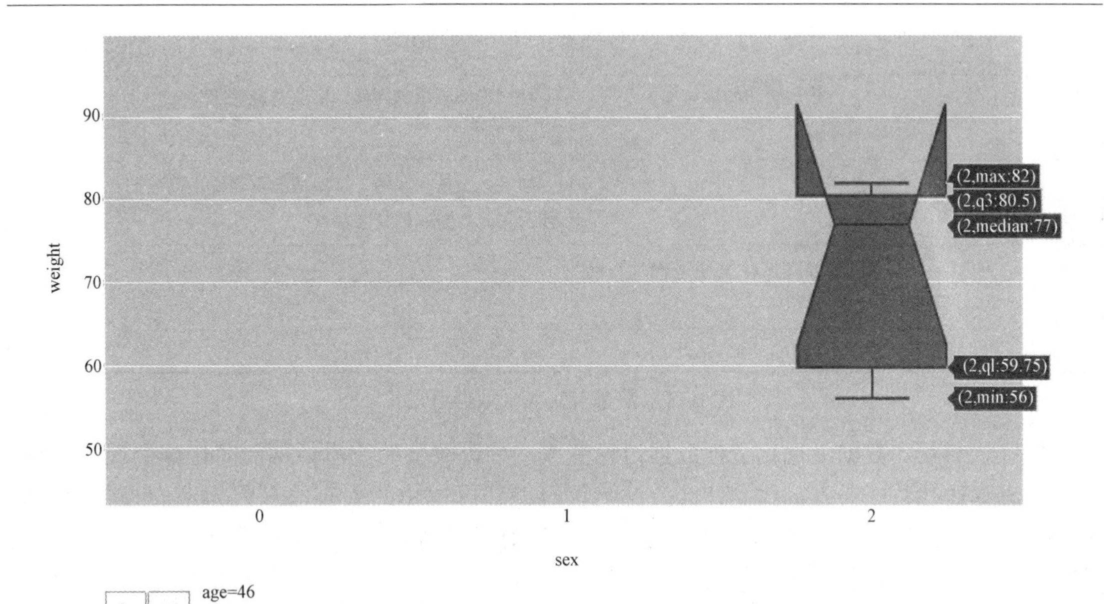

图 3-5　显示 46 岁健身房客户体重和性别关系的一个交互式可视化

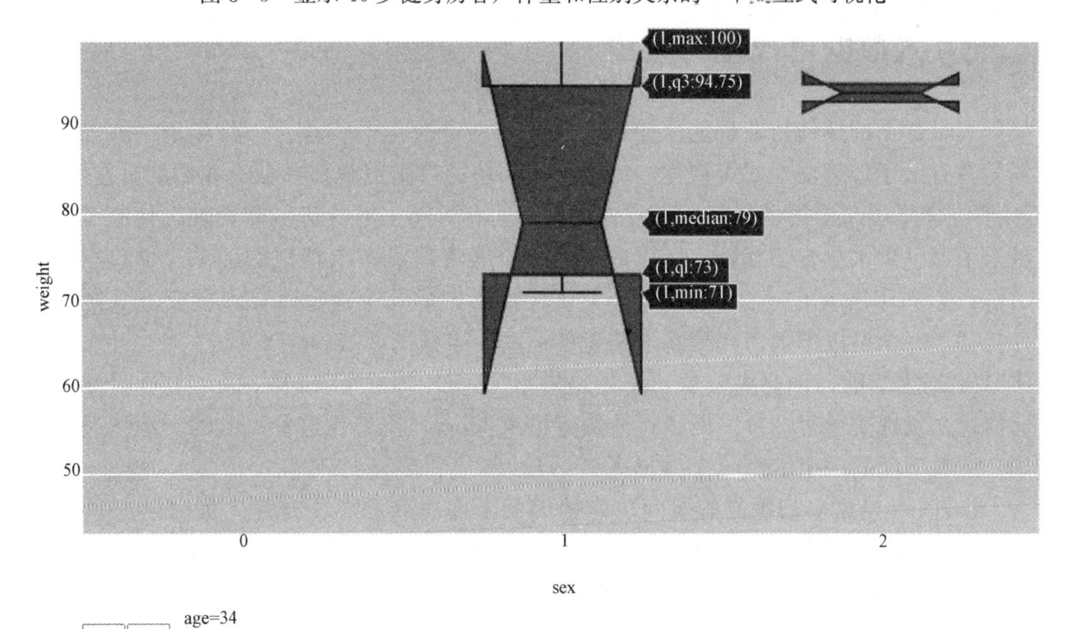

图 3-6　显示 34 岁健身房客户体重和性别关系的一个交互式可视化

	静态数据可视化	交互式数据可视化
目标媒体/领域	最适合印刷媒体和展示	社交媒体应用和网站，商业智能等等
创建成本	低	高
连接数据源	不需要	如果数据是动态的，这些情况下需要连接数据源；会得到涉及在线数据库的复杂系统
查看	可以很容易地呈现，并保存为图像	可能需要高级 UI 设计
流行的 Python 库	Matplotlib，Seaborn	Bokeh，Plotty

图 3-7 静态与交互式数据可视化

最终，交互式数据可视化会把数据讨论变成一种讲故事的艺术，从而简化这个理解过程，更好地理解这些数据要告诉我们什么。这不仅对创建可视化的人有益（因为他们想要传达的消息和信息可以采用一种视觉美观的方式更有效地解释清楚），也对查看可视化的人有好处（因为他们几乎可以立即理解和观察到模式，并得出看法）。正是这些方面将交互式可视化与静态可视化区分开来。

下面来看交互式数据可视化的一些应用。

3.3 交互式数据可视化的应用

处理大量数据的任何行业都能从使用交互式数据可视化中获益。一些场景（比如这里所列的场景）有助于理解交互式可视化如何帮助我们快速得出见解，并促进我们的日常活动：

- 假设你早晨起得很早，在上班或去学校之前有时间去健身房。昨天晚上你吃了一顿大餐，摄入了大量碳水化合物和糖，所以你想做一个能消耗最多卡路里的运动。你检查了你的健身 App，它向你显示了一个可视化，描述了你最近做的几个运动，在这些交互式图的帮助下，你找到了一个可以帮助消耗最多卡路里的运动。来看图 3-8。
- 上班或上学前，你要决定是开车还是搭乘 Uber。你在 Google Maps 上查看你的路线的交通情况，发现交通很拥挤。所以，你决定搭乘 Uber，避免在这种混乱的交通情况下开车的麻烦。来看下面的一个示例 App（见图 3-9）。
- Uber 司机通常会根据高峰时间决定他们的工作时间和工作地区，如哪些时段内特定地区的出租车需求量很大。他们可以通过观察一个交互式数据可视化来做出判断。
- 你在上班或在学校时，需要为客户准备一份关于社交媒体活动的介绍，向他们传达 Instagram 是目标应用这一结论。为此，你要使用描述不同社交媒体平台上用户习惯的数据创建一个交互式可视化，提出有关哪个应用的用户最多、用户使用时间最长的见解。

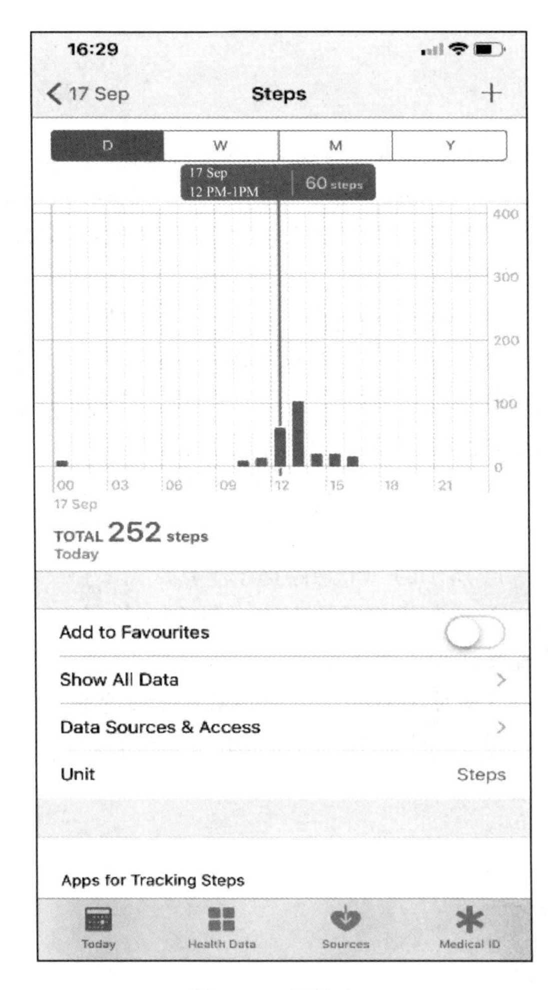

图 3-8　健身 App

图 3-9　Google Maps App

• 你去影院看电影，向售票员购买目前最火的影片的电影票。售票员通过一个基于交互式可视化的有关目前影院上映影片的 App 查看观影趋势，给了你一张《复仇者联盟：终局之战》的电影票。

• 看完电影后你回到家里，在售票移动 App 上增加你对这个电影的评论。你的评论会增加到数据中，这会用来创建有关电影趋势的可视化。

之前提到的例子涉及健身、Google Maps、交通、社交媒体、商业智能和娱乐行业。这些领域以及很多其他领域都能使用交互式数据可视化并从中受益。

3.4 交互式数据可视化入门

前面我们提到，交互式数据可视化最重要的方面就是能够响应和回应人类输入，这可能是即时回应，或者在一个很短的时间段内回应。因此，人类输入本身在交互式数据可视化中扮演着很重要的角色。在这一节中，我们将介绍一些人类输入，如何将它们引入数据可视化，以及它们对数据的理解有什么影响。

Year:1994
1994

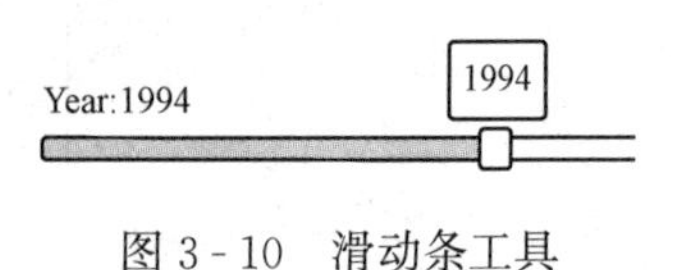

图 3-10 滑动条工具

下面是人类输入和交互特性最流行的一些形式：

• *滑动条*（*slider*）：滑动条允许用户查看与某个范围有关的数据。用户改变滑动条的位置时，图会实时改变，如图 3-10 所示。这就允许用户实时地查看多个图。

• 悬停提示（*hover*）：将光标悬停在图中一个元素上时，与直接观察这个图相比，可以为用户提供更多有关这个数据点的信息。如果你想传达的信息不适合放在图本身（比如精确值或简要描述），这会很有帮助。下面来看图 3-11 所示的一个悬停提示工具。

• 缩放（*zoom*）：相当多的交互式数据可视化库都提供了放大缩小图的特性。这个特性允许你关注图中特定的数据点，可以更仔细地查看这些数据点。

• 可点击的参数（*clickable parameters*）：有多种类型的可点击参数，如复选框和下拉菜单，允许用户选择他们希望分析和查看数据的哪些方面。图 3-12 给出一个例子。

region=Middle East & North Africa
region=Sub-Saharan Africa
Kuwait
region=Middle East & North Africa
year=2008
gdp=91.966k
co2=31.2
gdp
gdp
1976 1978 1980 1982 1984 1986 1988 1990 1992 1994

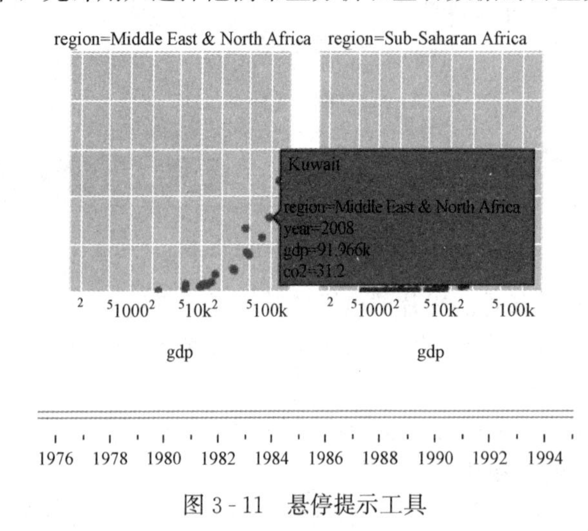

图 3-11 悬停提示工具

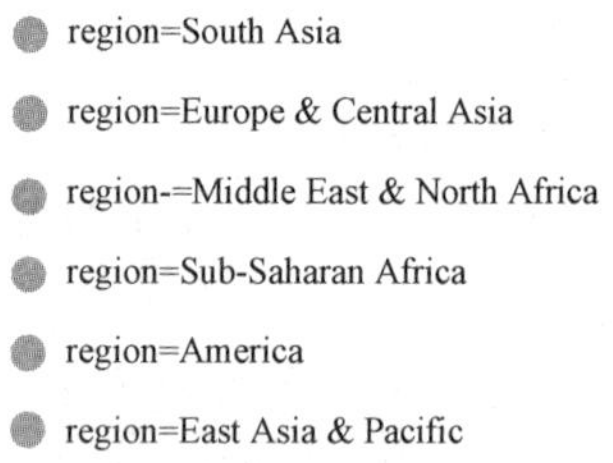

region=South Asia
region=Europe & Central Asia
region-=Middle East & North Africa
region=Sub-Saharan Africa
region=America
region=East Asia & Pacific

图 3-12 可点击的参数

已经有一些用来创建这些交互特性的 Python 库，使得可视化能接受人类输入。因此，在我们开始编写和创建这些交互特性之前，先来简要地了解已有的一些最流行的交互式数据可视化 Python 库。

在前面的章节中，我们已经了解了两个内置的 Python 库：

- **matplotlib**。
- **seaborn**。

这两个库在数据可视化社区很流行。

利用这些库，我们可以创建类似下面的静态可视化（这是一个静态散点图，显示了两个变量之间的关系），如图 3-13 所示：

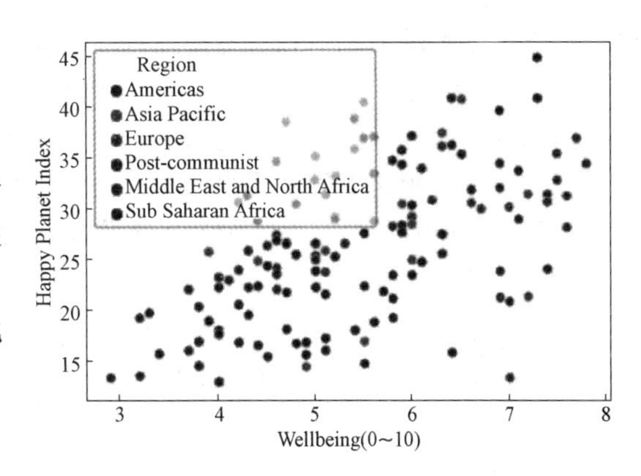

图 3-13　静态数据可视化

matplotlib 和 **seaborn** 对于生成静态数据可视化非常好，不过还有另外一些库可以很好地设计交互特性。

其中最流行的两个交互式数据可视化 Python 库是：

- **bokeh**。
- **plotly**。

这些库可以帮助我们创建类似下面的可视化，如图 3-14 所示。

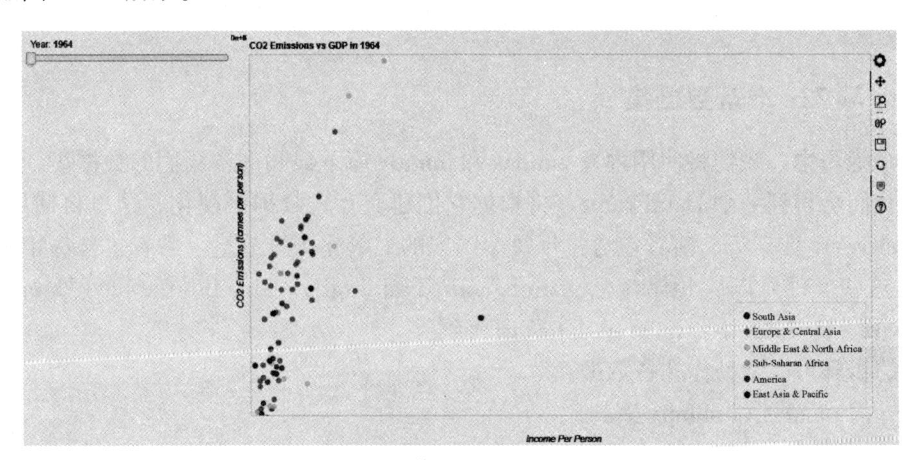

图 3-14　这一章将创建的交互式数据可视化

这一章的练习中，我们将使用 **bokeh** 和 **plotly** 来创建交互式数据可视化。

3.4.1　使用 Bokeh 创建交互式数据可视化

bokeh 是一个用于创建交互式数据可视化的 Python 库。bokeh 通过层的相互叠加来创建图。第一步是创建一个空图，元素将分层地增加到这个图中。这些元素称为 glyph（图形符号），可以是从线条到条柱到圆形等等任何东西。各个 glyph 关联有一些属性，如颜色、大小和坐标。

bokeh 很流行，因为它的可视化是使用 HTML 和 JavaScript 呈现的，正因如此，设计基于 web 的交互式可视化时通常会选择这个库。另外，**bokeh. io** 模块创建了一个 **. html 文件**，其中包含了基本的静态图和一些交互特性，而不需要运行服务器，这就使得可视化的部署非常容易。

下面开始创建我们的可视化！

任何数据可视化中最重要的一个方面就是数据本身，如果没有数据，就没有要传达的信息。所以，开始我们的交互式数据可视化旅程之前，先来收集和准备数据，从而可以用最有效的方式提供可视化。

在这一章中，练习 22～25 的目的是使用 Python **bokeh** 库创建一个交互式数据可视化，表示二氧化碳排放量与一个国家 GDP 之间的关系。

> **说明**
>
> 这一章的所有练习和实践活动都将在 Jupyter Notebook 上开发。你的系统上需要安装有 Python 3. 6、Bokeh 和 Plotly。

3. 4. 2 练习 22：准备数据集

在这个练习中，我们将使用内置 **pandas** 和 **numpy** 库下载和准备我们的数据集。这个练习完成时，我们会得到一个 DataFrame，将根据它创建交互式数据可视化。这里将使用 **co2. csv** 和 **gapminder. csv** 数据集。前者包含每年每个国家的二氧化碳排放量，后者包含每年每个国家的 GDP。这些文件可以从 https：//github. com/TrainingByPackt/Interactive - Data - Visualization - with - Python/tree/master/datasets 得到。

下面的步骤可以帮助你准备数据：

（1）导入 **pandas** 和 **numpy** 库：

```
import pandas as pd
import numpy as np
```

（2）将 **co2. csv** 文件存储在一个名为 **co2** 的 DataFrame 中，将 **gapminder. csv** 文件存储在一个名为 **gm** 的 DataFrame 中：

```
url_co2 = 'https://raw.githubusercontent.com/TrainingByPackt/Interactive-
```

```
Data-Visualization-with-Python/master/datasets/co2.csv'
co2 = pd.read_csv(url_co2)

url_gm = 'https://raw.githubusercontent.com/TrainingByPackt/Interactive-
Data-Visualization-with-Python/master/datasets/gapminder.csv'
gm = pd.read_csv(url_gm)
```

现在我们有了两个单独的 DataFrame，分别包含创建交互式数据可视化所需的数据。为了创建这个可视化，我们需要结合这两个 DataFrame，并去除不想要的列。

（3）使用 **.drop _ duplicates ( )** 从 **gm** DataFrame 删除重复的实例，并保存到一个新 DataFrame 中，名为 **df _ gm**：

```
df_gm = gm[['Country', 'region']].drop_duplicates()
```

（4）使用 **.merge ( )** 将 **co2** DataFrame 与 **df _ gm** DataFrame 合并。这个 **merge** 函数实际上会在两个 DataFrame 上完成一个内连接（与数据库中使用的内连接相同）。必须完成这个合并来确保 **co2** DataFrame 和 **gm** DataFrame 包含相同的国家，从而保证二氧化碳排放量的值与各自的国家对应：

```
df_w_regions = pd.merge(co2, df_gm, left_on ='country', right_on
='Country', how ='inner')
```

说明

要了解有关 Python 中合并和连接的更多内容，点击这里：https://www.shanelynn.ie/merge-join-DataFrames-python-pandas-index-1/。

（5）删除其中一个国家（Country）列，因为这里有两个国家列：

```
df_w_regions = df_w_regions.drop('Country', axis ='columns')
```

（6）接下来，要对这个 DataFrame 应用 **.melt ( )** 函数，并把它存储在一个新的 DataFrame 中，名为 **new _ co2**。这个函数会改变 DataFrame 的格式，使这个 DataFrame 中包含我们选择的标识符变量。在这里，我们希望标识符变量是国家（**country**）和地区（**region**），因为它们是常量。还要指定列：

```
new_co2 = pd.melt(df_w_regions, id_vars =['country', 'region'])
columns = ['country', 'region', 'year', 'co2']
new_co2.columns = columns
```

（7）为 **year** 列设置 **1964 年**及以后的年份，并设置 **int64** 作为数据类型。将 **year** 列的下界

设置为 **1964**，这样这一列就会包含 1964 及以后的 **int64** 值。在上一步创建的 **new _ co2** DataFrame 中完成这个工作，把它存储在一个新 DataFrame 中，名为 **df _ co2**。使用 **. sort _ values ()** 按 **country** 列对 **df _ co2** DataFrame 的值排序，然后再按 **year** 列排序。使用 **head ()** 函数，打印 **df _ co2** DataFrame 的前 5 行：

```
df_co2 = new_co2[new_co2['year'].astype('int64') > 1963]
df_co2 = df_co2.sort_values(by=['country', 'year'])
df_co2['year'] = df_co2['year'].astype('int64')
df_co2.head()
```

输出如图 3-15 所示。

	country	region	year	co2
28372	Afghanistan	South Asia	1964	0.0863
28545	Afghanistan	South Asia	1965	0.1010
28718	Afghanistan	South Asia	1966	0.1080
28891	Afghanistan	South Asia	1967	0.1240
29064	Afghanistan	South Asia	1968	0.1160

图 3-15 df _ co2 DataFrame 的前 5 行

现在我们有了一个包含每年每个国家二氧化碳排放量的 DataFrame！这里序列号没有按递增的顺序，因为我们按 **country** 列然后 **year** 列对数据排序。

接下来，要为每年每个国家的 GDP 创建一个类似的表。

（8）创建一个新 DataFrame，名为 **df _ gdp**，其中包括 **gm** DataFrame 中的 **country**、**year** 和 **gdp** 列：

```
df_gdp = gm[['Country', 'Year', 'gdp']]
df_gdp.columns = ['country', 'year', 'gdp']
df_gdp.head()
```

输出如图 3-16 所示。

	country	year	gdp
0	Afghanistan	1964	1182.0
1	Afghanistan	1965	1182.0
2	Afghanistan	1966	1168.0
3	Afghanistan	1967	1173.0
4	Afghanistan	1968	1187.0

图 3-16 df _ gdp DataFrame 的前 5 行

最终，我们有了两个 DataFrame，分别包含二氧化碳排放量和 GDP。

（9）在 **country** 和 **year** 列上使用 **. merge ()** 函数，将这两个 DataFrame 合并在一起。把它存储在一个新的 DataFrame 中，名为 **data**。使用 **dropna ()** 函数删除 **NaN** 值，并使用 **head ()** 函数打印前 5 行。

这样一来，我们可以看到最后的数据集：

```
data = pd.merge(df_co2, df_gdp, on=['country', 'year'], how='left')
data = data.dropna()
data.head()
```

输出如图 3-17 所示。

	country	region	year	co2	gdp
0	Afghanistan	South Asia	1964	0.0863	1182.0
1	Afghanistan	South Asia	1965	0.1010	1182.0
2	Afghanistan	South Asia	1966	0.1080	1168.0
3	Afghanistan	South Asia	1967	0.1240	1173.0
4	Afghanistan	South Asia	1968	0.1160	1187.0

图 3-17　将可视化表示的最终 DataFrame 的前 5 行

最后，下面来检查二氧化碳排放量与 GDP 的相关性，确保我们分析的数据值得可视化。

（10）创建 **co2** 和 **gdp** 列的一个 **numpy** 数组：

```
np_co2 = np.array(data['co2'])
np_gdp = np.array(data['gdp'])
```

（11）使用 **.corrcoef ( )** 函数打印二氧化碳排放量与 GDP 之间的相关性：

```
np.corrcoef(np_co2, np_gdp)
```

输出如图 3-18 所示。

```
array([[1.        , 0.78219731],
       [0.78219731, 1.        ]])
```

图 3-18　二氧化碳排放量与 GDP 之间的相关性

从前面的输出可以看到，二氧化碳排放量与 GDP 之间有很强的相关性。

3.4.3　练习 23：为交互式数据可视化创建基本静态图

在这个练习中，我们要为数据集创建一个静态图，并为它增加圆形 glyph。下面的步骤可以帮助你完成这个练习：

（1）导入以下库和包：

- **bokeh.io** 的 **curdoc**：这会返回文档/图的当前默认状态。
- **bokeh.plotting** 的 **figure**。这会创建用于绘图的图。
- **bokeh.models** 的 **HoverTool**、**ColumnDataSource**、**CategoricalColorMapper** 和 **Slider**。这些都是交互式工具和方法，用于将 **pandas** DataFrame 的数据映射到一个数据源来完成绘图。
- **bokeh.palettes** 的 **Spectral6**：绘图的一个调色盘。
- **bokeh.layouts** 的 **widgetbox** 和 **row**：**widgetbox** 创建一列预定义工具（包括缩放），**row**

创建一行 bokeh 布局对象，要求它们有相同的 **sizing _ mode**：

```
from bokeh.io import curdoc, output_notebook
from bokeh.plotting import figure, show
from bokeh.models import HoverTool, ColumnDataSource,
CategoricalColorMapper, Slider
from bokeh.palettes import Spectral6
from bokeh.layouts import widgetbox, row
```

（2）运行 **output _ notebook（）** 函数加载 **BokehJS**，从而能在 notebook 中显示图：

```
output_notebook()
```

（3）我们要根据数据点所属的地区对数据点（各个国家）着色。为此，在 DataFrame 中的 **region** 列应用 **. unique（）** 函数创建一个地区列表，并使用 **. tolist（）** 方法使它作为一个列表：

```
regions_list = data.region.unique().tolist()
```

（4）使用 **CategoricalColorMapper** 为 **regions _ list** 列表中的不同地区分别分配 **Spectral6** 包中的一个颜色：

```
color_mapper = CategoricalColorMapper(factors = regions_list,
palette = Spectral6)
```

（5）接下来，我们要为这个图建立一个数据源。为此可以创建一个 **ColumnDataSource** 并把它存储为 **source**。x 轴是每年的 GDP，y 轴是每年的二氧化碳排放量：

```
source = ColumnDataSource(data = {
    'x': data.gdp[data['year'] = = 1964],
    'y': data.co2[data['year'] = = 1964],
    'country': data.country[data['year'] = = 1964],
    'region': data.region[data['year'] = = 1964],
})
```

（6）将最小和最大 GDP 值分别存储为 **xmin** 和 **xmax**：

```
xmin, xmax = min(data.gdp), max(data.gdp)
```

（7）重复步骤 6，确定二氧化碳排放量的最小和最大值：

```
ymin, ymax = min(data.co2), max(data.co2)
```

（8）创建空图：

- 设置标题为 CO2 Emissions versus GDP in **1964**。
- 设置图高度为 **600**。
- 设置图宽度为 **1000**。
- 设置 x 轴范围为 **xmin** 到 **xmax**。
- 设置 y 轴范围为 **ymin** 到 **ymax**。
- 设置 y 轴类型为对数：

```
plot = figure(title='CO2 Emissions vs GDP in 1964',
              plot_height=600, plot_width=1000,
              x_range=(xmin, xmax),
              y_range=(ymin, ymax), y_axis_type='log')
```

（9）为这个图增加圆形 glyph：

```
plot.circle(x='x', y='y', fill_alpha=0.8, source=source, legend='region',
color=dict(field='region', transform=color_mapper), size=7)
```

（10）将图例位置设置为图的右下角：

```
plot.legend.location = 'bottom_right'
```

（11）设置 x 轴标题为 **Income Per Person**：

```
plot.xaxis.axis_label = 'Income Per Person'
```

（12）设置 y 轴标题为 **CO2 Emissions (tons per person)**：

```
plot.yaxis.axis_label = 'CO2 Emissions (tons per person)'
```

我们的基本图已经创建完成！

（13）显示这个图：

```
show(plot)
```

输出如图 3-19 所示。

3.4.4 练习 24：为这个静态图增加一个滑动条

在这个练习中，我们要在图中为 **DataFrame** 的 **year** 列增加一个滑动条。下面的步骤可以帮助你完成这个练习：

（1）创建一个滑动条对象：

- 设置起始位置（start）为 year 列的第一年。
- 设置终止位置（end）为 year 列的最后一年。

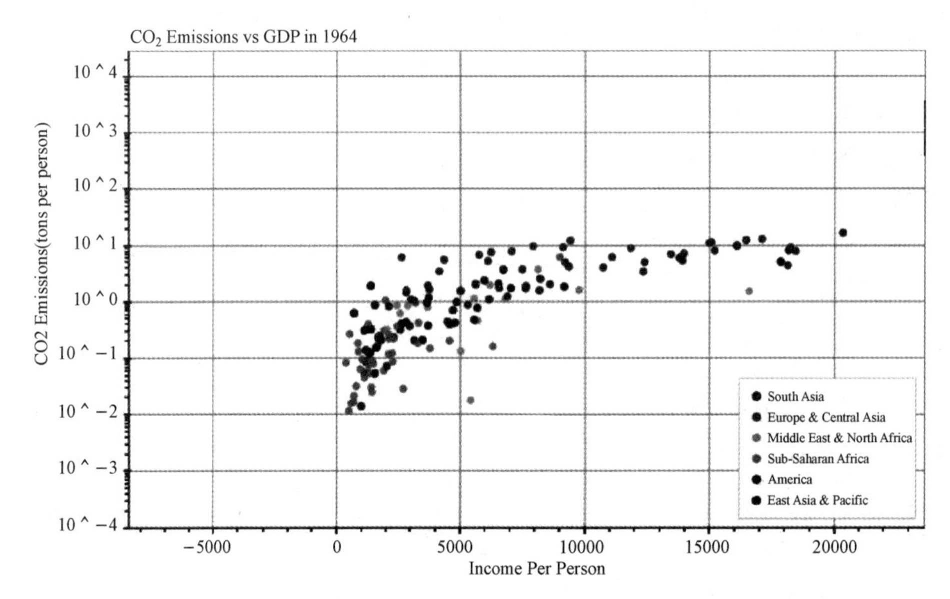

图 3-19 有圆形 glyph 的基本图。目前这是一个静态数据可视化

- 设置步长（step）为 1。因为滑动条每次移动时，我们希望年份增量为 1。
- 设置当前值（value）为 year 列的最小值。
- 设置标题为 Year：

```
slider = Slider(start = min(data.year), end = max(data.year), step = 1,
value = min(data.year), title = 'Year')
```

（2）创建一个函数，名为 **update_plot**，每次移动滑动条时它会更新图：

```
def update_plot(attr, old, new):
yr = slider.value
new_data = {
        'x': data.gdp[data['year'] == yr],
        'y': data.co2[data['year'] == yr],
        'country': data.country[data['year'] == yr],
        'region': data.region[data['year'] == yr],
}
source.data = new_data
plot.title.text = 'CO2 Emissions vs GDP in %d' % yr
```

slider.value 是滑动条当前位置的值，我们要在图中显示这一年的数据。这个值存储为

yr。创建一个字典，名为 **new _ data**，其结构与 **source** 的结构类似（见“练习 23：为交互式数据可视化创建基本静态图”中的第（4）步），不过不再是 **1964**，现在年份是 **yr**。**source. data** 设置为 **new _ data**，另外要修改图标题。

（3）应用 **. on _ change ()** 函数，提供 **value** 和 **update _ plot** 作为参数，指出一旦滑动条的值改变，就使用 **update _ plot** 函数中描述的方法更新这个图：

```
slider.on_change('value', update_plot)
```

（4）为滑动条创建一个行布局：

```
layout = row(widgetbox(slider), plot)
```

（5）将这个布局增加到当前图中：

```
curdoc().add_root(layout)
```

我们已经成功地在图中增加了一个滑动条！现在我们的可视化已经是交互式的了。

现在你还不能查看图，不过显示图时的滑动条如图 3 - 20 所示。

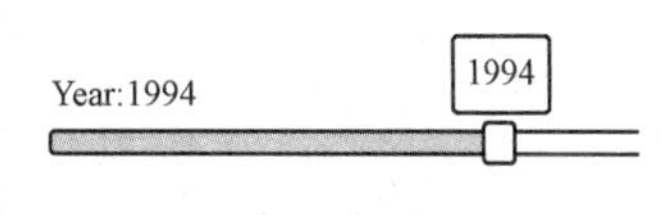

图 3 - 20 滑动条工具

3.4.5 练习 25：增加一个悬停提示工具

在这个练习中，我们要允许用户把鼠标停在图中的一个数据点上，来查看国家名、二氧化碳排放量和 GDP。下面的步骤可以帮助你完成这个练习：

（1）创建一个悬停提示工具，名为 **hover**：

```
hover = HoverTool(tooltips=[('Country', '@country'), ('GDP', '@x'), ('CO2
Emission', '@y')])
```

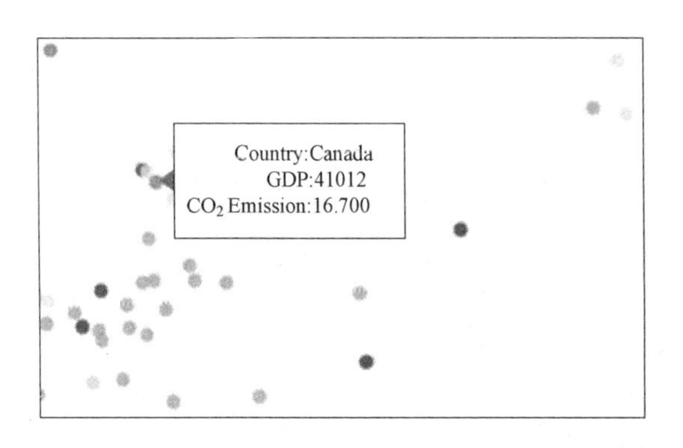

图 3 - 21 悬停在加拿大数据点上时会显示有关的信息

（2）在图中增加这个悬停提示工具：

```
plot.add_tools(hover)
```

现在你还不能查看图，不过在悬停在一个数据点上时会有如图 3 - 21 的效果。

现在我们已经增加了悬停提示工具，下面来显示我们的图。

（3）回到 cmd 或你的终端窗口，切换到包含这个 Jupyter notebook 的文件夹。键入以下命令并等待，直到你的 web 浏览器中显示这个图：

```
bokeh serve — show name_of_your_notebook.ipynb
```

输出如图 3-22 所示。

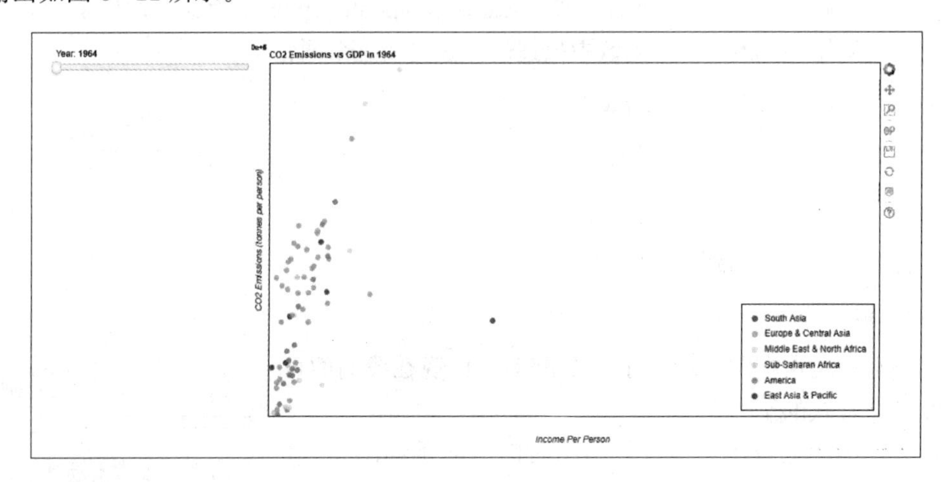

图 3-22 滑动条位于 1964 年时的图

前面的图显示了 1964 年每个国家的二氧化碳排放量与 GDP。随着移动滑动条，可以看到图会实时改变，如图 3-23 所示。

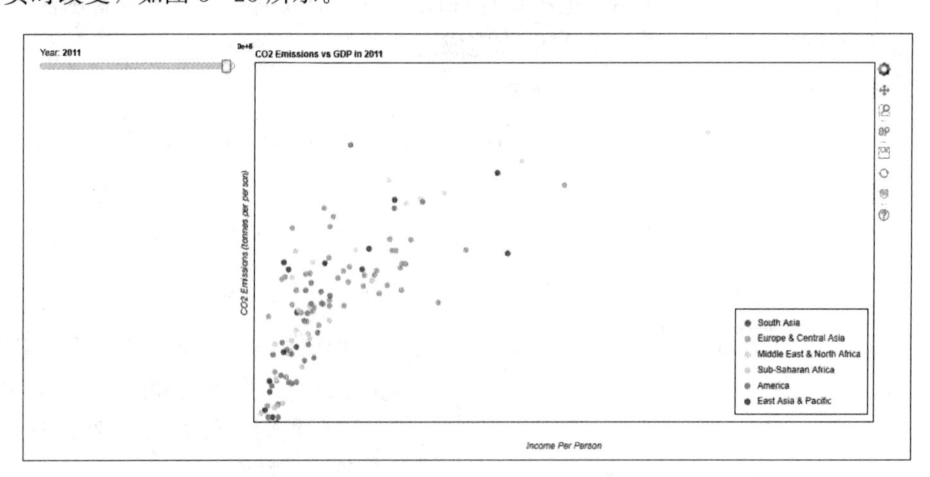

图 3-23 滑动条位于 2011 年时的图

可以看到，右下角有多个工具。这些是 Bokeh 在你创建图时自动生成的，如图 3-24

所示。

这些工具如下：

- Box Zoom（盒状缩放）：这允许你放大图中的一个特定方形区域，如图3-25（a）所示；
- Pan（平移）：pan工具允许你平移视图，如图3-25（b）所示。
- Wheel Zoom（滚轮缩放）：这允许你任意放大图中的任何点。
- Save Plot（保存图）：这允许你保存当前的图。

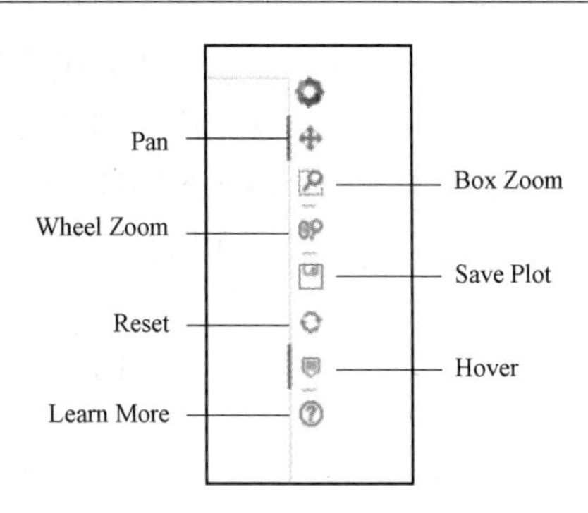

图3-24　自动生成的特性

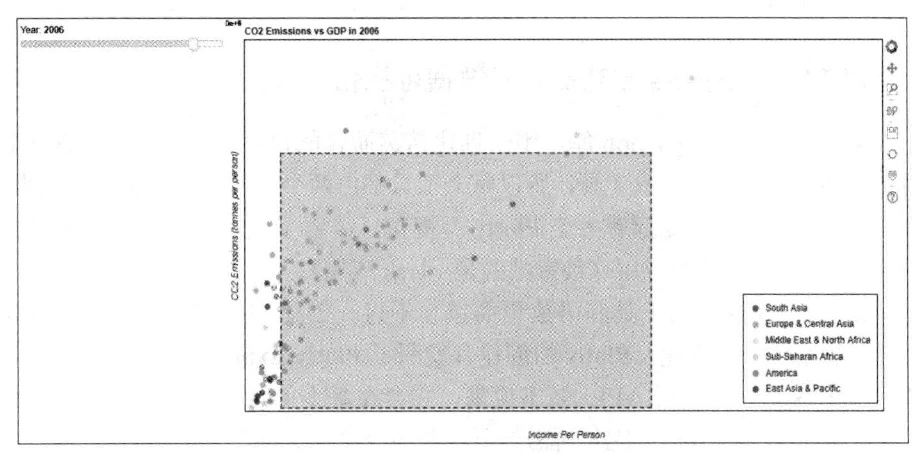

图3-25（a）　图中的盒状缩放

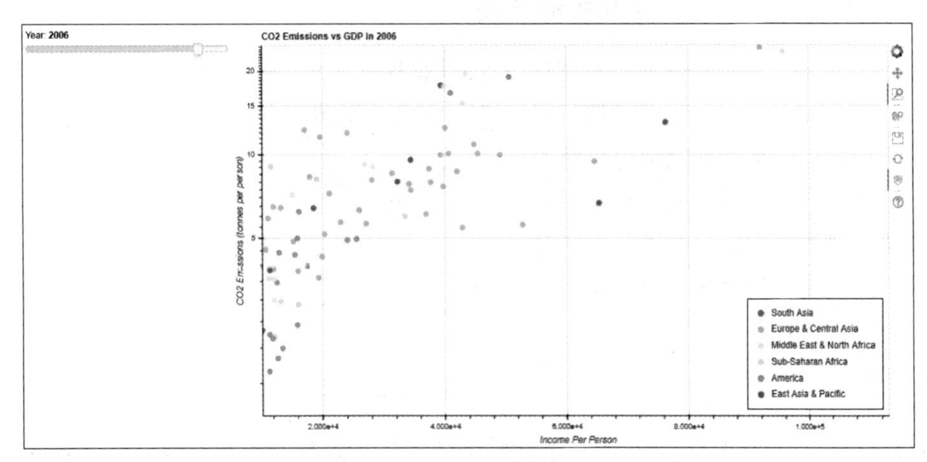

图3-25（b）　平移后的图

• Reset（重置）：这会重置图，回到刚加载时的原始图。

• Hover Tool（悬停提示工具）：我们在图中创建了一个悬停提示工具，通过编程让它显示某些信息。不过，Bokeh 还自动生成了一个悬停提示工具，可以通过这个图标启用和禁用。这个工具不一定会显示我们真正想要显示的信息，正是因为这个原因，我们创建了自己的悬停提示工具。

*更多信息：*可以点击下面的链接更多地了解 Bokeh。

> **说明**
> 要了解更多工具，点击这里：https://bokeh.pydata.org/en/latest/docs/user_guide/tools.html。

3.4.6　使用 Plotly Express 创建交互式数据可视化

Plotly 是一个很流行的 Python 库，用于创建精美而且能提供丰富信息的交互式数据可视化。这是一个基于 JSON 的绘图工具，所以每个工具都由两个 JSON 对象定义：数据和布局。与部署 **Bokeh** 可视化相比，要部署一个 **Plotly** 可视化，需要多做一些工作，因为我们需要使用 Dash 框架构建一个单独的应用（最常见的是 Flask 应用）。

与 **Bokeh** 相比，**Plotly** 的工具和语法更简单。不过，创建这些交互式数据可视化所需的代码仍然很冗长很烦琐。因此，**Plotly** 的创建者发明了 **Plotly Express**!

Plotly Express 是一个高层 API。基本说来，它会在基本 **Plotly** 代码之上创建一个高层包装器。因此，创建交互式数据可视化所需的语法和命令会大大简化。

3.4.7　练习 26：创建一个交互式散点图

在这个练习中，我们要为这一章“练习 22：准备数据集”中创建的 DataFrame（即二氧化碳排放量和 GDP DataFrame）创建一个交互式数据可视化。

下面的步骤可以帮助你完成这个练习：

（1）打开一个新的 Jupyter notebook。

（2）导入以下库和包：

• **Pandas**：用于准备 DataFrame。

• **plotly.express**：用于创建图：

```
import pandas as pd
import plotly.express as px
```

（3）在这个 notebook 中创建“练习 22”中的二氧化碳排放量和 GDP DataFrame：

```
co2 = pd.read_csv('co2.csv')
gm = pd.read_csv('gapminder.csv')
df_gm = gm[['Country', 'region']].drop_duplicates()
df_w_regions = pd.merge(co2, df_gm, left_on='country', right_on='Country',
how='inner')
df_w_regions = df_w_regions.drop('Country', axis='columns')
new_co2 = pd.melt(df_w_regions, id_vars=['country', 'region'])
columns = ['country', 'region', 'year', 'co2']
new_co2.columns = columns
df_co2 = new_co2[new_co2['year'].astype('int64') > 1963]
df_co2 = df_co2.sort_values(by=['country', 'year'])
df_co2['year'] = df_co2['year'].astype('int64')
df_gdp = gm[['Country', 'Year', 'gdp']]
df_gdp.columns = ['country', 'year', 'gdp']
data = pd.merge(df_co2, df_gdp, on=['country', 'year'], how='left')
data = data.dropna()
data.head()
```

输出如图 3-26 所示。

	country	region	year	co2	gdp
0	Afghanistan	South Asia	1964	0.0863	1182.0
1	Afghanistan	South Asia	1965	0.1010	1182.0
2	Afghanistan	South Asia	1966	0.1080	1168.0
3	Afghanistan	South Asia	1967	0.1240	1173.0
4	Afghanistan	South Asia	1968	0.1160	1187.0

图 3-26　要可视化的最终 DataFrame 的前 5 行

（4）将最小和最大 GDP 值分别存储为 **xmin** 和 **xmax**：

```
xmin, xmax = min(data.gdp), max(data.gdp)
```

（5）重复第（4）步，存储二氧化碳排放量最小和最大值：

```
ymin, ymax = min(data.co2), max(data.co2)
```

（6）创建散点图并保存为 **fig**：

- **data** 参数是 DataFrame 的名，这里就是 **data**。

- 指定 **gdp** 列为 x 轴。
- 指定 **co2** 列为 y 轴。
- 设置 **animation _ frame** 参数为 **year** 列。
- 设置 **animation _ group** 参数为 **country** 列。
- 设置数据点的 **color** 为 **region** 列。
- 指定 **country** 列作为 **hover _ name** 参数。
- 设置 **facet _ col** 参数为 **region** 列（这会把我们的图划分为 6 列，对应每个区域分别有一列）。
- 设置宽度为 **1579，高度为 400**。
- x 轴必须是对数。
- 设置 **size _ max** 参数为 **45**。
- 指定 x 轴和 y 轴的范围分别为 **xmin** 到 **xmax** 和 **ymin** 到 **ymax**：

```
fig = px.scatter(data, x = "gdp", y = "co2", animation_frame = "year", animation_
group = "country", color = "region", hover_name = "country", facet_col = "region",
width = 1579, height = 400, log_x = True, size_max = 45, range_x = [xmin,xmax],
range_y = [ymin,ymax])
```

（7）显示这个图：

```
fig.show()
```

期望的输出如图 3 - 27 所示。

可以看到，我们的图中有 6 个子图，分别对应一个地区。每个地区有不同的颜色。每个子图以每人二氧化碳排放量（t）作为 y 轴，每人收入作为 x 轴。

图下方有一个滑动条，允许我们比较每年不同地区和国家的二氧化碳排放量与收入的相关关系。点击左下角的播放按钮时，这个图会自动从 1964 年前进到 2013 年，为我们显示数据点随时间的变化。

也可以手动地移动滑动条，结果如图 3 - 28 所示。

另外，我们可以悬停在一个数据点上得到有关这个数据点的更多信息，如图 3 - 29 所示。

Plotly Express 还会自动生成一些交互特性，可以在图的右上角看到。这包括平移、放大和缩小、盒状选择和悬停提示。

可以看到，用 **Plotly Express** 创建一个交互式数据可视化只需要很少的几行代码，而且语法很容易学习和使用。除了散点图，这个库还有很多其他类型的图，可以用来交互式地可视化表示不同类型的数据。在下面的实践活动中，你会更深入地了解这些图。

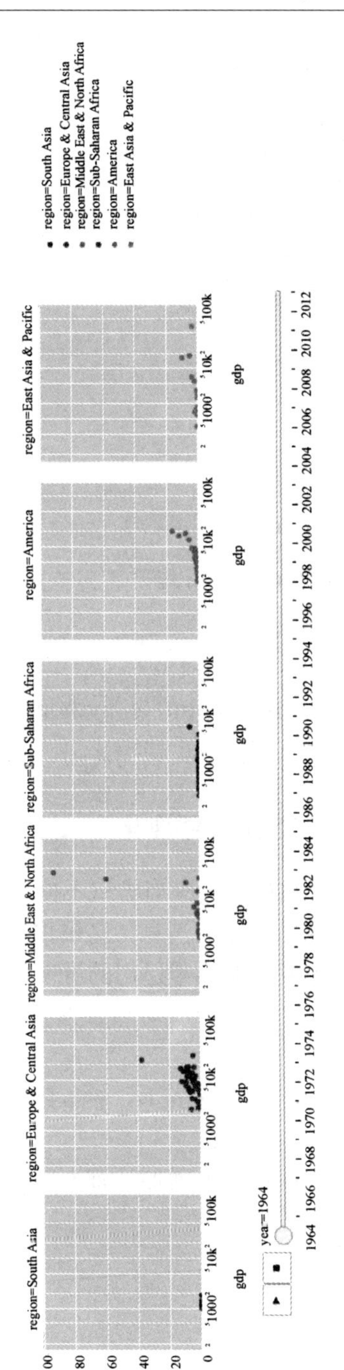

图 3－27　初始加载的图

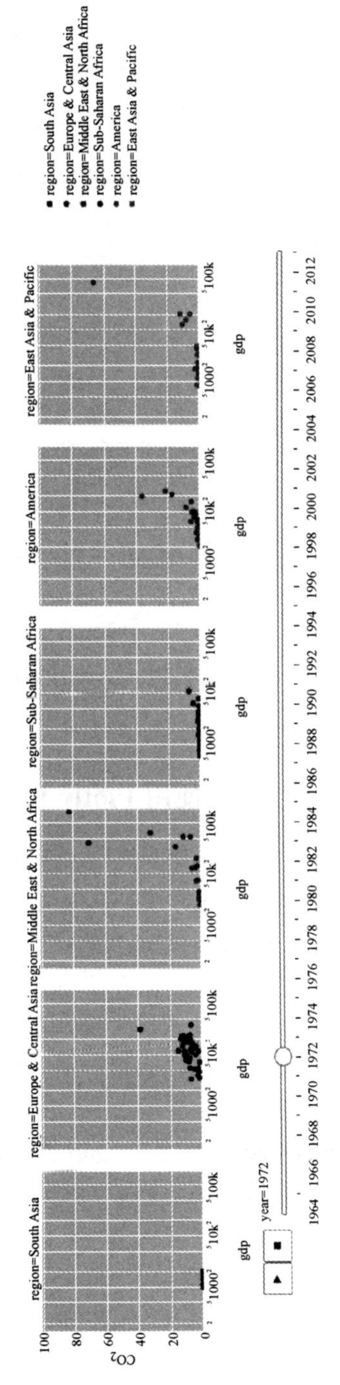

图 3－28　1972 年的图

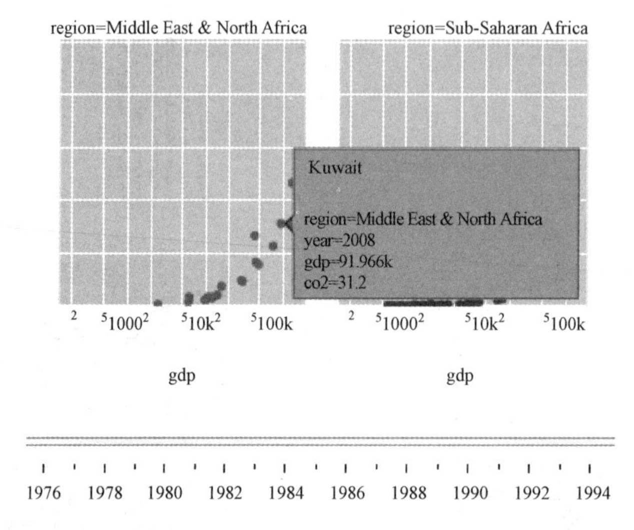

图 3-29 有关 Kuwait 的信息（把鼠标悬停在它上方来得到）

> **说明**
>
> 点击以下链接查看 **Plotly Express** 提供的其他图：https：//plot. ly/python/plotly-express/。

3.4.8 实践活动 3：使用 Plotly Express 创建不同的交互式可视化

在这个实践活动中，你要使用本章练习中所用的同一个数据集。应当尝试不同类型的可视化来确定最适合的可视化方法，从而最好地传达你想通过数据传递的消息，这很重要。下面使用 Plotly Express 库创建一些交互式数据可视化，来确定对我们的数据最适用的可视化方法。

概要步骤

（1）重新创建二氧化碳排放量和 GDP DataFrame。

（2）创建一个散点图，x 和 y 轴分别是 **year 和 co2** 。利用 **marginaly _ y** 参数为 **co2** 值增加一个箱形图。

（3）用 **marginal _ x** 参数为 **gdp** 值创建一个 rug 图。在 **year** 列上增加动画参数。

（4）创建一个散点图，x 和 y 轴分别是 **gdp 和 co2** 。

（5）创建一个密度等高线图，x 和 y 轴分别是 **gdp 和 co2** 。

输出如下：

第 2 步完成后输出如图 3-30 所示。

第 4 步完成后输出如图 3-31 所示。

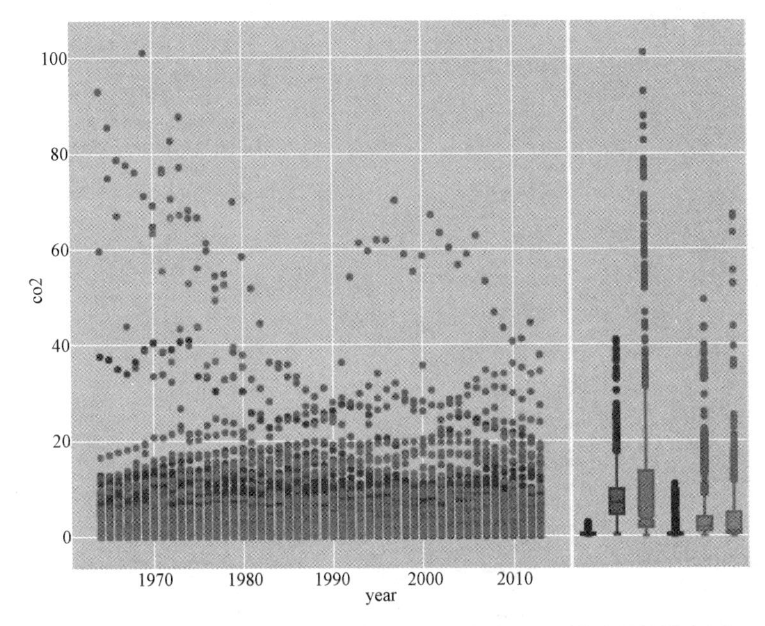

图 3-30　每年 CO_2 排放量的散点图

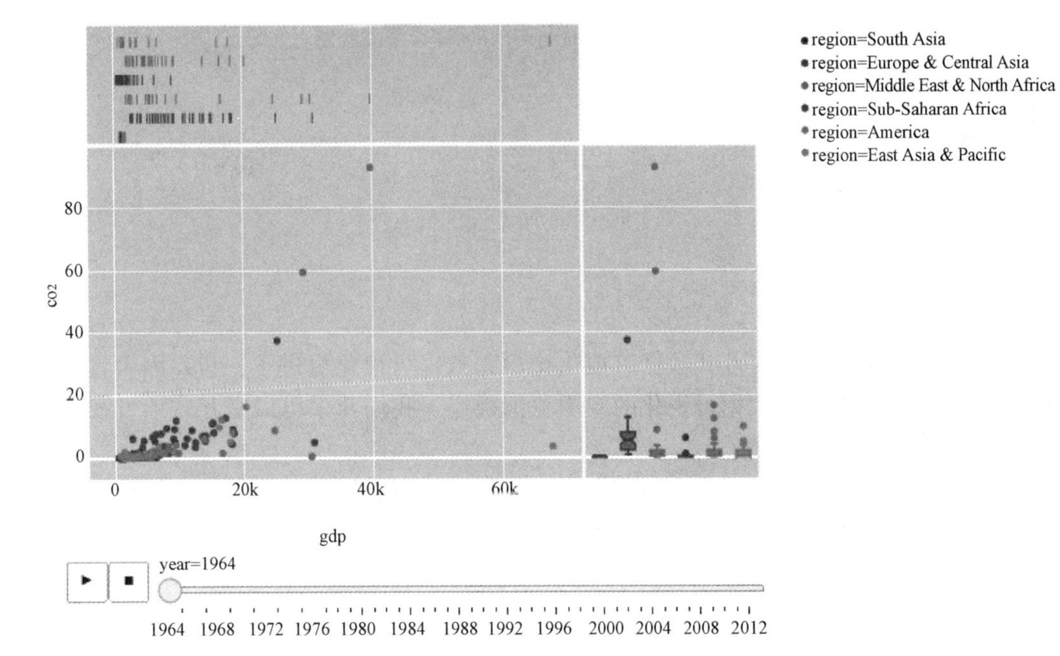

图 3-31　CO_2 排放量与 GDP 的散点图

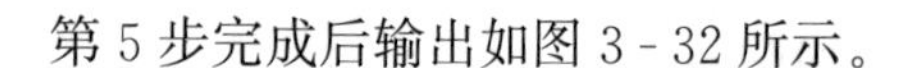

第 5 步完成后输出如图 3 - 32 所示。

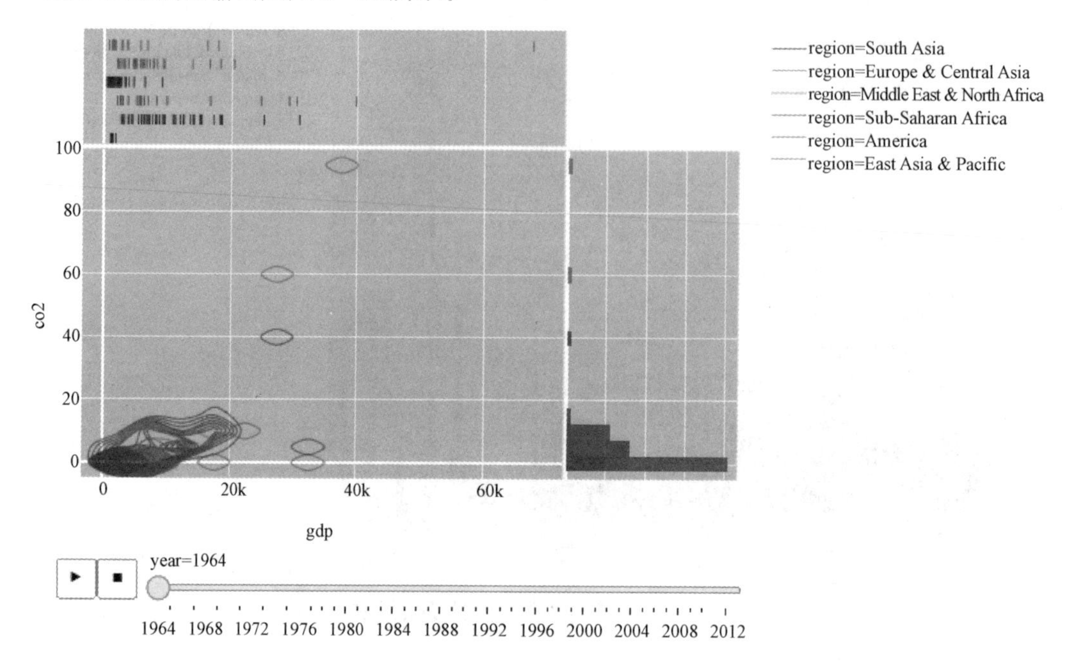

图 3 - 32 CO_2 排放量与 GDP 的密度等高线图

> **说明**
> 答案见附录第 3 节。

3.5 小结

这一章中，我们了解了交互式数据可视化比静态数据可视化更进了一步，因为它们能实时地响应人类输入。交互式数据可视化的应用范围很广，我们几乎可以交互式地可视化显示任何类型的数据。

可以结合到交互式数据可视化中的人类输入包括（但不仅限于）滑动条、缩放特性、悬停提示工具和可点击的参数。**Bokeh** 和 **Plotly Express** 是用来创建交互式数据可视化的两个最流行而且很容易使用的 Python 库。下一章中，我们将学习如何创建基于上下文的美观的交互式数据可视化。

第 4 章　基于层次的数据交互式可视化

学习目标

学习完这一章，你将掌握以下内容：

- 使用 altair 在散点图中增加交互性。
- 在散点图上使用缩放、悬停和工具提示，以及选择和突出显示功能。
- 创建交互式柱状图和热图。
- 在一个富交互式可视化中创建不同类型的图之间的动态链接。

这一章中，你将学习如何为根据分类变量分层的数据创建交互式可视化。

4.1　本章介绍

在前面几章中，我们介绍了根据数据集中的特征类型有效地可视化表示数据的各种技术，学习了如何使用 **plotly** 库在图中引入交互性。从这一章开始将进入这本书的第 2 部分，指导你用 Python 为各种不同上下文创建交互式可视化。

上一章中可以观察到，在某些类型的 Python 图中引入交互性时，**plotly** 有时可能很烦琐，而且有一个很陡的学习曲线。因此，这一章中我们将介绍 **altair**，这是专门设计用来生成交互式图的一个库。我们将展示如何用 **altair** 为根据分类变量分层的数据创建交互式可视化。

为了便于说明，我们将使用一个公开的数据集，生成这个数据集中特征的散点图和柱状图，并在图中增加各种交互式元素。我们还会了解 **altair** 与一个更通用的库（如 **plotly**）相比有哪些优点。

这一章将使用地球快乐指数或幸福指数（**Happy Planet Index，HPI**）数据集（http：//happyplanetindex. org/ dataset）。这个数据集显示了*世界上哪个地方的人能最有效地利用生态资源，生活得长久而幸福*。这不仅是了解这个世界不同地方生态环境和社会经济福利的一个很有意思的资源，而且很有意思地混合有不同类型的特征，可以帮助我们展示交互式数据可视化的一些关键概念。下面就这个数据集来使用 **altair** 深入研究交互式图。

4.2 交互式散点图

现在你已经知道，散点图是表示数据集全局模式的最基本的图之一。了解如何在这些图中引入交互性自然就很重要。首先来看图上的缩放和重置动作。不过，在此之前，先来了解这个数据集。

可以使用以下代码查看 **HPI** 数据集：

```
# module for importing data
import pandas as pd
#Download the data from Github repo
hpi_url = "https://raw.githubusercontent.com/TrainingByPackt/Interactive-Data-Visualization-with-Python/master/datasets/hpi_data_countries.tsv"
# Once downloaded, read it into a DataFrame using pandas
hpi_df = pd.read_csv(hpi_url, sep='\t')
hpi_df.head()
```

输出如图 4-1 所示。

	HPI Rank	Country	Region	Life Expectancy (years)	Wellbeing (0-10)	Inequality of outcomes	Ecological Footprint (gha/capita)	Happy Planet Index
0	1	Costa Rica	Americas	79.1	7.3	15%	2.8	44.7
1	2	Mexico	Americas	76.4	7.3	19%	2.9	40.7
2	3	Colombia	Americas	73.7	6.4	24%	1.9	40.7
3	4	Vanuatu	Asia Pacific	71.3	6.5	22%	1.9	40.6
4	5	Vietnam	Asia Pacific	75.5	5.5	19%	1.7	40.3

图 4-1 HPI 数据集

需要说明，这个数据集中有 5 个数值/定量特征：预期寿命［**Life Expectancy (years)**］、福利［**Wellbeing (0～10)**］、收入不平等程度（**Inequality of outcomes**）、**生态足迹**［**Ecological Footprint (gha/capita)**］和幸福指数（**Happy Planet Index**）。还有两个分类/名义特征：国家（**Country**）**和地区**（**Region**）。在 **altair** 中，定量特征表示为 Q，名义特征表示为 N。稍后会看到如何在可视化中利用这一点。

这确实有些难度。一般的，为了实现可视化，如果表示一个属性（如等级）的特征有很大范围（如超过10个等级），你可能会把这个特征当作另一个数值或定量特征来处理，但如果等级较少，这就像是一个标签，类似于一个名义特征。不过，等级特征与名义特征之间有一个关键的区别：序数特征中的顺序很重要。等级**1**与等级5有不同的含义和优先级。

> **说明**
> **HPI**数据集中的每个数据点对应一个国家。

下面通过一个练习来生成和观察各个国家福利［**Wellbeing (0～10)**］与幸福指数（**Happy Planet Index**）特征的一个静态散点图，这里使用不同的颜色指示这个国家所属的地区，然后进一步为这个图增加交互性。

4.2.1　练习27：为静态散点图增加放大缩小功能

在这个练习中，我们要使用**matplotlib**生成一个静态散点图。这里使用**hpi_data_countries**数据集来生成这个图，我们会分析图中图例表示的各个地区的**Wellbeing**分数。然后为这个图增加一个缩放特性。我们将使用**altair**库来实现。下面把这个简单的代码分解为更简单的部分，因为这是我们使用**altair**创建的第一个交互式图。为此，需要完成以下步骤：

（1）使用**pandas**加载**hpi**数据集并读取这个数据集：

```
import pandas as pd
hpi_url = "https://raw.githubusercontent.com/TrainingByPackt/Interactive-
Data-Visualization-with-Python/master/datasets/hpi_data_countries.tsv"
# Once downloaded, read it into a DataFrame using pandas
hpi_df = pd.read_csv(hpi_url, sep='\t')
```

（2）使用**matplotlib**绘制静态散点图：

```
import seaborn as sns
import matplotlib.pyplot as plt
fig = plt.figure()
ax = fig.add_subplot(111)
ax = sns.scatterplot(x='Wellbeing (0-10)', y='Happy Planet Index',
hue='Region', data=hpi_df)
```

```
plt.show()
```

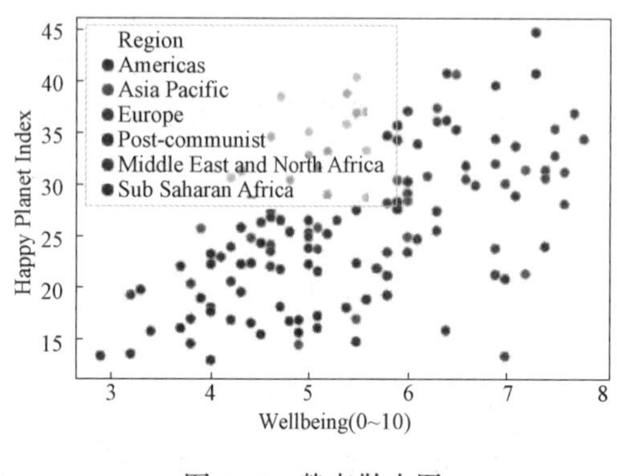

图 4-2 静态散点图

输出如图 4-2 所示。

每个点表示 7 个地区之一中的一个国家。**福利**（**Wellbeing**）和幸福指数（**Happy Planet Index**）看起来是相关的。我们可以看到不同地区幸福指数分数和**福利**分数有一个趋势。

既然有了一个静态散点图，下面来研究这个图上的交互性。先来看放大和缩小特性。

（3）导入 **altair** 模块为 **alt**：

```
import altair as alt
alt.renderers.enable('notebook')
```

输出如下所示：

```
RendererRegistry.enable('notebook')
```

（4）向 **altair Chart** 函数提供我们选择的 DataFrame（在这里就是 **hpi _ df**）。

（5）使用 **mark _ circle（）** 函数用实心圆表示散点图中的数据点。

> **说明**
>
> 还可以使用 **mark _ point（）** 函数使用空心圆而不是实心圆，试试看。

（6）使用 **encode** 函数指定 x 和 y 轴上的特征。尽管我们还在这个函数中使用了 **color** 参数利用 **region** 特征对数据点着色，不过这是可选的。最后，增加 **interactive（）** 函数，使这个图能响应缩放！这需要*Jupyter Notebook 5.3 或更高版本*。使用以下代码：

```
alt.Chart(hpi_df).mark_circle().encode(
    x='Wellbeing (0-10):Q',
    y='Happy Planet Index:Q',
    color='Region:N',
).interactive()
```

输出如图 4-3 所示。

就这么简单。

可以尝试缩放这个图，确保它确实能放大和缩小。*注意到了吗？我们在定量特征后面增加了一个：Q 后缀，在名义特征后面增加了一个：N 后缀。*增加这样的后缀可以帮助 **altair**

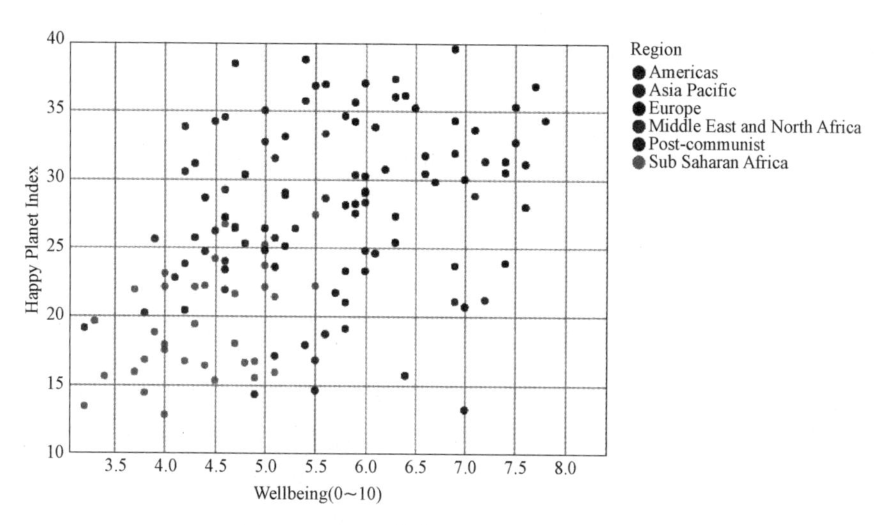

图 4-3（a）　静态散点图上的放大特性

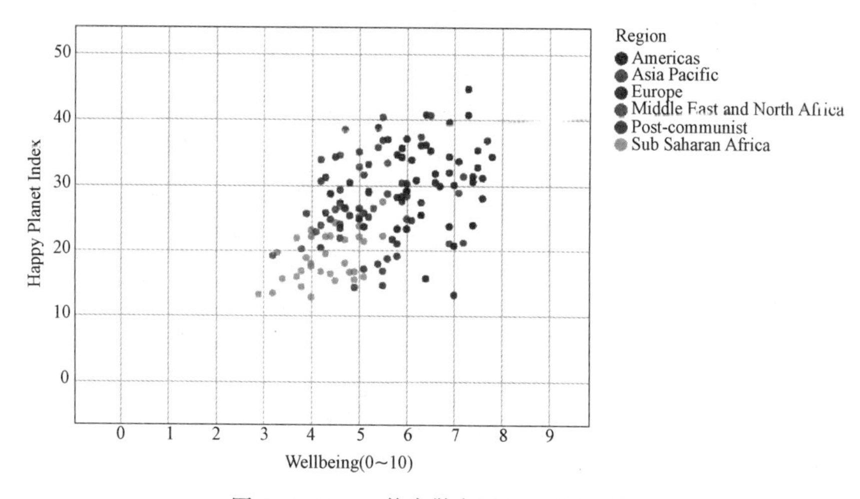

图 4-3（b）　静态散点图上的缩小特性

了解前面特征的类型，而不用它自己来推导。你也可以试着在这个图中去除这些后缀，会看到仍然能没有任何错误地生成这个图，因为在这种情况下 **altair** 能猜出特征的类型。包含后缀是一个很好的做法，因为有些情况下，**altair** 可能无法推导出特征类型。

altair 图中的一个重要概念是编码和通道。这个概念非常简单，**altair** 会尝试映射/编码数据的不同方面来实现更好的可视化。正是因为这个原因，可以看到这个代码中有一个 **encode（）** 函数。我们在 **encode** 函数中指定的不同参数（如 **x**，**y** 和 **color**）在 **altair** 中称为通道

(*channels*)。既然已经了解了这些重要的术语，下面来看 **altair** 中另一种有趣的交互方式。

> **说明**
>
> 注意到图旁边的 3 个小点吗？一旦在所需配置中设置了交互式图，可以用这 3 个小点将你的图保存在一个 **.png**（静态）或 **.svg**（交互式）文件中。不过，除非在一个兼容的软件（如 Adobe Animate）中打开，否则 **.svg** 文件中的交互特性不可用。

4.2.2 练习 28：为散点图增加悬停和工具提示功能

在这个练习中，我们将使用 **altair** 为一个静态散点图增加悬停和工具提示功能。这里还是使用同样的散点图，不过会增加悬停提示功能，鼠标悬停在任何 **country**（数据点）上时，会显示这个国家的地区（**Region**）、福利［**Wellbeing (0～10)**］、幸福指数（**Happy Planet Index**）和预期寿命［**Life Expectancy (years)**］的相关信息：

（1）使用 **pandas** 加载 **hpi** 数据集并读取这个数据集：

```
import pandas as pd
hpi_url = "https://raw.githubusercontent.com/TrainingByPackt/Interactive-
Data-Visualization-with-Python/master/datasets/hpi_data_countries.tsv"
# Once downloaded, read it into a DataFrame using pandas
hpi_df = pd.read_csv(hpi_url, sep='\t')
```

（2）导入 **altair** 模块为 **alt**：

```
import altair as alt
```

（3）向 **altair Chart** 函数提供我们选择的 DataFrame（在这里就是 **hpi_df**）。使用 **mark_circle()** 函数用实心圆表示散点图中的数据点。使用 **encode** 函数指定 x 和 y 轴上的特征。尽管我们还在这个函数中使用了 **color** 参数利用 **region** 特征对数据点着色，不过这是可选的。如下所示指定 **tooltip** 通道：

```
# hover and tooltip in altair
alt.Chart(hpi_df).mark_circle().encode(
    x='Wellbeing (0-10):Q',
    y='Happy Planet Index:Q',
    color='Region:N',
    tooltip=['Country', 'Region', 'Wellbeing (0-10)', 'Happy Planet
Index', 'Life Expectancy (years)'],
)
```

输出如图 4-4 所示。

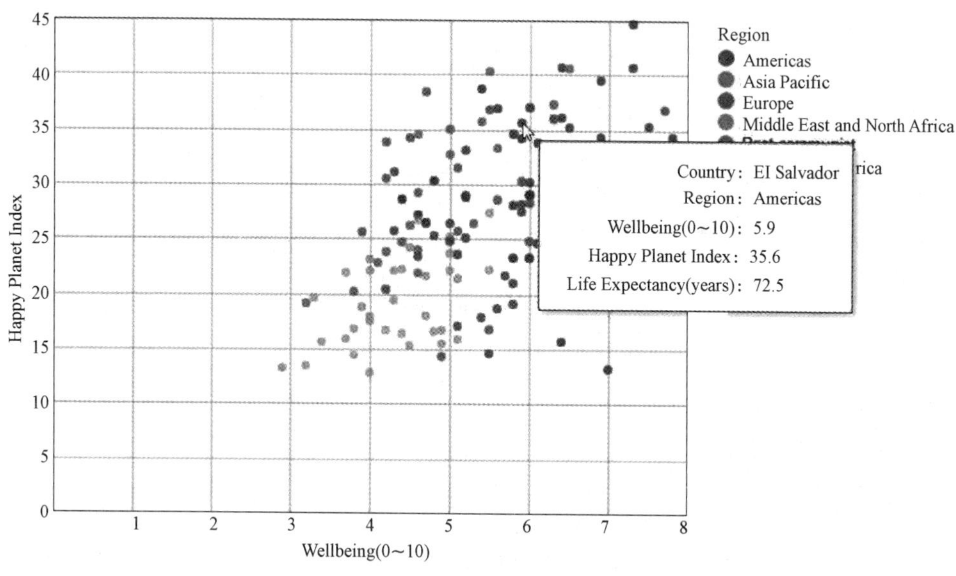

图 4-4 探索散点图上的悬停和工具提示

在前面的图中你会发现，当光标靠近任何数据点时，就会显示 **encode** 函数 **tooltip** 参数中提到的特征。这里可以看到，当鼠标悬停在一个数据点上时，它会显示有关这个国家的地区（**Region**）、福利［**Wellbeing（0～10）**］、幸福指数（**Happy Planet Index**）和预期寿命［**Life Expectancy（years）**］信息。在这里就是 **Country—El Salvador**，**Wellbeing—5.9**，**HPI—35.6**，**Life Expectancy—72.5**。

不过，缩放功能没有了。怎么再加回来呢？

很简单，只需要增加 **interactive（）** 函数！

（4）增加 **interactive（）** 函数，恢复图中的缩放特性，如下所示：

```
# zoom feature
import altair as alt
alt.Chart(hpi_df).mark_circle().encode(
    x='Wellbeing (0-10):Q',
    y='Happy Planet Index:Q',
    color='Region:N',
    tooltip=['Country', 'Region', 'Wellbeing (0-10)', 'Happy Planet
Index', 'Life Expectancy (years)'],
).interactive()
```

输出如图 4 - 5 所示。

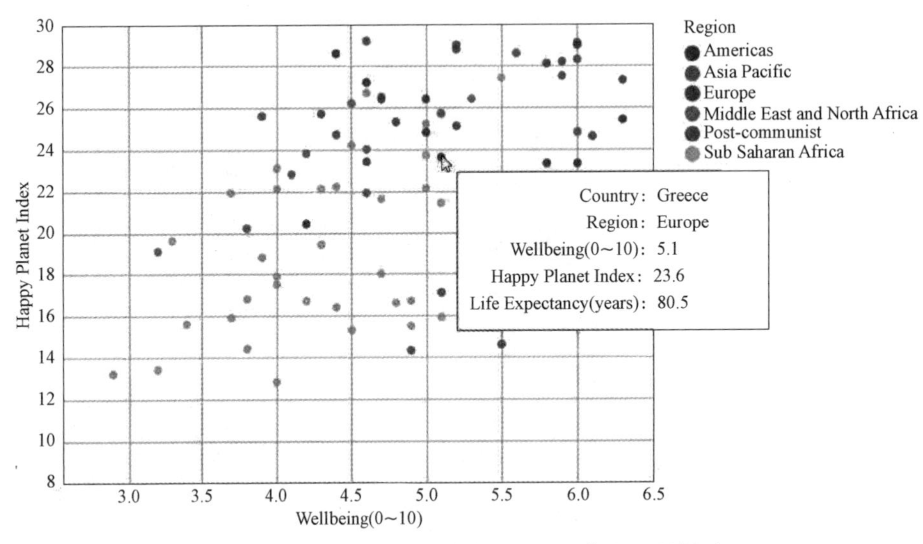

图 4 - 5　探索一个放大散点图上的悬停和工具提示

可以看到，在前面的放大图中，当我们悬停在一个数据点上时，它会显示有关这个国家的地区（**Region**）、福利［**Wellbeing（0～10）**］、幸福指数（**Happy Planet Index**）和预期寿命［**Life Expectancy（years）**］信息。在这里就是 **Country - Greece**，**Wellbeing—5. 1**，**HPI—23. 6**，**Life Expectancy—80. 5**。

下面来考虑一个更有意思的场景。假设我们想选择图上的一个区域来检查其中的数据点。可以完成以下针对这个场景的练习。

4. 2. 3　练习 29：探索散点图上的选择和突出显示功能

在这个练习中，我们将利用 **altair** 使用选择和突出显示功能。这可以使用一个名为 **add _ selection** 的函数做到。首先需要定义一个变量来存储一个*选择区间*（*selection interval*），然后生成想要增加选择功能的图。在得到的图中，可以点击并拖动鼠标来创建一个选择区，这会用灰色显示。为此来完成以下步骤：

（1）使用 **pandas** 加载 **hpi** 数据集并读取这个数据集：

```
import pandas as pd
hpi_url = "https://raw.githubusercontent.com/TrainingByPackt/Interactive-
Data-Visualization-with-Python/master/datasets/hpi_data_countries.tsv"
# Once downloaded, read it into a DataFrame using pandas
```

```
hpi_df = pd.read_csv(hpi_url, sep='\t')
```

（2）导入 **altair** 模块为 **alt**：

```
import altair as alt
```

（3）定义 **selected _ area** 变量来存储选择区间：

```
selected_area = alt.selection_interval()
```

（4）向 **altair Chart** 函数提供我们选择的 DataFrame（在这里就是 **hpi _ df**）。

（5）使用 **mark _ circle （）** 函数用实心圆表示散点图中的数据点。使用 **encode** 函数指定 x 和 y 轴上的特征。尽管我们还在这个函数中使用了 **color** 参数利用 **region** 特征对数据点着色，不过这是可选的。使用 **add _ selection （）** 函数指定选择区。为此使用以下代码：

```
alt.Chart(hpi_df).mark_circle().encode(
    x='Wellbeing (0 - 10):Q',
    y='Happy Planet Index:Q',
    color='Region:N'
).add_selection(
    selected_area
)
```

输出如图 4 - 6 所示。

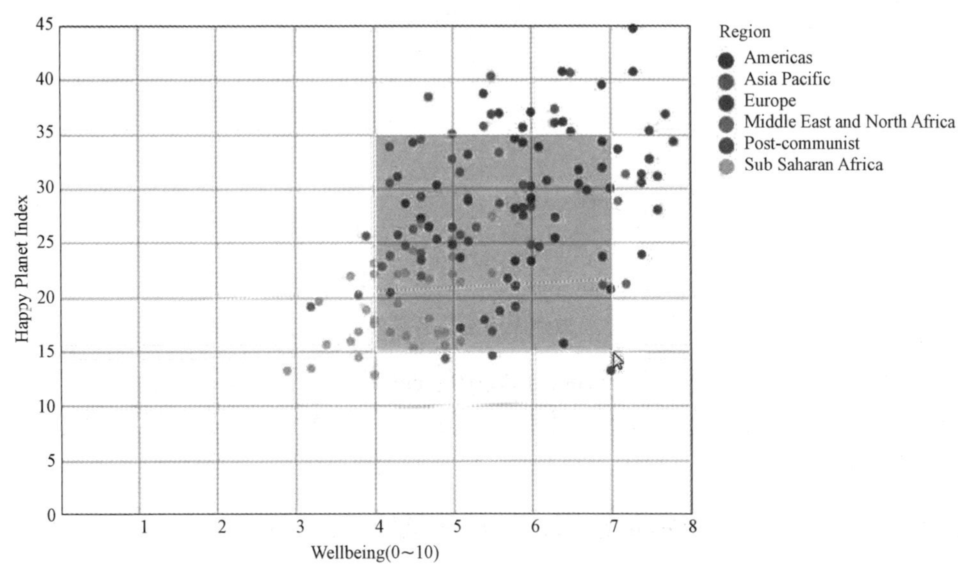

图 4 - 6　探索一个散点图上的选择和突出显示功能

你确定能点击并拖动鼠标来创建一个选择区吗? 下面让这个图响应我们的选择，强调我们的选择区，并将选择区以外的所有点置灰。

（6）增加 **alt _ value 为 lightgray**，将选择区以外的所有点置灰：

```
selected_area = alt.selection_interval()
alt.Chart(hpi_df).mark_circle().encode(
    x='Wellbeing (0-10):Q',
    y='Happy Planet Index:Q',
    color=alt.condition(selected_area, 'Region:N', alt.value('lightgray'))
).add_selection(
    selected_area
)
```

输出如图 4-7 所示。

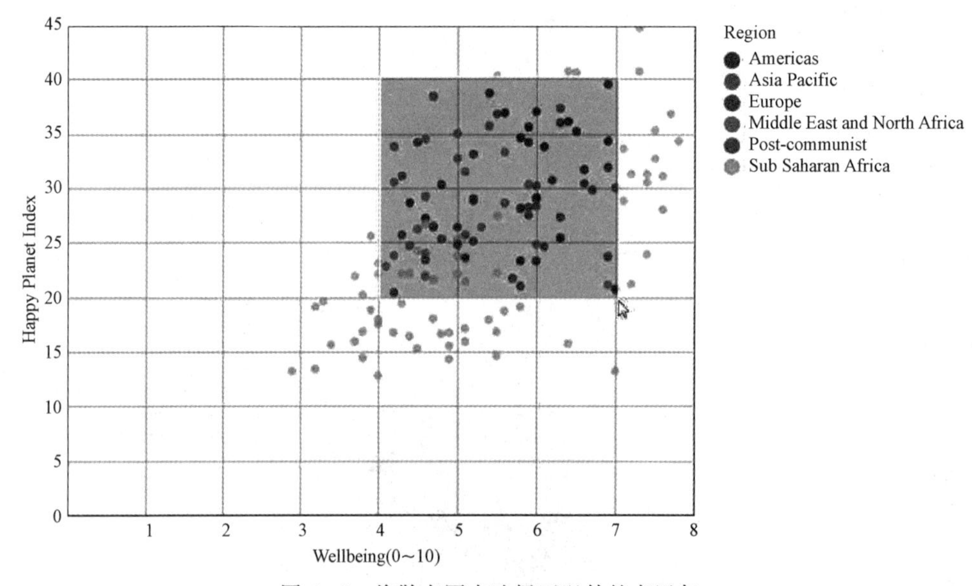

图 4-7　将散点图中选择区以外的点置灰

注意到我们的做法吗? 我们将 **encode** 函数中的 **color** 参数设置为一个 **altair** 条件，只保留选择区内点的颜色。如果你想深入了解散点图轴特征的一个特定范围，这可能很有用。下面通过一个练习来说明这一点。

4.2.4　练习 30：生成一个提供选择、缩放和悬停/工具提示功能的图

在这个练习中，我们继续使用 **happy planet index** 数据集。现在的任务是创建 **Well-being**

与 **Happy Planet Index** 的一个散点图，并放大有高福利和高幸福指数的区域。你要确定选择区中主要是哪个地区，然后列出这个区域中的国家。来完成以下步骤：

（1）导入必要的模块和数据集：

```
import altair as alt
import pandas as pd
# Download the data from "https://raw.githubusercontent.com/
TrainingByPackt/Interactive-Data-Visualization-with-Python/master/
datasets/hpi_data_countries.tsv"
# Once downloaded, read it into a DataFrame using pandas
hpi_df = pd.read_csv('hpi_data_countries.tsv', sep='\t')
```

（2）创建 **altair** 中 **Wellbeing** 与 **Happy Planet Index** 的一个散点图，使用 **interactive ()** 函数提供缩放特性，并放大包含右上方数据点集合的区域：

```
alt.Chart(hpi_df).mark_circle().encode(
    x='Wellbeing (0-10):Q',
    y='Happy Planet Index:Q',
    color='Region:N',
).interactive()
```

输出如图 4-8 所示。

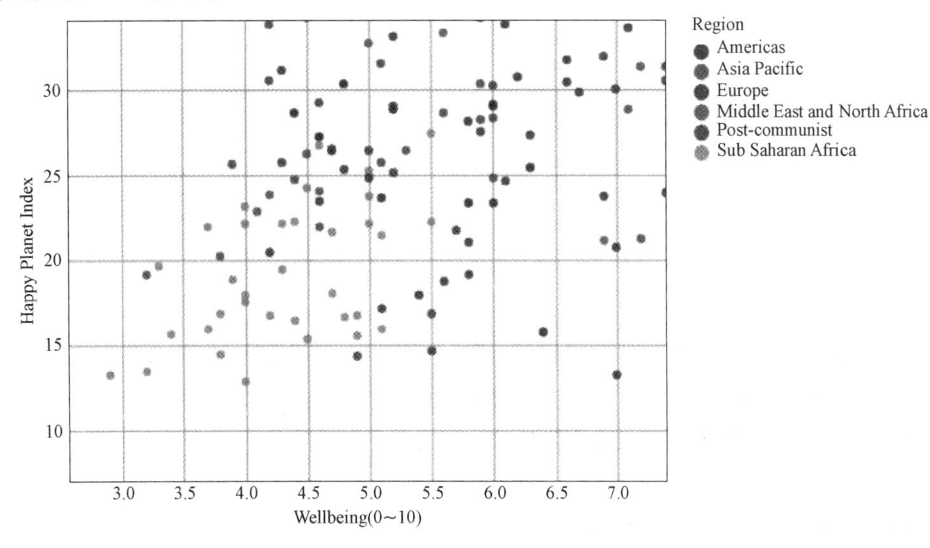

图 4-8　有缩放特性的散点图

（3）现在增加选择特性，将 **color** 参数改为包含 **altair** 选择条件：

```
selected_area = alt.selection_interval()
alt.Chart(hpi_df).mark_circle().encode(
    x='Wellbeing (0-10):Q',
    y='Happy Planet Index:Q',
    color=alt.condition(selected_area, 'Region:N', alt.value('lightgray'))
).interactive().add_selection(
    selected_area
)
```

输出如图 4-9 所示。

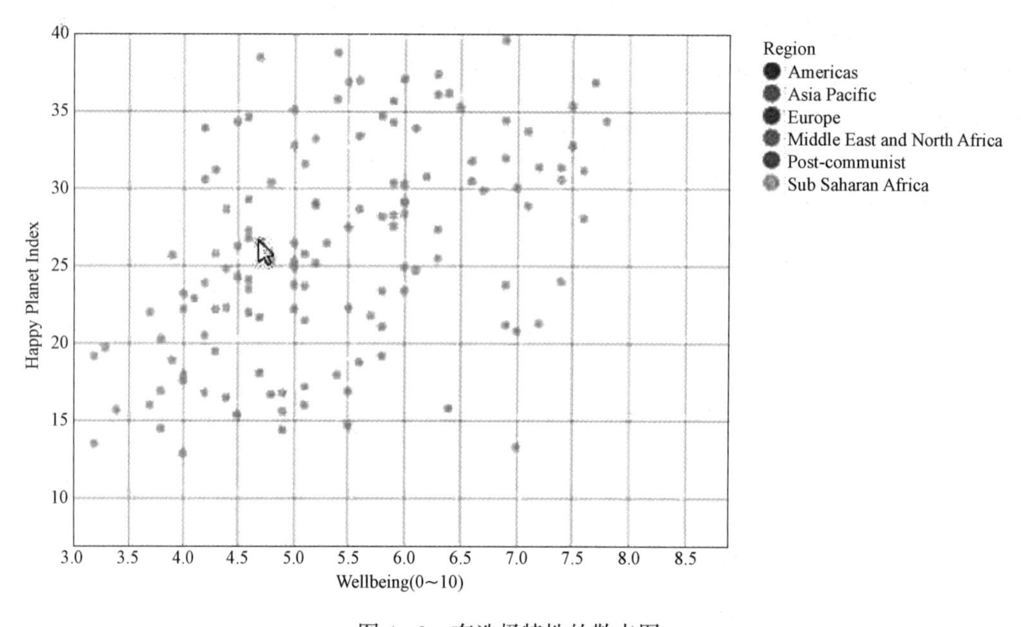

图 4-9 有选择特性的散点图

注意选择区（右上方）中大多数国家都属于美洲地区（蓝色）。根据你的常识，你认为是这样吗？下面增加 **tooltip** 功能来得出哪些国家出现在我们感兴趣的区域中。

（4）增加 **tooltip** 功能来确定感兴趣的区域：

```
selected_area = alt.selection_interval()
alt.Chart(hpi_df).mark_circle().encode(
    x='Wellbeing (0-10):Q',
```

```
    y = 'Happy Planet Index:Q',
    color = alt.condition(selected_area, 'Region:N', alt.
value('lightgray')),
    tooltip = ['Country', 'Region', 'Wellbeing (0 - 10)', 'Happy Planet
Index', 'Life Expectancy (years)']
).interactive().add_selection(
    selected_area
)
```

输出如图 4 - 10 所示。

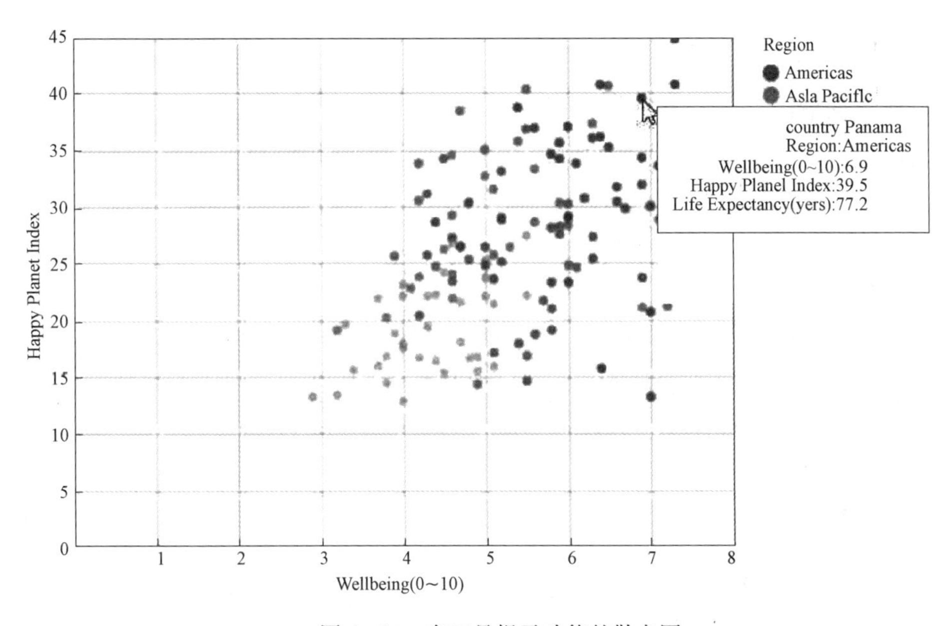

图 4 - 10　有工具提示功能的散点图

如果悬停在感兴趣的这个区域，你会看到最上面的国家是*Costa Rica*，*Mexico*，*Panama*和*Colombia*。

下一节将介绍如何在多个图中使用选择特性。

4.2.5　跨多图选择

链接多个图时，选择特性的功能更为强大。下面考虑两个散点图的例子：

- 福利（**Wellbeing**）与幸福指数（**Happy Planet Index**）。
- 预期寿命（**Life Expectancy**）与幸福指数（**Happy Planet Index**）。

完成下面的练习创建跨多图的选择特性。

4.2.6 练习 31：跨多图选择

在这个练习中，我们会逐步生成一个交互式图。对于第一个散点图，由于我们希望 y 轴是两个图的公共轴，所以只在 **altair** chart 的 **encode** 函数中指定 y 轴特征，然后单独在 **Chart** 对象上增加 x 轴特征。另外，为了让两个图相继显示，并支持跨多图选择，我们将使用 **altair vconcat** 函数。详细内容见下面的代码：

（1）打开一个 Jupyter notebook 并导入必要的 Python 模块：

```
import altair as alt
import pandas as pd
```

（2）读取数据集：

```
hpi_url = "https://raw.githubusercontent.com/TrainingByPackt/Interactive-
Data-Visualization-with-Python/master/datasets/hpi_data_countries.tsv"
#read it into a DataFrame using pandas
hpi_df = pd.read_csv(hpi_url, sep='\t')
```

（3）绘制散点图，并用 **Chart altair vconcat** 函数将两个图前后垂直放置：

```
# multiple altair charts placed one after the other
chart = alt.Chart(hpi_df).mark_circle().encode(
    y='Happy Planet Index',
    color='Region:N'
)
chart1 = chart.encode(x='Wellbeing (0-10)')
chart2 = chart.encode(x='Life Expectancy (years)')
alt.vconcat(chart1, chart2)
```

输出如图 4-11、图 4-12 所示。

（4）还可以用 **hconcat** 函数让两个图水平相邻放置。做法如下：

```
# multiple altair charts placed horizontally next to each other
chart = alt.Chart(hpi_df).mark_circle().encode(
    y='Happy Planet Index',
    color='Region:N'
)
chart1 = chart.encode(x='Wellbeing (0-10)')
```

```
chart2 = chart.encode(x='Life Expectancy (years)')
alt.hconcat(chart1, chart2)
```

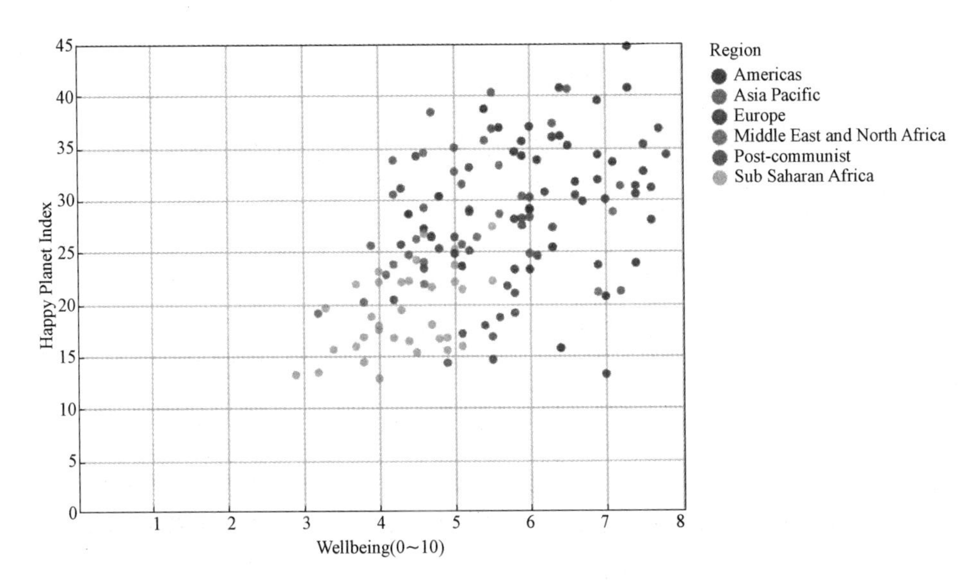

图 4 - 11　HPI 与 Well - Being（0～10）的散点图

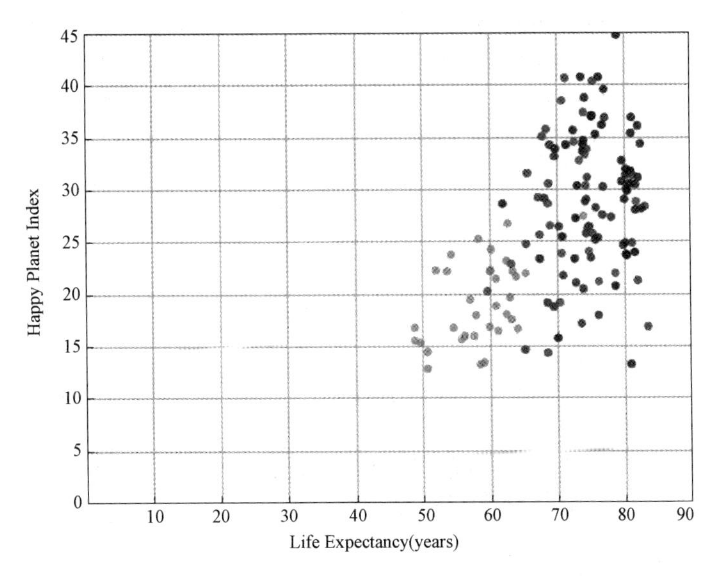

图 4 - 12　HPI 与 Life Expectancy（years）的散点图

输出如图 4 - 13 所示。

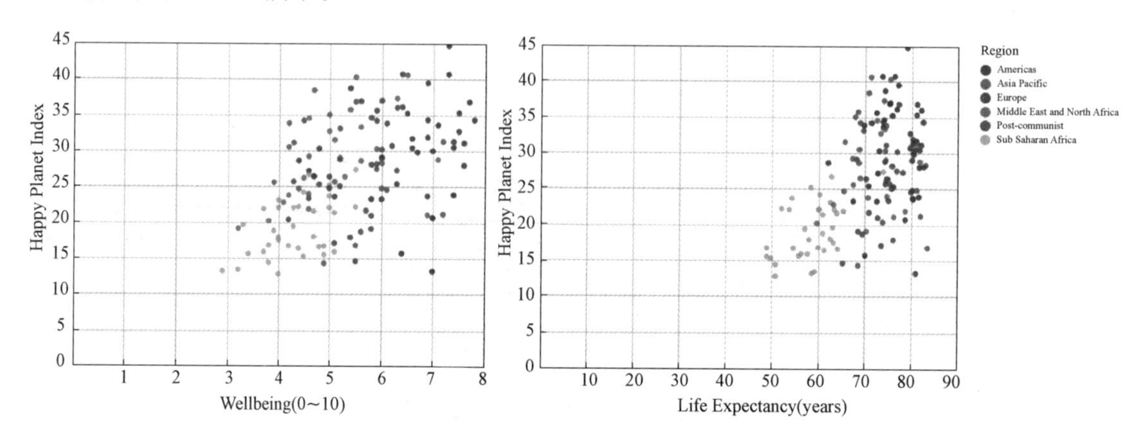

图 4 - 13　水平放置的散点图

顺便说一句，**hconcat** 和 **vconcat** 函数还有快捷方式。可以把 **alt. hconcat（chart1，chart2）** 替换为 **chart1 | chart2**，将 **alt. vconcat（chart1，chart2）** 替换为 **chart1 & chart2**。

（5）使用以下代码增加选择功能链接这两个图：

```
# selection across multiple charts
selected_area = alt.selection_interval()
chart = alt.Chart(hpi_df).mark_circle().encode(
    y='Happy Planet Index',
    color=alt.condition(selected_area, 'Region', alt.value('lightgray'))
).add_selection(
    selected_area
)
chart1 = chart.encode(x='Wellbeing (0 - 10)')
chart2 = chart.encode(x='Life Expectancy (years)')
chart1 | chart2
```

输出如图 4 - 14 所示。

试着选择任意一个图上的一个区域，你会注意到在一个图上选择时，会自动突出显示另一个图上相同的数据点。是不是很酷？

4.2.7　基于特征值的选择

到目前为止，我们一直都是基于用户输入使用 **selection _ interval ( )** 函数来创建一个矩

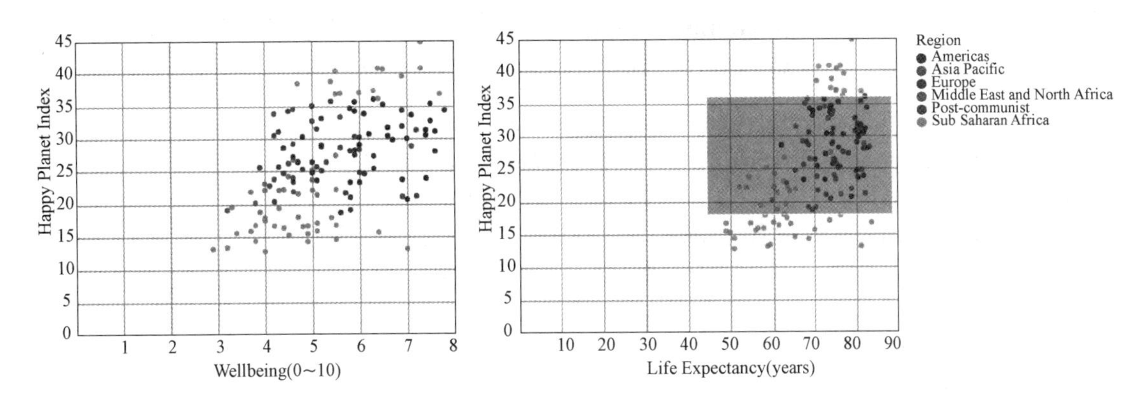

图 4-14　链接散点图上的选择功能

形选择区。下面来看如何根据一个特征的值创建选择。

我们将完成下面的练习。假设我们想选择属于所选地区（*Americas/Asia Pacific/Europe/Middle East* and *North Africa/ Post-communist/Sub-Saharan Africa*）的所有国家，可以使用一个名为 **selection_single ()** 而不是 **selection_interval ()** 的 **selection** 函数来实现。参考下面的练习来了解这是如何做到的。

4.2.8　练习 32：基于特征值的选择

在这个练习中，我们将创建一个交互式图，可以根据一个特定的地区（**Region**）查看数据点。我们将使用 **selection_single ()** 函数得到选择的一组数据点。如果仔细研究代码，你会发现这个函数的参数都不言自明，很好理解。如果想更明确的说明，请阅读相应的官方文档（https://altair-viz.github.io/user_guide/generated/api/altair.selection_single.html）。完成以下步骤：

（1）导入必要的 Python 模块：

```
import altair as alt
import pandas as pd
```

（2）读取数据集：

```
hpi_url = "https://raw.githubusercontent.com/TrainingByPackt/Interactive-
Data-Visualization-with-Python/master/datasets/hpi_data_countries.tsv"
#read it into a DataFrame using pandas
hpi_df = pd.read_csv(hpi_url, sep='\t')
```

（3）使用 **binding_select ()** 函数创建一个 **input_dropdown** 变量，将 **options** 参数设置

为数据集中的地区列表。使用 **selection _ single ()** 函数选择一个数据点集。使用 **color** 变量存储选择数据点的条件，这会为选择范围以内和以外的数据点指定颜色：

```
input_dropdown = alt.binding_select(options = list(set(hpi_df.Region)))
selected_points = alt.selection_single(fields = ['Region'], bind = input_
dropdown, name = 'Select')
color = alt.condition(selected_points,
                      alt.Color('Region:N'),
                      alt.value('lightgray'))
alt. Chart(hpi_df).mark_circle().encode(
    x = 'Wellbeing (0 - 10):Q',
    y = 'Happy Planet Index:Q',
    color = color,
    tooltip = 'Region:N'
).add_selection(
    selected_points
)
```

输出如图 4 - 15 所示。

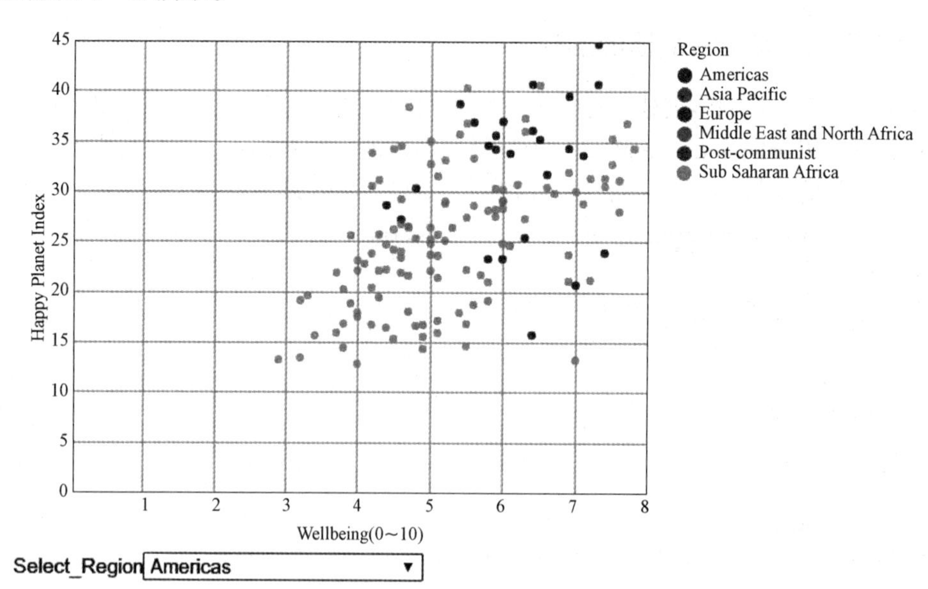

图 4 - 15 (a)　根据散点图中一个特征的值做出的选择

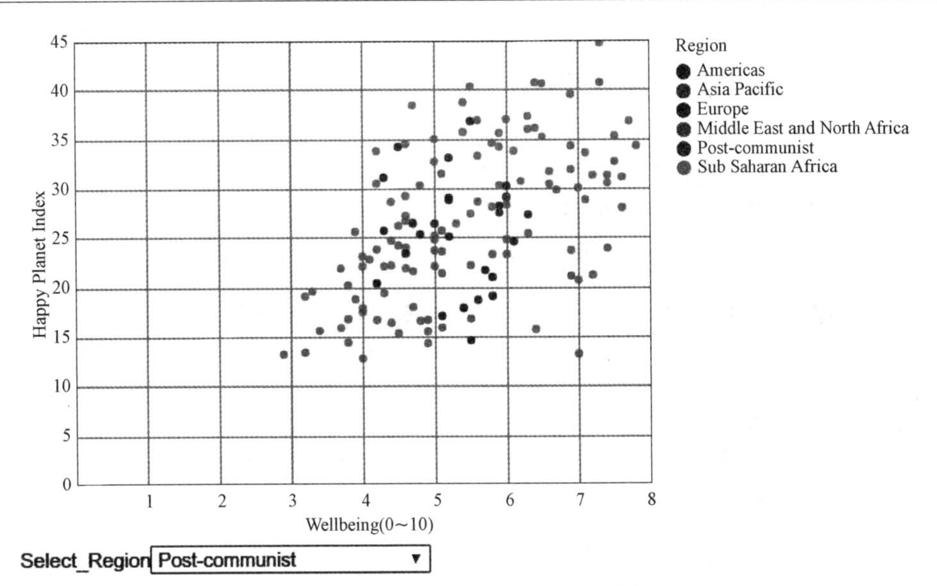

图 4-15（b） 根据散点图中一个特征的值做出的选择

前面的图初始时所有数据点都有颜色。不过，从输入下拉框为 **Region** 特征选择一个值时，你会注意到相应的国家会用原来的颜色突出显示，而所有其他国家会置灰。在前面的两个图中，第一个图显示了 **Americas** 地区的国家，第二个图显示了 **Post - communist** 地区的国家。

确实很棒！

> **说明**
>
> 在 **altair** 交互式图中可以采用多种方法完成选择和突出显示。有关的更多内容可以参见 https：//altair-viz. github. io/user _ guide/interactions. html。

这一节中，我们概要介绍了利用 **altair** 的强大能力绘制交互式散点图的一些重要方法。具体地，我们学习了：

- 如何使用 **altair Chart（）** 函数生成一个可以增加交互特性的散点图。
- 如何使用 **interactive（）** 函数以放大缩小的方式为一个散点图增加交互性。
- 如何使用 tooltip 参数根据光标移动采用悬停和显示相关数据点信息的方式为散点图增加交互性。
- 如何使用 **selection _ interval（）** 和 **selection _ single（）** 函数以选择和突出显示的方式为一个。散点图增加交互性，以及如何链接多个散点图的选择。

下一节中，我们将研究如何使用 **altair** 为其他类型的图增加交互性。

4.3 altair 中的其他交互式图

既然已经知道了如何为散点图增加交互性，下面来学习如何为另外两类重要的可视化引入交互性：柱状图和热图。建议你阅读官方文档，查看官方提供的示例库（https://altair-viz.github.io/gallery/index.html）进一步探索 **altair**，了解 **altair** 提供的众多可视化类型。

4.3.1 练习 33：在静态柱状图上增加缩放特性并计算均值

在这个练习中，首先我们要生成一个简单的（静态）柱状图，然后研究缩放等交互性。接下来，我们将使用同样的柱状图并确定每个地区的幸福指数均值。这里会使用 **altair** 库和 **Happy Planet Index** 数据集：

（1）导入 **altair** 模块为 **alt**：

```
import altair as alt
```

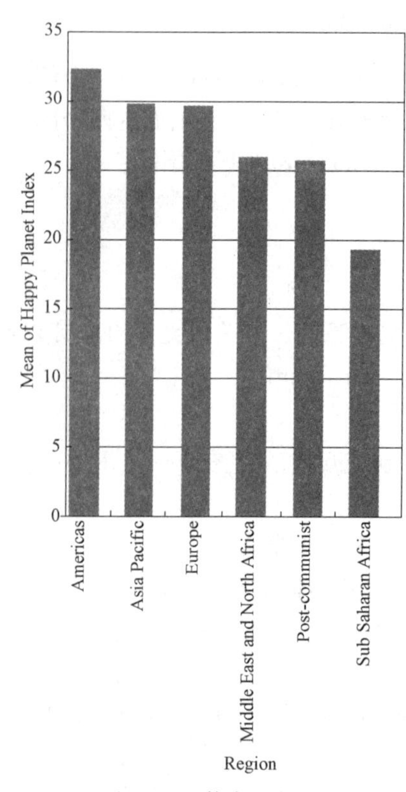

图 4-16 静态柱状图

（2）读取数据集：

```
hpi_url = "https://raw.githubusercontent.com/TrainingByPackt/Interactive-Data-Visualization-with-Python/master/datasets/hpi_data_countries.tsv"
#read it into a DataFrame using pandas
hpi_df = pd.read_csv(hpi_url, sep='\t')
```

（3）向 **altair Chart** 函数提供我们选择的 DataFrame（在这里就是 **hpi_df**）。

（4）使用 **mark_bar()** 函数指示柱状图中的数据点。使用 **encode** 函数指定 x 和 y 轴上的特征：

```
alt.Chart(hpi_df).mark_bar().encode(
    x='Region:N',
    y='mean(Happy Planet Index):Q',
)
```

输出如图 4-16 所示。

这很容易！*注意到了吗？我们只需要把 y 参数设置为“mean（Happy Planet Index）”就可以得到每个地区的均值。*

不过，图 4 - 16 看起来太窄了。这个问题很容易解决，可以使用 **properties** 函数将图宽度设置为一个不同的值。

（5）使用 **properties** 函数设置宽度为 **400**，增加柱状图的宽度：

```
alt.Chart(hpi_df).mark_bar().encode(
    x='Region:N',
    y='mean(Happy Planet Index):Q',
).properties(width=400)
```

输出如图 4 - 17 所示。

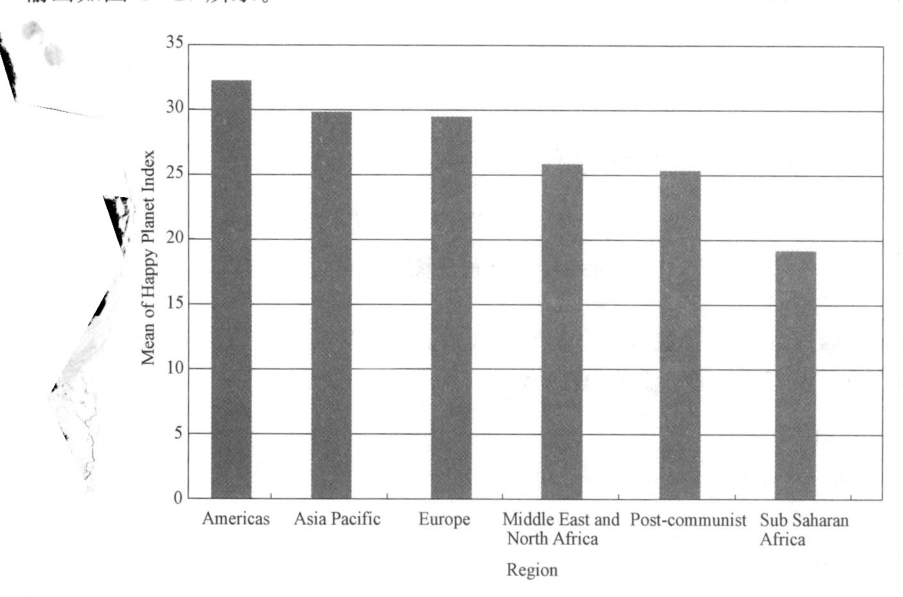

图 4 - 17　增加宽度的柱状图

*你是不是想知道能否让这个图放大缩小？*下面增加 **interactive（）** 函数来试一试。

（6）使用 **interactive** 函数放大和缩小：

```
import altair as alt
alt.Chart(hpi_df).mark_bar().encode(
    x='Region:N',
    y='mean(Happy Planet Index):Q',
).properties(width=400).interactive()
```

输出如图 4 - 18 所示。

真的可以！如果你不相信，可以试着放大缩小前面的图。

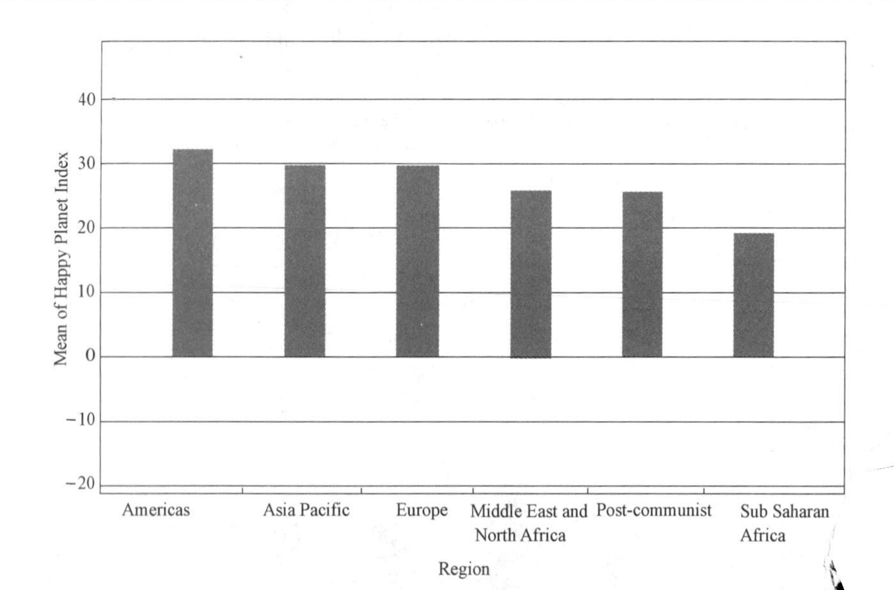

图 4-18　放大的柱状图

下面增加一条线来显示所有地区的平均幸福指数。对此你有什么想法吗？

（7）使用 | 操作符显示所有地区的 **HPI** 均值：

```
import altair as alt
bars = alt.Chart(hpi_df).mark_bar().encode(
    x='Region:N',
    y='mean(Happy Planet Index):Q',
).properties(width=400)
line = alt.Chart(hpi_df).mark_rule(color='firebrick').encode(
    y='mean(Happy Planet Index):Q',
    size=alt.SizeValue(3)
)
bars | line
```

输出如图 4-19 所示。

唉呀，这不是我们想要的。我们不希望线放在柱状图旁边，而是希望线画在图上。那么要怎么做到呢？为此，我们需要使用 **altair** 中的层概念。想法是创建变量来存储柱状图和线图，然后把它们分层叠放在一起。查看下一步的代码。

（8）增加 **altair** 库中的 **layer** 函数：

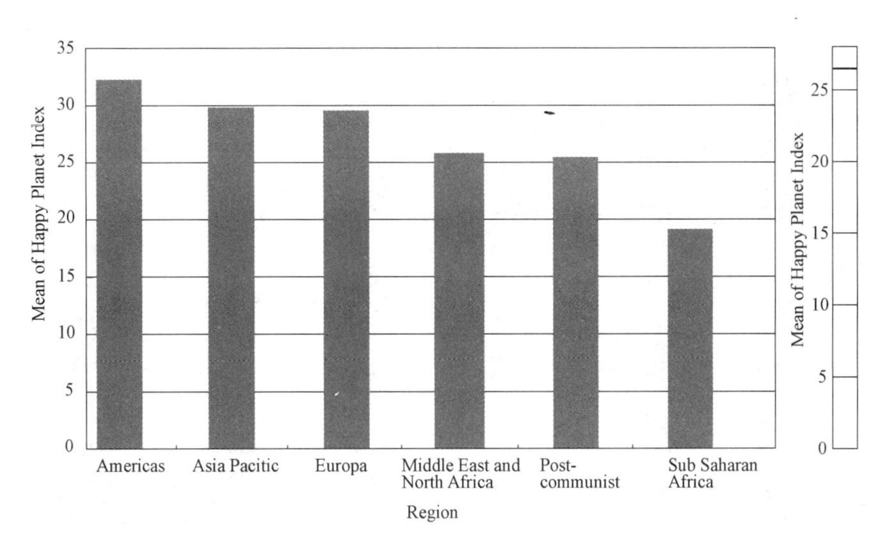

图 4-19　加线的柱状图

```
import altair as alt
bars = alt.Chart().mark_bar().encode(
    x='Region:N',
    y='mean(Happy Planet Index):Q',
).properties(width=400)

line = alt.Chart().mark_rule(color='firebrick').encode(
    y='mean(Happy Planet Index):Q',
    size=alt.SizeValue(3)
)
alt.layer(bars, line, data=hpi_df)
```

输出如图 4-20 所示。

现在我们知道了，所有地区的平均幸福指数约为 26。看起来我们还应该更幸福一些。有意思！

顺便说一句，你还应该注意到，直到使用 **layer** 函数之前我们都没有指定数据集。也就是说，没有像以前那样在 **Chart ()** 函数中提供 **hpi _ df** 数据集。实际上，这里要在 **layer** 函数中用 **data=hpi _ df** 参数指定数据集。

你已经了解了 **altair** 中分层的概念，可以放心地使用它的快捷方式。就像以前一样，可以独立地为不同的图编写代码，然后使用+操作符，如下面的例子所示。

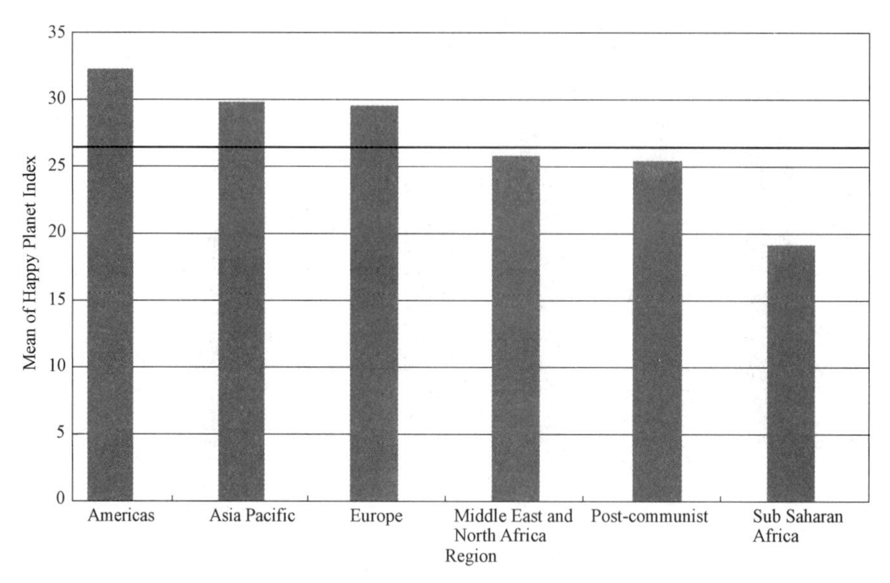

图 4 - 20　在柱状图上显示均值

4.3.2　练习 34：在柱状图上表示均值的一个替代快捷方式

在这个练习中，我们将使用“练习 33：在静态柱状图上增加缩放特性并计算均值“所用代码的一个快捷方式，在一个柱状图上计算 HPI 指数的均值。为此，完成以下步骤：

（1）使用以下代码在一个柱状图上计算 HPI 指数的均值：

```
import altair as alt
bars = alt.Chart(hpi_df).mark_bar().encode(
    x='Region:N',
    y='mean(Happy Planet Index):Q',
).properties(width=400)
line = alt.Chart(hpi_df).mark_rule(color='firebrick').encode(
    y='mean(Happy Planet Index):Q',
    size=alt.SizeValue(3)
).interactive()
bars + line
```

输出如图 4 - 21 所示。

下面为我们的图增加一些交互性。假设我们想看到通过点击拖动机制选择的任何一组条柱的平均幸福指数。

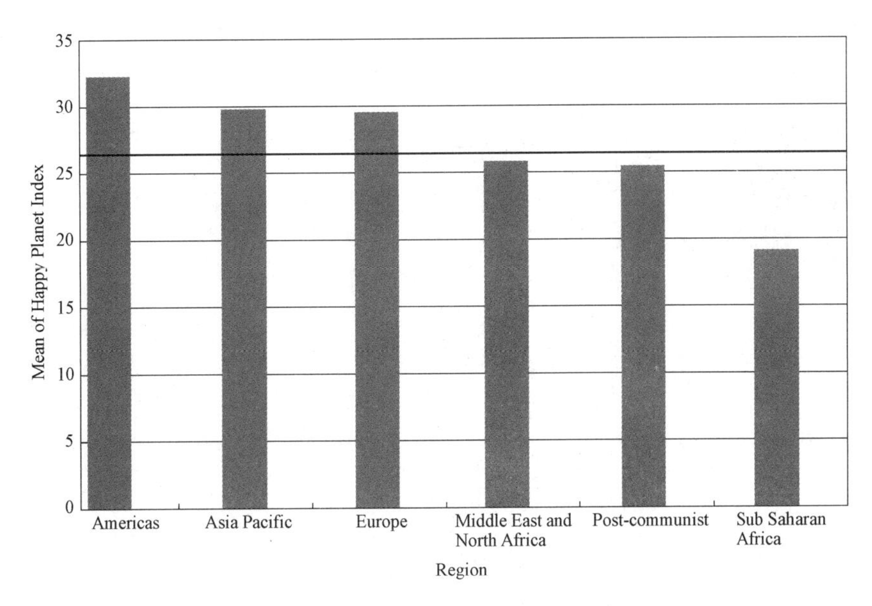

图4-21　柱状图上HPI指数的均值

（2）在 **altair** 中用以下代码使用点击拖动机制：

```
import altair as alt
selected_bars = alt.selection(type='interval', encodings=['x'])
bars = alt.Chart(hpi_df).mark_bar().encode(
    x='Region:N',
    y='mean(Happy Planet Index):Q',
    opacity=alt.condition(selected_bars, alt.OpacityValue(1), alt.
OpacityValue(0.7)),
).properties(width=400).add_selection(
    selected_bars
)
line = alt.Chart(hpi_df).mark_rule(color='firebrick').encode(
    y='mean(Happy Planet Index):Q',
    size=alt.SizeValue(3)
).transform_filter(
    selected_bars
)
bars + line
```

输出如图 4-22（a）所示。

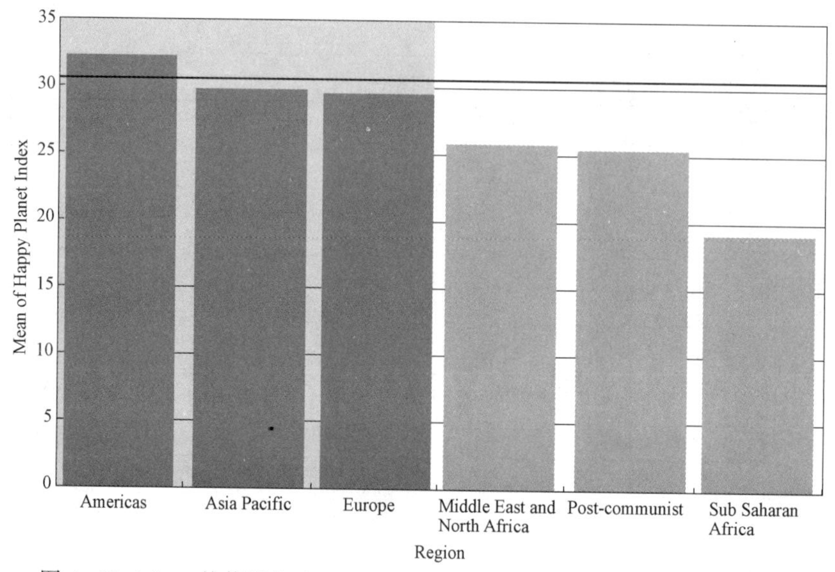

图 4-22（a） 柱状图上 Americas、Asia Pacific 和 Europe 地区的 HPI=31

试着操作前面的这个图，可以使用点击拖动机制选择任意一组条柱，查看指示平均幸福指数的线如何相应地移动。例如，如果选择左边的 3 个条柱（**Americas**，**Asia Pacific** 和 **Europe**），可以注意到 HPI 均值约为 31 [见图 4-22（b）]：

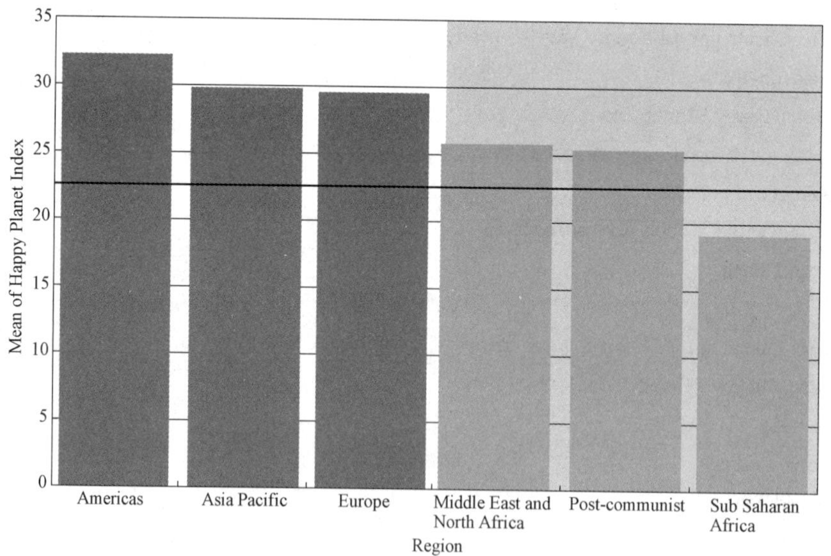

图 4-22（b） 柱状图上 Middle East and North Africa、Post-communist 和 Sub-Saharan Africa 地区的 HPI=24

如果选择右边的 3 个条柱（**Middle East and North Africa**、**Post－communist** 和 **Sub Saharan Africa**），显示的 HPI 均值约为 24。

4.3.3　练习 35：在静态热图上增加缩放特性

在这个练习中，我们将使用 **altair** 创建一个热图，表示各个不同 **HPI** 和 **Wellbeing** 相应的国家个数。接下来，我们将为这个图增加缩放功能。我们还会在热图上增加圆来显示不同国家个数。这里继续使用 HPI 数据集。为此，要完成以下步骤：

（1）导入 **altair** 模块为 **alt**：

```
import altair as alt
```

（2）读取数据集：

```
hpi_url = "https://raw.githubusercontent.com/TrainingByPackt/Interactive-Data-Visualization-with-Python/master/datasets/hpi_data_countries.tsv"
#read it into a DataFrame using pandas
hpi_df = pd.read_csv(hpi_url, sep='\t')
```

（3）向 **altair Chart** 函数提供我们选择的 DataFrame（在这里就是 **hpi_df**）。

（4）使用 **mark_rect()** 函数指示热图中的数据点。使用 **encode** 函数指定 x 和 y 轴上的特征：

```
alt.Chart(hpi_df).mark_rect().encode(
    alt.X('Happy Planet Index:Q', bin=True),
    alt.Y('Wellbeing (0-10):Q', bin=True),
    alt.Color('count()',
        scale=alt.Scale(scheme='greenblue'),
        legend=alt.Legend(title='Total Countries')
    )
)
```

输出如图 4-23 所示。

注意到了吗？对 **Happy Planet Index** 和 **Wellbeing** 特征的分组极为容易。我们只需要设置 **bin** 参数为 **True**。**altair** 真是太棒了！

（5）使用 **interactive** 函数增加缩放功能。使用以下代码：

```
alt.Chart(hpi_df).mark_rect().encode(
    alt.X('Happy Planet Index:Q', bin=True),
    alt.Y('Wellbeing (0-10):Q', bin=True),
```

```
    alt.Color('count()',
        scale = alt.Scale(scheme = 'greenblue'),
        legend = alt.Legend(title = 'Total Countries')
    )
).interactive()
```

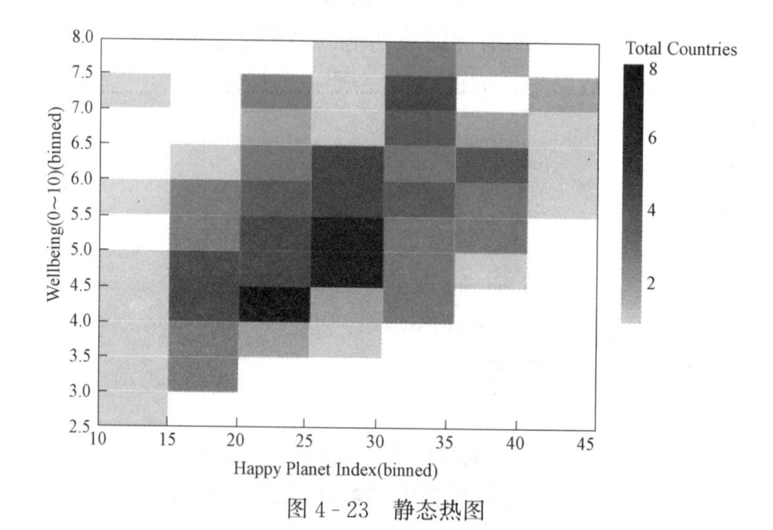

图 4 - 23　静态热图

输出如图 4 - 24 所示。

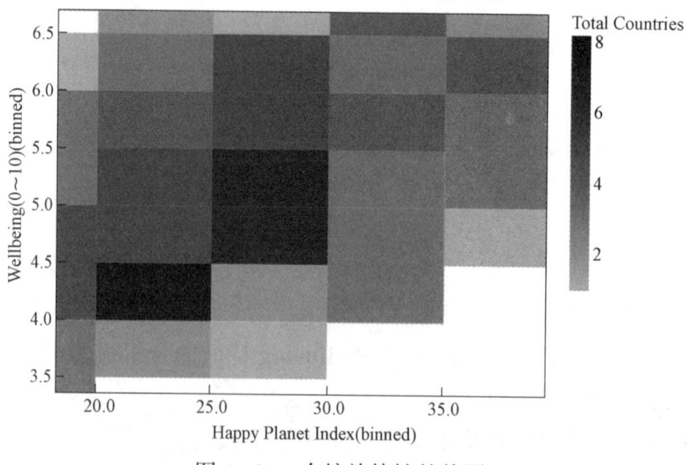

图 4 - 24　有缩放特性的热图

正如我们可以使用一个调色板指示热图各个单元格中的国家个数，还可以在热图上画不同大小的圆来指示国家个数。

（6）使用 **heatmap＋circles** 函数在热图上画圆：

```
heatmap = alt.Chart(hpi_df).mark_rect().encode(
    alt.X('Happy Planet Index:Q', bin = True),
    alt.Y('Wellbeing (0 - 10):Q', bin = True)
)

circles = heatmap.mark_point().encode(
    alt.ColorValue('lightgray'),
    alt.Size('count()',
        legend = alt.Legend(title = 'Records in Selection')
    )
)
heatmap + circles
```

输出如图 4 - 25 所示。

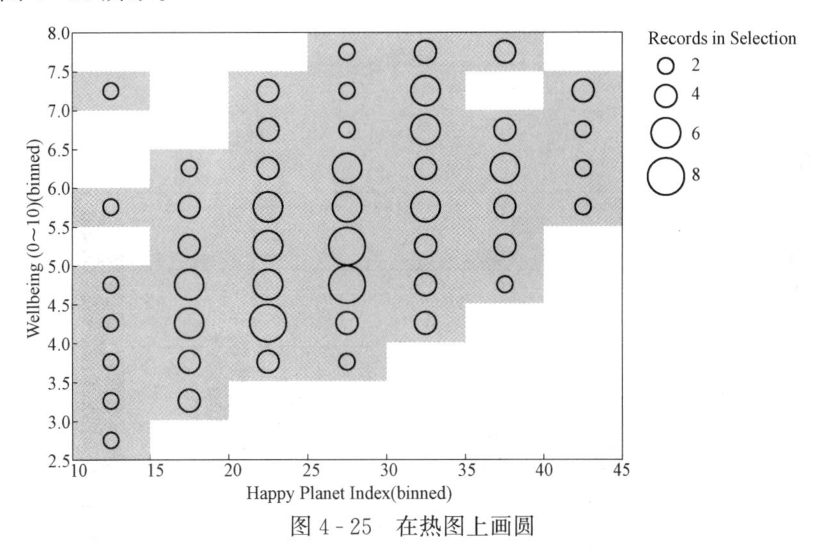

图 4 - 25　在热图上画圆

圆的不同大小指示了有不同福利（**Wellbeing**）的国家个数。是不是很炫？在下面的练习中，我们将生成一个柱状图和一个热图，对二者做一个比较。

4.3.4　练习 36：创建相邻的柱状图和热图

在这个练习中，我们还是继续使用 HPI 数据集。目的是绘制一个柱状图表示各个地区的国家个数，并在旁边绘制一个热图，指示有不同福利（**Wellbeing**）和预期寿命（**Life—Expectancy**）的国家个数。

来看下面的代码：

（1）导入必要的模块和数据集：

```
import altair as alt
import pandas as pd
```

（2）读取数据集：

```
import pandas as pd
hpi_url = "https://raw.githubusercontent.com/TrainingByPackt/Interactive-
Data-Visualization-with-Python/master/datasets/hpi_data_countries.tsv"
# Once downloaded, read it into a DataFrame using pandas
hpi_df = pd.read_csv(hpi_url, sep='\t')
```

（3）使用 **mark _ bar ()** 函数生成必要的柱状图：

```
alt.Chart(hpi_df).mark_bar().encode(
    x='Region:N',
    y='count():Q',
).properties(width=350)
```

输出如图 4-26 所示。

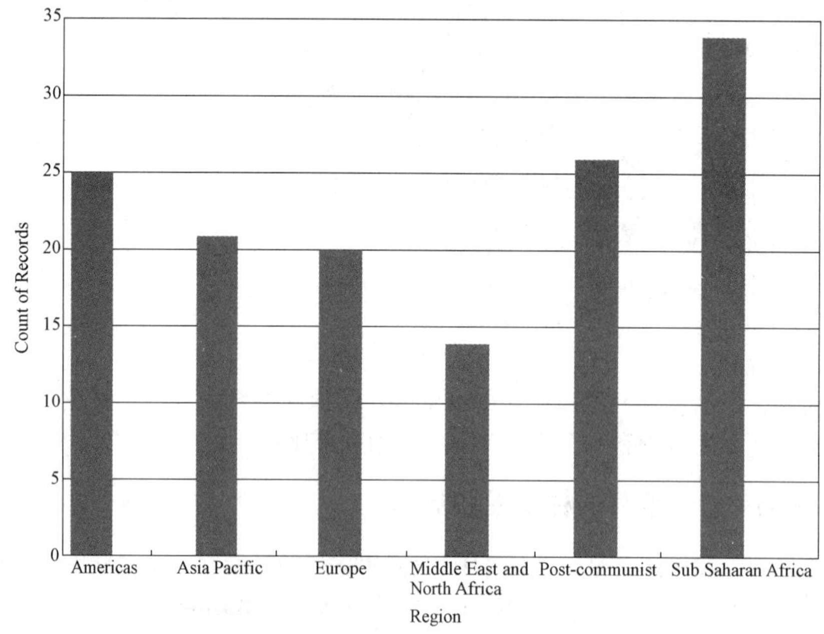

图 4-26 静态柱状图

（4）使用 **mark _ rect ( )** 函数生成必要的热图：

```
alt. Chart(hpi_df). mark_rect(). encode(
    alt. X('Wellbeing (0 - 10):Q', bin = True),
    alt. Y('Life Expectancy (years):Q', bin = True),
    alt. Color('count()',
        scale = alt. Scale(scheme = 'greenblue'),
        legend = alt. Legend(title = 'Total Countries')
    )
). properties(width = 350)
```

输出如图 4 - 27 所示。

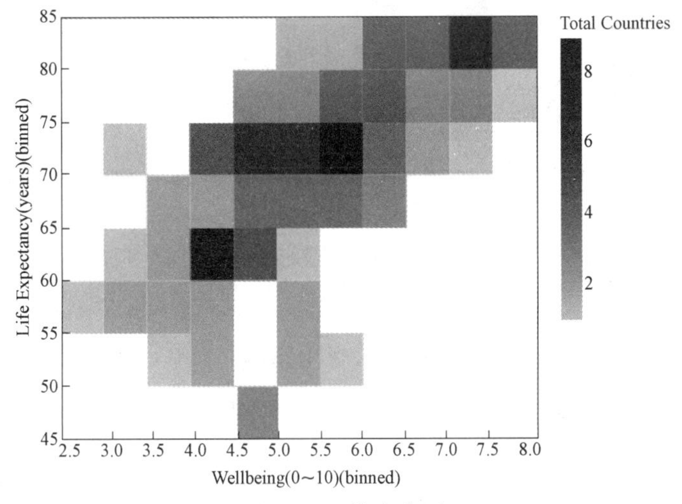

图 4 - 27　静态热图

（5）合并代码，使用 **bars ｜ heatmap** 函数将柱状图和热图相邻放置：

```
bars = alt. Chart(hpi_df). mark_bar(). encode(
    x = 'Region:N',
    y = 'count():Q',
). properties(width = 350)
heatmap = alt. Chart(hpi_df). mark_rect(). encode(
    alt. X('Wellbeing (0 - 10):Q', bin = True),
    alt. Y('Life Expectancy (years):Q', bin = True),
    alt. Color('count()',
        scale = alt. Scale(scheme = 'greenblue'),
```

```
        legend = alt.Legend(title = 'Total Countries')
    )
).properties(width = 350)
bars | heatmap
```

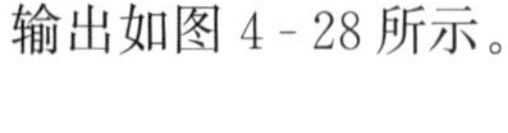
输出如图 4-28 所示。

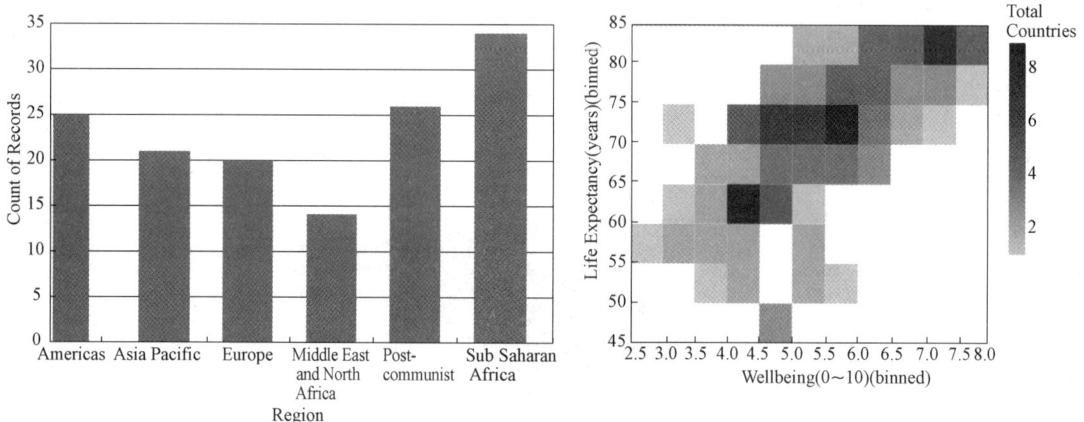

图 4-28　水平放置一个柱状图和一个热图

做得不错！

下面来看一个更有意思的练习，将这个练习中生成的柱状图和热图链接起来。

4.3.5　练习 37：动态链接一个柱状图和一个热图

在这个练习中，我们将动态链接一个柱状图和一个热图。考虑这样一个场景，你希望能点击柱状图中的任何条柱，然后对应这个条柱表示的地区得到一个更新的热图。所以，举例来说，你希望更新预期寿命（**Life Expectancy**）与福利（**Wellbeing**）热图，使它只显示特定地区的国家。可以用以下代码达到这个目的：

（1）导入必要的模块和数据集：

```
import altair as alt
import pandas as pd
# Download the data from "https://raw.githubusercontent.com/
TrainingByPackt/Interactive-Data-Visualization-with-Python/master/
datasets/hpi_data_countries.tsv"
# Once downloaded, read it into a DataFrame using pandas
hpi_df = pd.read_csv('hpi_data_countries.tsv', sep = '\t')
```

```
hpi_df.head()
```

（2）使用 **selection** 方法选择地区：

```
selected_region = alt.selection(type = "single", encodings = ['x'])
heatmap = alt.Chart(hpi_df).mark_rect().encode(
    alt.X('Wellbeing (0 - 10):Q', bin = True),
    alt.Y('Life Expectancy (years):Q', bin = True),
    alt.Color('count()',
        scale = alt.Scale(scheme = 'greenblue'),
        legend = alt.Legend(title = 'Total Countries')
    )
).properties(
    width = 350
)
```

（3）在热图上画圆：

```
circles = heatmap.mark_point().encode(
    alt.ColorValue('grey'),
    alt.Size('count()',
        legend = alt.Legend(title = 'Records in Selection')
    )
).transform_filter(
    selected_region
)
```

（4）使用 **heatmap+circles | bars** 函数动态链接柱状图和热图：

```
bars = alt.Chart(hpi_df).mark_bar().encode(
    x = 'Region:N',
    y = 'count()',
    color = alt.condition(selected_region, alt.ColorValue("steelblue"), alt.
ColorValue("grey"))
).properties(
    width = 350
).add_selection(selected_region)
heatmap + circles | bars
```

输出如图 4 - 29 所示。

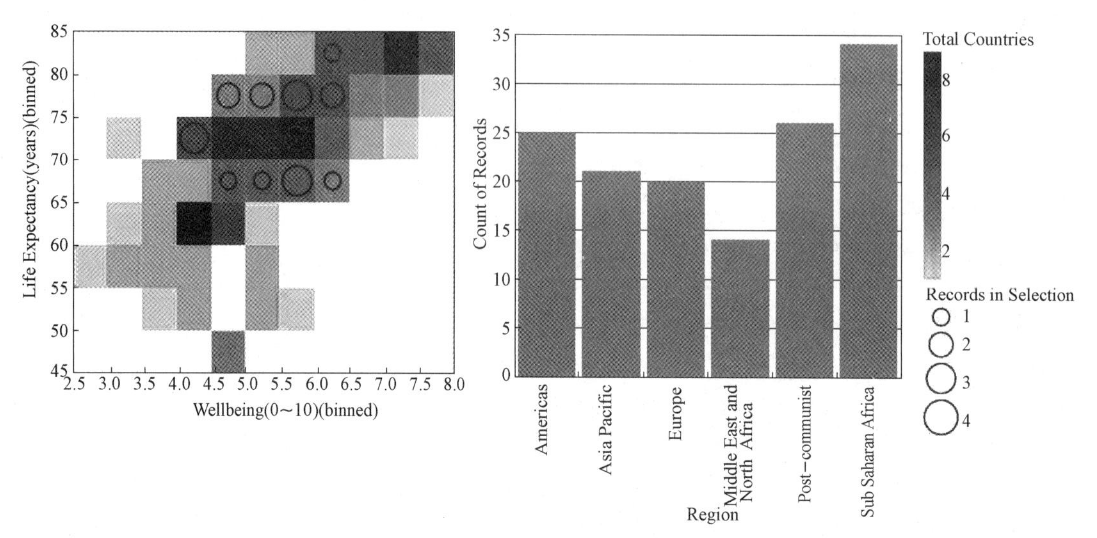

图 4-29　动态链接的柱状图和热图

花些时间试着使用这个可视化，并仔细研究代码。要注意我们如何在热图中同时使用调色板和圆。点击柱状图中的各个条柱时，你会看到调色板（用于指示福利和预期寿命在特定范围内的国家总数）仍保持不变，但圆会更新，从而反映相应福利和预期寿命范围内所选地区的国家个数。如果能做出类似这样聪明的设计选择，不仅可以促进读者对你的数据集的理解，还能帮助你更自信、更容易地展示数据。

> **说明**
>
> **altair** 是一个很丰富的库，设计为可以轻松地创建简单以及复杂的交互式可视化。由于时间和篇幅的限制，我们不可能在一章里全面地介绍所有这些可视化。因此，建议你在这一章中先打好基础，再研究 **altair** 官方示例库（Example Gallery）中的示例（https：//altair-viz. github. io/gallery/index. html）。这会让你更深入地理解 **altair** 提供的各种可能的可视化。

在上一节中，我们概要介绍了为柱状图和热图增加交互性的一些重要方法。具体地，我们介绍了：

- 如何使用 **altair mark _ bar**（）函数生成一个柱状图。
- 如何使用 **altair mark _ rect**（）函数生成一个热图，以及如何使用调色板和圆可视化表示热图数据。

- 如何使用 **interactive（）** 函数为柱状图和热图增加缩放功能。
- 如何使用 **altair** 中的分层功能利用 **layer（）** 函数或＋操作符将图叠加呈现。
- 如何动态链接柱状图和热图来创建一个吸引人的可视化。

4.3.6　实践活动 4：生成一个柱状图和一个热图表示 Google Play Store Apps 数据集中的内容分级类型

我们将使用本书存储库中托管的 **Google Play Store Apps** 数据集。你的任务是创建一个可视化，包括

（a）按各个内容分级类别（分级为 **Everyone/Teen 等等**）划分的应用数的一个柱状图。

（b）按应用类别（*Category*）和分级（*Rating*）分组范围划分的应用数的一个热图。用户应该能与这个图交互，选择柱状图中任意的内容分级（**Content Rating**）类型，热图中应该能反映相应的变化，只包含该内容分级类别的应用数。

概要步骤

（1）下载本书 GitHub 存储库中托管的数据集，并格式化为一个 **pandas** DataFrame。

（2）删除 DataFrame 中特征值为 **NA** 的记录。

（3）创建所要求的各个内容分级（**Content Rating**）类别中应用数的柱状图。

（4）创建所要求的热图，指示各应用类别（**Category**）和分级（**Rating**）范围相应的应用数。

（5）合并柱状图和热图的代码，创建一个可视化，其中这两个图动态地相互链接。

期望的输出如下：

第 3 步完成后输出如图 4-30 所示。

第 4 步完成后输出如图 4-31 所示。

第 5 步完成后输出如图 4-32 所示。

大功告成。祝贺你！

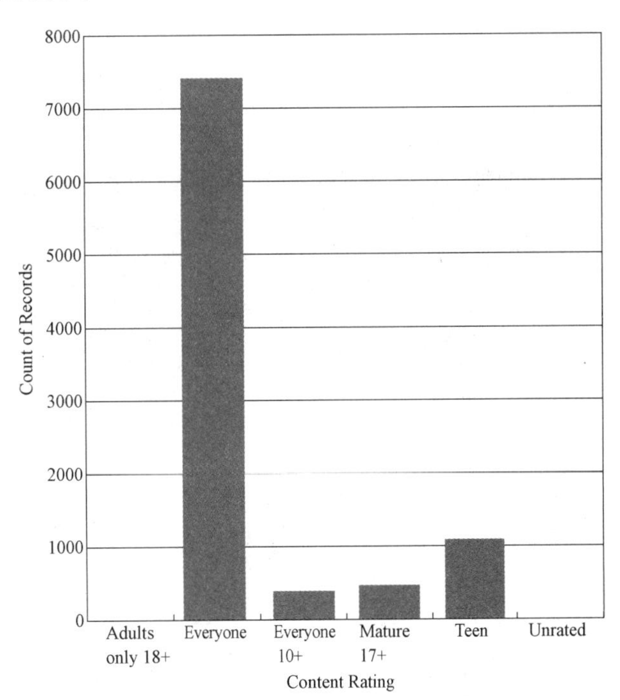

图 4-30　柱状图

> **说明**
>
> 答案见附录第 4 节。

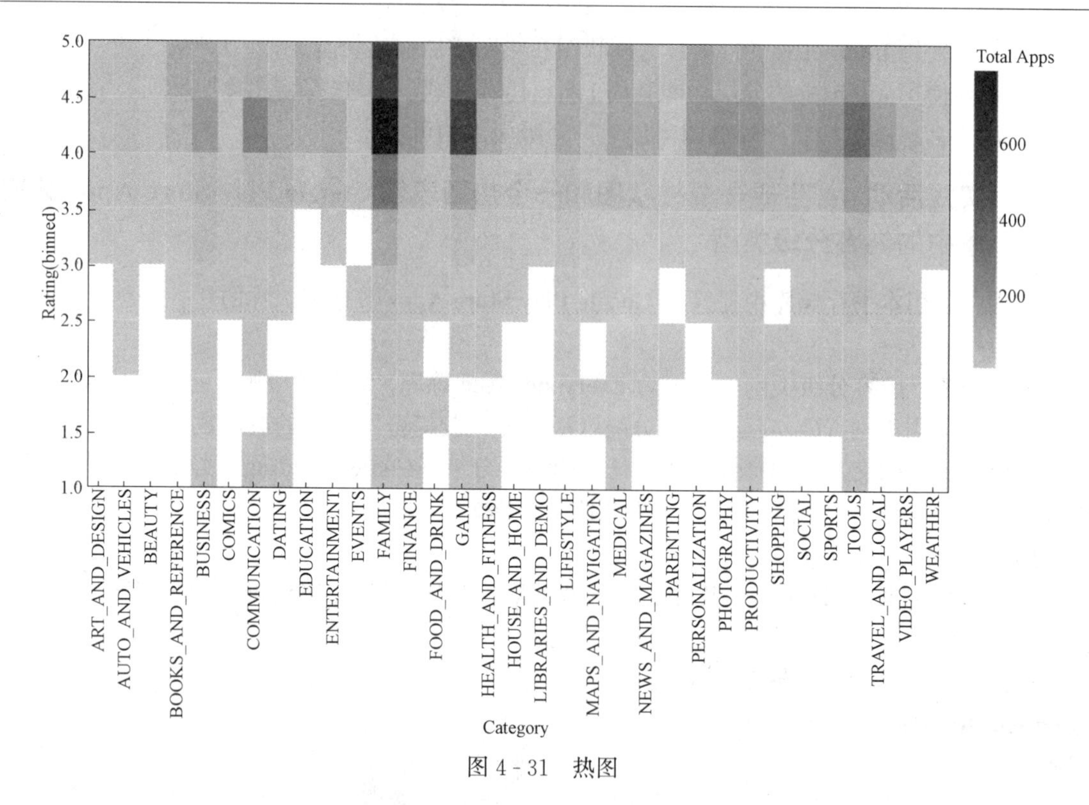

图 4-31　热图

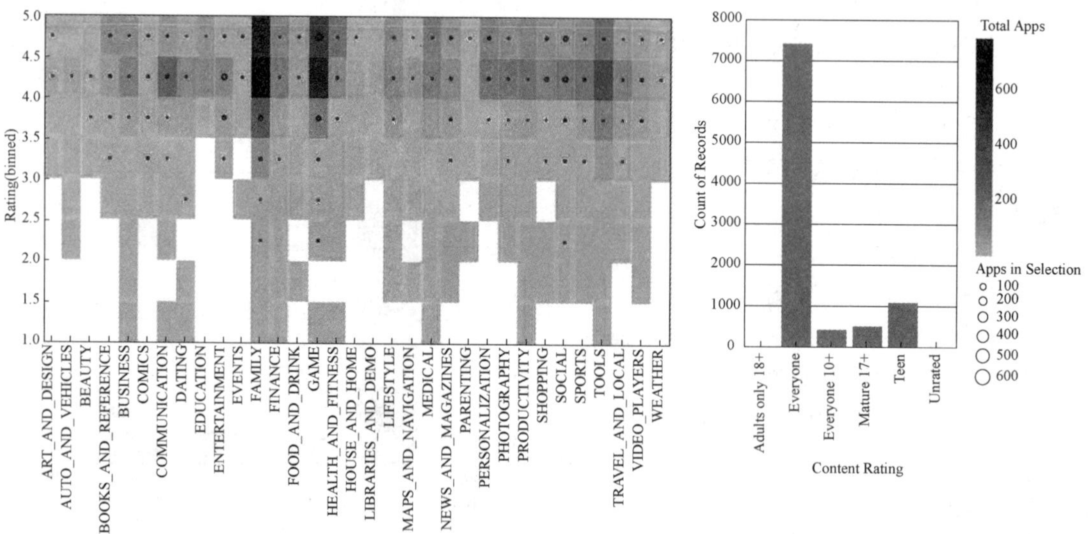

图 4-32　链接的柱状图和热图

4.4　小结

这一章中，我们学习了如何创建可视化来响应选择一个数据集中的特定层次数据。我们使用了包含 140 个国家的 **Happy Planet Index** 数据集来创建根据国家所属不同地区分层的各种图。我们生成了散点图、柱状图和热图，并提供了诸如放大缩小、工具提示、选择用户指定区间中的数据点，以及选择属于特定层次的数据点等交互特性。我们还生成了更复杂的可视化，多个相互链接的图可以动态响应用户输入。下一章中，我们将学习如何创建基于时间的数据交互式可视化。

第5章　基于时间的数据交互式可视化

学习目标

学习完这一章，你将掌握以下内容：

- 解释时态数据及其在真实世界中如何使用。
- 使用 pandas 管理时间序列数据。
- 使用 Bokeh 库增加定制按钮和范围滑动条构建基本交互式图来更好地表示时间序列数据。
- 在时间序列图中使用定制聚合器解释数据的行为。

这一章中，我们将研究基于时间的数据交互式可视化。

5.1　本章介绍

在前面几章中，我们学习了如何创建交互式可视化来表示不同上下文的数据，如为分层数据创建柱状图。这一章中，我们将学习如何创建交互式可视化表示一个时间段的数据。

通过为基于时间的数据绘图，我们会对数据集中的趋势、季节性、异常值和重要事件有所认识。在静态图上增加一个时间维度意味着图中的一个轴将表示时间。在此之上增加交互性可以让我们自由地探索和分析数据。在一个交互式可视化中，我们可以根据用户需求动态地处理图。

下面将介绍 Python 中如何处理和绘制时态数据。要对基于时间的数据绘图，我们首先要预处理时间。时间由秒、分、日和周等单位组成。我们首先要把时间解析为可视化所需的单位。**pandas** 库提供了一些工具，可以解析不同的时间格式，如 **dd/mm/yy** 和 **mm/dd/yyyy**。然后，我们可以通过使用 **datetime** 对象拆分这些格式。

为了增加交互性，我们将使用 **Bokeh** 库，它可以很容易地融入 **pandas** 和 **matplotlib** 生态系统。**Bokeh** 默认提供了很多交互式工具，如放大缩小、悬停提示等。可以在浏览器中很容易地将它集成到 Jupyter Notebook 中，你可以在一个 **Bokeh** 服务器上绘图，或者将这些图作为服务集成到诸如 Flask 等 Web 框架。

这一章将通过实际示例来解释概念。首先我们会了解时态数据，然后介绍时态数据可视化的几个用例。之后我们会讨论数据的处理。最后，我们将应用这些概念使用 **Bokeh** 创建交互式图。下面先来看时态数据的概念。

5.2　时态数据

依赖于时间并且显式记录时间的数据称为时态数据（**temporal data**）。对于这种数据，时间是一个固有的维度，总是与数据关联。例如，我们有一个数据集，其中包含格陵兰岛过去 5 年温度变化速度的数据。

来看图 5-1 的数据集。

	Year	TemperatureChange
0	1880	−0.07
1	1881	−0.06
2	1882	−0.08
3	1883	−0.12
4	1884	−0.29

图 5-1　格陵兰岛 1880 年～1884 年间温度变化速度

可以看到，时间是这一类数据的一个固有部分。

5.3　时态数据类型

时态数据可以包含以下信息。

- 事件（Events）：事件是给定时间一个对象状态的变化。事件＝时间＋对象状态。事件的例子包括发推文、发邮件或者发送一个消息。

推文中的时态信息可以帮助我们了解热门话题，得到最新的新闻更新，以及分析话题情绪随时间的变化。

- 度量（Measurements）：度量会记录不同时间的值。度量＝时间＋测量。度量的例子包括传感器数据、收入和股价。

时态度量信息是时间序列预报的关键特征。另外，它还可以帮助我们找出传感器数据集中的模式和异常值。

考虑时间的另一个视角是基于时间的推进方式：

- 顺序：这种情况下，我们把时间想成是连续的线性值。UNIX 时间戳就是这样一个例子。
- 循环：可以把时间看作是一个循环反复的事件，这里可以理解为固定周期，如周或月。时间的循环性可以用来比较相同周期的值，如每月销售额或每年的温度变化。
- 层次：理解时态信息的另一种方法是通过一个层次模式。层次时间结构可以帮助我们可视化表示不同层次的数据。假设你要对每月的销售数据绘图。为了理解给定月份每周的模式，我们可以按层次划分时间，将一个更大的时间段（月）划分为较小的时间段（周）。

5.3.1 为什么研究时态数据可视化？

可视化能体现隐藏的结构和信息。它会帮助我们了解值如何变化。例如，对于一个产品销售数量数据集，我们可以对逐月或逐年的变化绘制一个比较视图来了解销售行为的趋势。

在时态数据的可视化中，时间画在 x 轴上，数据集的其他特征画在 y 轴上。

了解和使用数据的时态特性会在时间序列预报、推荐、分级等任务中发挥重要作用。

静态图能显示时态数据集中的一个特征如何随时间变化。与之不同，交互式图的可视化会结合用户输入/交互性。另外，交互式图还可以接受流数据来显示在线数据的行为。

来看示例的柱状图。

第一个图如图 5-2（a）所示。

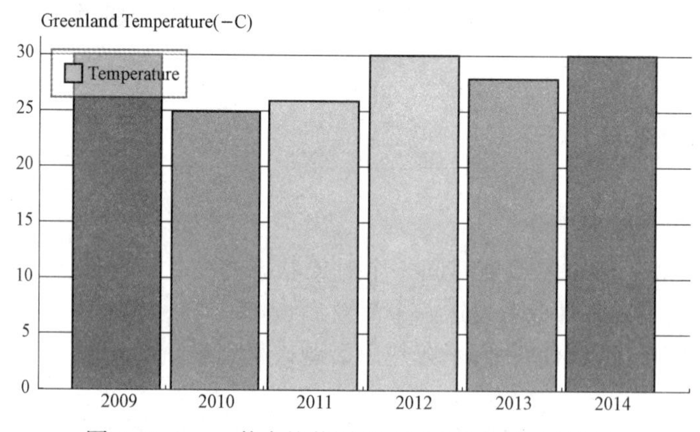

图 5-2（a） 静态柱状图显示格陵兰岛的温度变化

第二个图如图 5-2（b）所示。

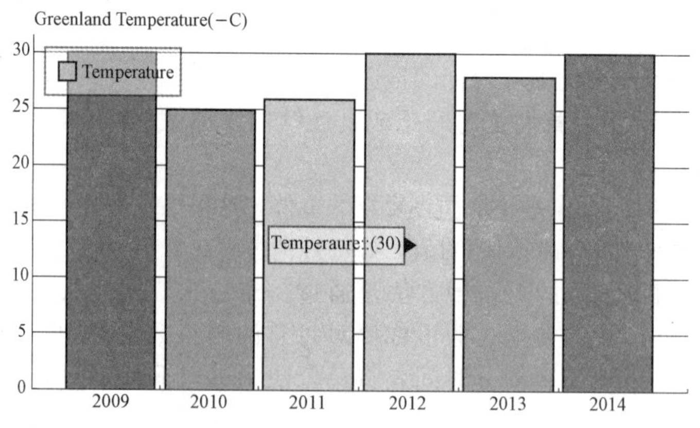

图 5-2（b） 交互式图中格陵兰岛的温度由悬停/工具提示显示

在前面的图中，从图 5 - 2（a）可以看到格陵兰岛过去 6 年的温度变化，这实际上是一个静态图。现在，当我们在这个图上增加交互性并使用悬停提示功能时，就能看到一个特定年份的具体温度值。在图 5 - 2（b）中可以看到 2012 年的温度是零下 30 摄氏度。

因为我们可以具体操作这些图，这会让读者对图上数据有更深的理解。交互式可视化可以提供同一个数据的多个视角，静态可视化的问题在于，绘制静态图时只能有一个视角。

这一章中我们会交替使用时态数据和时间序列数据的说法。尽管这些术语可能不是很相似，但实际上它们是相关的。下面来看它们之间的关系。

5.4　理解时态数据和时间序列数据的关系

时间序列数据是更精细的时态数据，是按等间隔的时间点连续进行观察。另外，对于时态数据，观察只是与时间有关联，但时间间隔可能并不相等。

时间序列数据是时态数据的子集，这意味着时间序列数据是时态数据，而时态数据不一定是时间序列数据。例如，以下的金奈 Puzhal 水库图（见图 5 - 3）显示了一段时间内的水位变化，这不一定有相等的时间间隔，因此这是基于时态数据而不是时间序列数据绘制的图。

下面来看每种类型的数据会讲述什么故事：

- 金奈的 Puzhal 水库显示了水位随时间变化的情况，如图 5 - 3 所示。

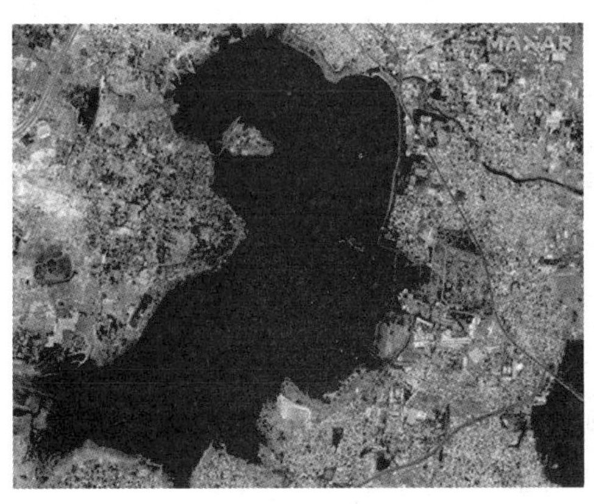

图 5 - 3　2018 年 7 月 15 日（左图）和 2019 年 4 月 6 日（右图）

这幅图由 https：//time. com/5611385/india - chennai - water - crisis/提供。

干旱效应：金奈 Puzhal 水库照片显示了水位随时间变化的情况。在这里，我们可以研究

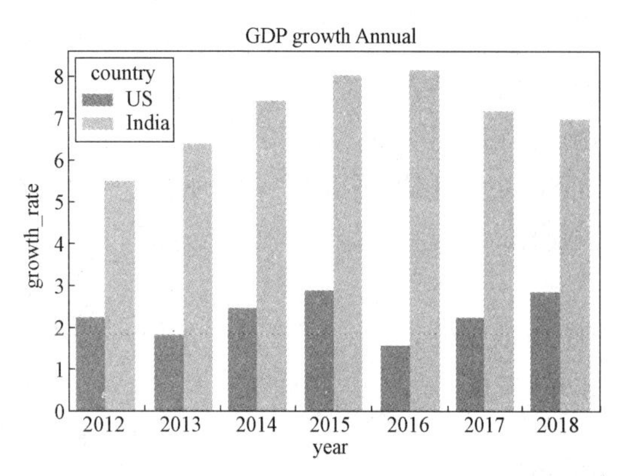

图 5-4 美国和印度的 GDP 年度增长

干旱效应，并对 2018 年～2019 年水库的干涸情况得出结论。

• GDP 增长比较研究（见图 5-4）显示了美图和印度的增长率（**growth_rate**）。

这里要指出有意思的一点，最近几年，相对于美国，印度的 GDP 增长开始放缓，而美国的 GDP 增长从 2016 年开始增加。这是时间序列数据集的一个例子。可以看到，数据按相等的时间间隔记录。

5.5 使用时态数据的领域示例

根据数据的准确解释，可以得到易于理解而且信息丰富的时态数据可视化。很多不同的领域都使用时态数据和时间序列数据来实现交互式可视化。

• 金融：这个领域的例子包括国家 GDP 增长研究和国家收入增长研究。在这些情况下，我们会使用一个时间序列数据集。

• 气象：例如，预报某个地理区域地表温度随时间的变化，不同国家每年的二氧化碳排放量同样也使用时间序列数据。

• 交通/流动性：车辆/出租车的路线选择，以实现高效运营并解决与流动性有关的供求问题，这会使用时间序列交通数据。

• 医疗/健康：这方面的例子包括研究预期寿命随时间的变化，病人不同时间的诊疗报告以及病史分析。

5.6 时态数据可视化

在时态数据可视化中，时间是自变量，可视化表示的其他特征要相对于时间绘图。所以，其他特征是因变量。通常，时间画在 x 轴上，因变量画在 y 轴上。这里可以看几个图：

• *折线图*如图 5-5 所示。

这个折线图显示了一个国家每年人口变化的百分比。如果在同一个图上画多条线，就能对特征完成比较研究。折线图很容易解释，绘图也很简单。

• *分组柱状图*如图 5-6 所示。

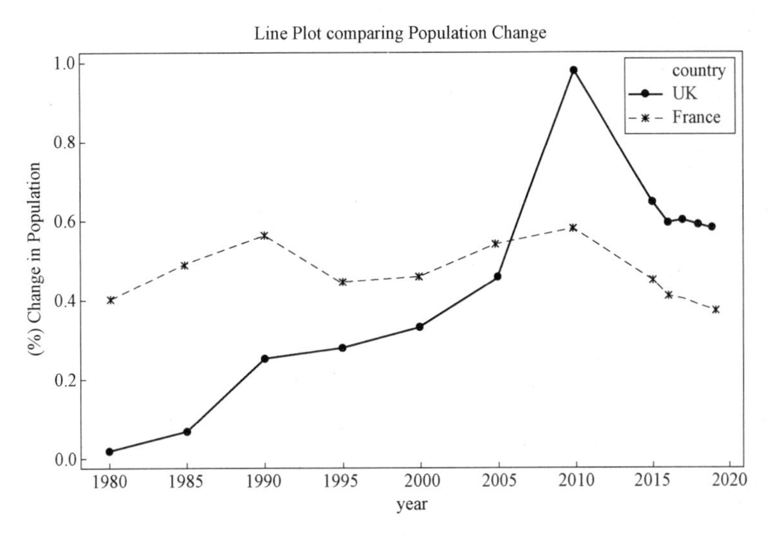

图 5-5　表示时态数据的折线图

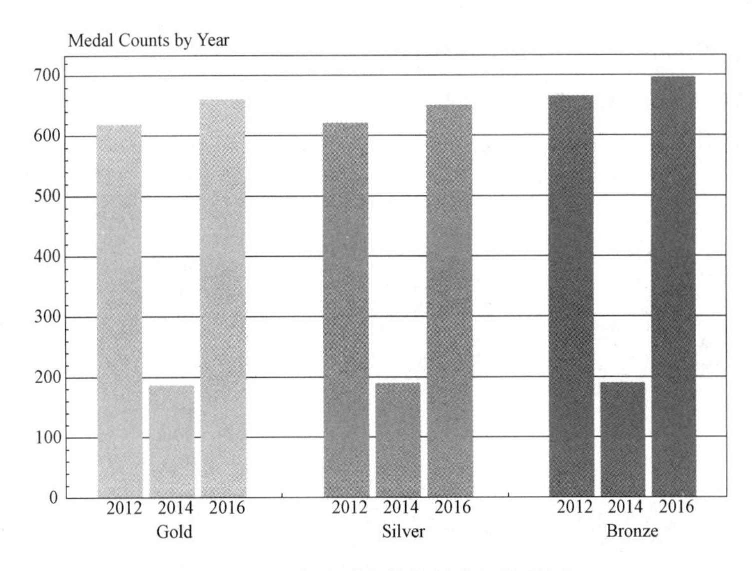

图 5-6　表示时态数据的分组柱状图

这个分组柱状图显示了 2012 年、2014 年和 2016 年获得的奖牌数（显示在 y 轴上）。在同一个折线图上显示多条线时，图的可见性和比较性都很差。对于这种情况，分组柱状图会是一个更好的选择。

- *有一个范围滑动条的折线图*如图 5 - 7 所示。

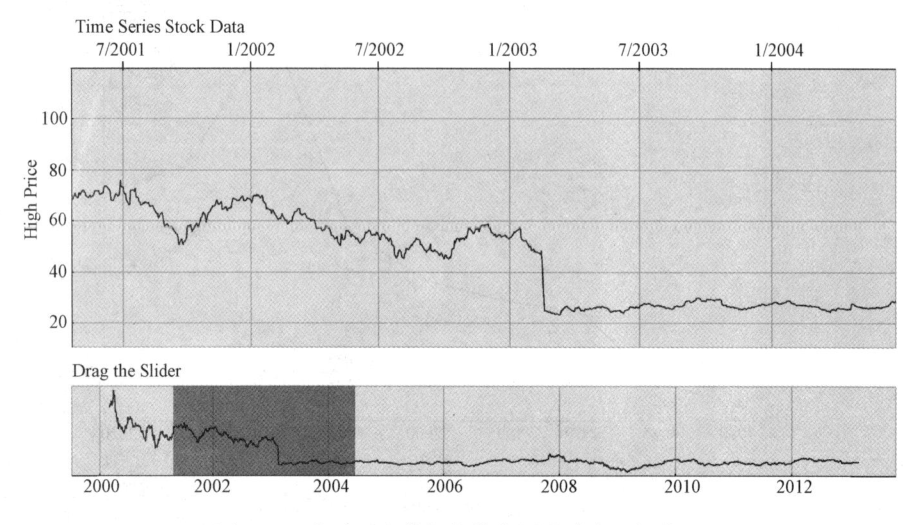

图 5 - 7　表示时态数据的带范围滑动条的折线图

图 5 - 7 显示了 2000 年～2013 年之间的股价图。如果 x 轴上有一个很大的范围，滑动条能帮助我们重点关注某个特定的年度范围。

- *分时饼图*如图 5 - 8 所示。

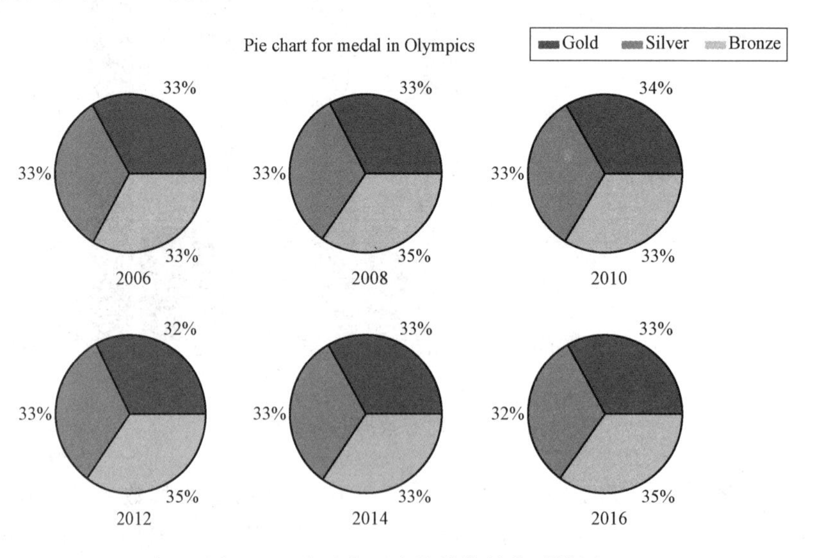

图 5 - 8　表示奥运会奖牌数的分时饼图

图 5 - 8 序列显示了每年奥运会奖牌数的分布。饼图可以为可视化表示的值提供一个比例。如果图中不会显示太多不同类别的值，则推荐使用饼图。

5.6.1　如何管理和可视化时间序列数据

pandas 是用于导入、整理和分析数据的最常用的库。对于时间序列数据，它有一个内置的 **datetime** 函数，可以很容易地完成时间序列数据的分析和可视化。对时间序列数据绘图时，我们可能想完成重采样、上采样或解析某个月或某一天日期等操作，从而根据需求定制可视化。重采样和上采样是聚合时间段的方法。下一节将通过一些具体练习更好地理解重采样。

现在我们来看一个解析例子，这里会使用 **pandas** 和 **Airpassengers. csv** 数据集：

```
import pandas as pd
from pathlib import Path
DATA_PATH = Path("datasets/chap5_data")
passenger_df = pd.read_csv(DATA_PATH /"AirPassengers.csv")
print(passenger_df.info())
```

输出如下：

```
<class 'pandas.core.frame.DataFrame'>
RangeIndex: 144 entries, 0 to 143
Data columns (total 2 columns):
Month          144 non-null object
#Passengers    144 non-null int64
dtypes: int64(1), object(1)
memory usage: 2.3+ KB
None
```

> **说明**
> 这一章使用的数据集可以从这里找到：https://github.com/TrainingByPackt/Interactive-Data-Visualization-with-Python/tree/master/datasets/chap5_data。

可以看到，**Month** 列包含 **object** 类型的数据。下面使用以下代码把它转换为 **datetime**：

```
passenger_df["Month"] = pd.to_datetime(passenger_df["Month"])
# converts into datetime object
print(passenger_df.info())
```

输出如下：

```
<class 'pandas.core.frame.DataFrame'>
RangeIndex: 144 entries, 0 to 143
Data columns (total 2 columns):
Month          144 non-null datetime64[ns]
#Passengers    144 non-null int64
dtypes: datetime64[ns](1), int64(1)
memory usage: 2.3 KB
None
```

开始处理时间序列数据之前，先来介绍 **pandas** 中时间和日期处理的主要概念。

5.6.2 pandas 中的日期/时间处理

下面是数据分析和可视化中常用的 pandas 日期/时间处理技术或函数：

- **datetime**：这是一个提供时区支持的特定日期时间。**to_datetime** 用于将一个 **str** 对象转换为一个 **datetime** 对象。一般地，会对一个列应用这个函数来完成时间分析。它支持不同类型的 **date/time** 格式：

```
pd.to_datetime(['2019/09/20', '2019.10.31'])
```

输出如下：

```
DatetimeIndex(['2019-09-09', '2019-09-10'], dtype='datetime64[ns]',
freq=None)
```

- **timedelta**：**timedelta** 用于计算一个绝对持续时间。可以使用 **timedelta** 对一个 **datetime** 列增加或减去特定的时间值。下面来看一个例子，这里要为一个日期增加一周：

```
import numpy as np
#week_delta arranged over week period, we can add these dates.
week_delta = pd.to_timedelta(np.arange(5), unit='w')
dates = pd.to_datetime(['9/9/2019', '9/9/2019', '9/9/2019', '9/9/2019',
'9/9/2019'])
print(dates + week_delta)
```

输出如下：

```
DatetimeIndex(['2019-09-09', '2019-09-16', '2019-09-23', '2019-09-30',
'2019-10-07'],
dtype='datetime64[ns]', freq='W-MON')
```

```
# freq = 'W - MON' implies weekday starting from Monday
```

- 时间跨度（**Time spans**）：时间跨度由一个时间点及相关频率来定义。时间戳和时间跨度都可以作为一个 DataFrame 的索引：

```
pd.Period('2019 - 09')
```

输出如下：

```
Period('2019 - 09', 'M')
```

- 日期偏移量（**Date offsets**）：日期偏移量是根据日历计算的相对持续时间：

```
## Day - light saving in US (2019)
timestamp = pd.Timestamp('2019 - 03 - 10 00:00:00', tz = 'US/Pacific')
# Timedelta with respect to absolute time
print(timestamp + pd.Timedelta(days = 1))
```

输出如下：

```
2019 - 03 - 11 01:00:00 - 07:00
```

下面是另一个例子：

```
# DateOffset with respect to calendar time
print(timestamp + pd.DateOffset(days = 1))
```

输出如下：

```
2019 - 03 - 11 00:00:00 - 07:00
```

5.6.3　建立一个 Datetime 索引

PandasDataFrame 以一个有序的可切分集合作为索引。如果指定 **DatetimeIndex** 作为一个 DataFrame 的索引，我们就可以根据日期、月份等进行切分和过滤。

下面是建立 **datetime** 索引的一种方法：

```
passenger_df = passenger_df.set_index(pd.DatetimeIndex(passenger_
df['Month']))
```

或者，也可以这样做：

```
passenger_df.index = passenger_df['Month']
```

输出如下：

```
DatetimeIndex(['1949 - 01 - 01', '1949 - 02 - 01', '1949 - 03 - 01', '1949 - 04 - 01',
```

```
'1949-05-01', '1949-06-01', '1949-07-01', '1949-08-01',
'1949-09-01', '1949-10-01',
...
'1960-03-01', '1960-04-01', '1960-05-01', '1960-06-01',
'1960-07-01', '1960-08-01', '1960-09-01', '1960-10-01',
'1960-11-01', '1960-12-01'],
dtype='datetime64[ns]', name='Month', length=144, freq=None)
```

还可以在 DataFrame 读入数据时设置 **date** 索引：

```
athelete_df = pd.read_csv(DATA_PATH / "athletes.csv", parse_
dates=['date_of_birth'],index_col='date_of_birth')
```

5.7 为时态数据选择正确的聚合等级

现在来介绍如何处理时间，以及如何从一个 **datetime** 对象抽取时间分量。选择正确的聚合等级可能很困难，也很值得研究。如果使用一个自然时间聚合（如天或小时），可能无法体现模式。例如，一个电子商务网站早上、中午和晚上的活跃用户可能表现出一种循环模式。这个聚合等级在数据中可能无法体现，而需要完成特征工程来创建新的特征。这是机器学习（**Machine Learning，ML**）领域中常用的做法。

下面来具体完成一些与数据处理相关的练习。我们将使用 **AirPassengerDates.csv** 数据集。

示例 1：将 Date 列转换为 pandas DateTime 对象

首先使用以下代码导入必要的 Python 模块，并读入 **AirpassengersDates.csv** 数据集：

```
# Import pandas library and read DataFrame from DATA_PATH
import pandas as pd
import numpy as np
from pathlib import Path
DATA_PATH = Path("../datasets/chap5_data/")
passenger_df = pd.read_csv(DATA_PATH/"AirPassengersDates.csv")
passenger_df.head()
```

输出如图 5-9 所示。

通过把索引设置为 **Date**，将 **Date** 列转换为 **datetime**：

```
passenger_df["Date"] = pd.to_datetime(passenger_df["Date"])
passenger_df.head()
```

输出如图 5 - 10 所示。

	Date	#Passengers
0	1949 - 01 - 12	112
1	1949 - 02 - 24	118
2	1949 - 03 - 22	132
3	1949 - 04 - 05	129
4	1949 - 05 - 24	121

图 5 - 9　airpassengersdates 数据集

	Date	#Passengers
0	1949 - 01 - 12	112
1	1949 - 02 - 24	118
2	1949 - 03 - 22	132
3	1949 - 04 - 05	129
4	1949 - 05 - 24	121

图 5 - 10　将数据集中的 Date 转换为 datetime

示例 2：由 Date 列创建 month、day 和 day _ name 列

在这个示例中，我们将使用以下代码在 **passenger _ df** DataFrame 中创建 **month** 和 **day** 列：

```
passenger_df["month"] = passenger_df["Date"].dt.month
passenger_df["day"] = passenger_df["Date"].dt.day
```

下面，通过使用 **day _ name** 方法，在 **passenger _ df** DataFrame 中创建一个 **day _ name** 列：

```
passenger_df["day_name"] = passenger_df["Date"].dt.day_name()
```

下面打印 **passenger _ df**：

```
passenger_df.head()
```

输出如图 5 - 11 所示。

	Date	#Passengers	month	day	day _ name
0	1949 - 01 - 12	112	1	12	Wednesday
1	1949 - 02 - 24	118	2	24	Thursday
2	1949 - 03 - 22	132	3	22	Tuesday
3	1949 - 04 - 05	129	4	5	Tuesday
4	1949 - 05 - 24	121	5	24	Tuesday

图 5 - 11　由 Date 列创建 day、month 和 day _ name 列

下面我们将在以下练习中分析 **#Passenger** 列随时间的变化。

5.7.1　练习 38：创建一个静态柱状图并计算时态数据的均值和标准差

在这个练习中，我们将使用 **AirPassengerDates.csv** 数据集按月统计所有乘客，这个数据集可以从 Packt 的 GitHub 存储库得到。我们将创建一个柱状图可视化显示这些数据，并计算数据集的均值和标准差。为此，我们要使用以下代码：

（1）导入 **pandas** 库，使用 **DATA _ PATH** 读取 DataFrame：

```
%matplotlib inline
```

```
import pandas as pd
import numpy as np
from pathlib import Path
DATA_PATH = Path("../datasets/chap5_data/")
```

（2）读取数据，并解析 **Date** 列：

```
passenger_df = pd.read_csv(DATA_PATH/"AirPassengersDates.csv")
passenger_df["Date"] = pd.to_datetime(passenger_df["Date"])
passenger_df.head()
```

	Date	#Passengers
0	1949-01-12	112
1	1949-02-24	118
2	1949-03-22	132
3	1949-04-05	129
4	1949-05-24	121

图 5-12　AirpassengersDates 数据集

输出如图 5-12 所示。

下面使用 **Seaborn** 可视化这个数据。**Seaborn** 可以很好地处理分类数据。通过为这个数据集绘图，我们会有更好的理解。而且，与表格相比，可视化或图形表示看起来更吸引人。

（3）由 **Date** 列创建 **month**、**day** 和 **day-name** 列：

```
passenger_df["month"] = passenger_df["Date"].dt.month
passenger_df["day"] = passenger_df["Date"].dt.day
passenger_df["day_name"] = passenger_df["Date"].dt.day_name()
```

（4）按 month 列聚合 #Passengers 列：

```
passenger_per_month = passenger_df.groupby(["month"])[["#Passengers"]].
agg("sum")
passenger_per_month = passenger_per_month.reset_index()
passenger_per_month.head()
```

输出如图 5-13 所示。

	month	#Passengers
0	1	2901
1	2	2820
2	3	3242
3	4	3205
4	5	3262

图 5-13　按 month 列聚合乘客数

（5）导入必要的库，并设置图大小来创建柱状图：

```
import seaborn as sns
import matplotlib.pyplot as plt
plt.figure(figsize=(16,8))
```

（6）使用 **sns** 创建一个柱状图，为 x 轴和 y 轴传入列名。下面我们将使用 **passenger_per_month**DataFrame，因为它已经经过处理：

```
ax = sns.barplot(x = "month",y = "#Passengers", data = passenger_per_month)
ax.set_title("Bar Plot - Passengers per month")

#Annotate the bars with value to have better idea
for p, v in zip(ax.patches, passenger_per_month['#Passengers']):
    height = p.get_height()
    ax.text(p.get_x() + p.get_width() / 2, height + 5, v,
            ha = 'center', va = 'bottom')
plt.show()
```

输出如图5-14所示。

可以看到，每个月的乘客数显示在各个条柱上方。下面假设我们还想计算每个月乘客数的均值。

(7) 使用以下代码计算每个月乘客数（#Passengers）的均值：

```
mean_passengers_per_month = passenger_df.groupby(["month"])
[["#Passengers"]].agg("mean").reset_index()
mean_passengers_per_month.head()
```

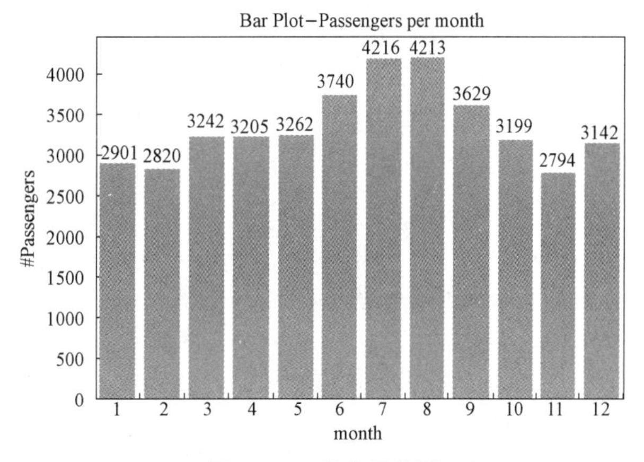

图5-14　静态柱状图

输出如图5-15所示。

(8) 使用以下代码计算每个月乘客数（#Passengers）的中位数：

```
median_passengers_per_month = passenger_df.groupby(["month"])
[["#Passengers"]].agg("median").reset_index()
median_passengers_per_month.head()
```

输出如图5-16所示。

	month	#Passengers
0	1	241.750000
1	2	235.000000
2	3	270.166667
3	4	267.083333
4	5	271.833333

图5-15　数据集的均值

	month	#Passengers
0	1	223.0
1	2	214.5
2	3	251.5
3	4	252.0
4	5	252.0

图5-16　数据集中位数

下面假设我们希望对乘客数绘图，并提供标准差，要覆盖标准差的 80%。

（9）导入库，并设置图大小：

```
import seaborn as sns
import matplotlib.pyplot as plt
plt.figure(figsize = (12,8))
```

（10）使用 seaborn 的 lineplot 函数，设置 ci 为 80 来覆盖标准差的 80%：

```
ax = sns.lineplot(x = "month",y = "#Passengers", data = passenger_df, ci = 80)
ax.set_title("Bar Plot Mean and Standard Deviation per Month")
plt.show()
```

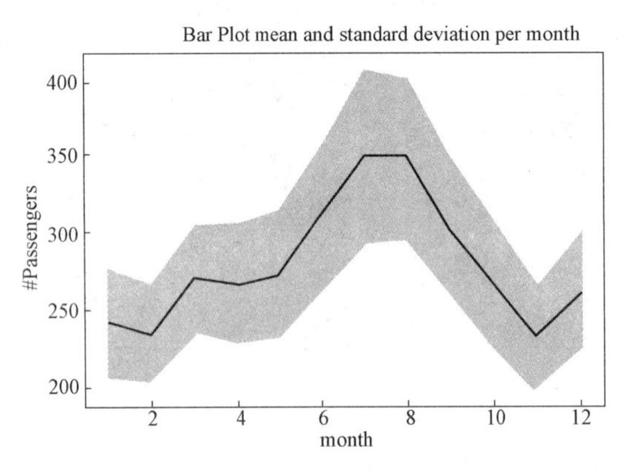

图 5-17　显示均值和标准差的折线图

输出如图 5-17 所示。

从图 5-17 看到，对于第 2 个月，均值约为 **230，标准差约为 80。**

下面来理解 **zscore** 概念，并了解为什么要使用这个概念。

值 x 的 **zscore**（z 分数）是对 x 偏离均值多少个标准差的一个度量。**zscore** 是特征预处理中使用的一种归一化技术，可以帮助机器学习模型更好地了解数据。样本的 **zscore** 值高意味着这个样本值距离均值很远，这可能是一个异常值。在数学上我们如图 5-18 所示方法计算 **zscore**。

$$zscore = \frac{x - \overline{x}}{\sigma(x)}$$

$$\overline{x} = mean$$

$$\sigma(x) = standard\ deviation$$

图 5-18　zscore 的数学计算

我们将使用这个 **zscore** 概念查找数据集中的异常值或野值，并使用一个折线图表示。

5.7.2　练习 39：计算 zscore 查找时态数据中的异常值

在这个练习中，我们将找出有最高 **zscore** 值的 5 天。接下来，我们将使用 **AirPassengers-Dates.csv** 数据集计算 **zscore**，并试着找出哪些月份可能是异常值。为此，完成以下步骤：

（1）导入必要的 Python 模块：

```
# Import pandas library and read DataFrame from DATA_PATH
import pandas as pd
%matplotlib inline
import numpy as np
```

（2）从这个路径读入数据集并显示：

```
from pathlib import Path
DATA_PATH = Path("..datasets//chap5_data/")
passenger_df = pd.read_csv(DATA_PATH/"AirPassengersDates.csv")
```

（3）解析 **Date** 列：

```
passenger_df["Date"] = pd.to_datetime(passenger_df["Date"])
```

（4）计算 **#Passengers** 列的均值和标准差，并把它们赋至 **passenger_df** 中的新列：

```
passenger_df['mean'] = passenger_df["#Passengers"].mean()
passenger_df['std'] = passenger_df["#Passengers"].std()
```

（5）使用之前介绍的公式计算 **zscore**，这里要使用 **mean** 和 **std** 列。将结果赋到一个名为 **zscore** 的新列：

```
passenger_df['zscore'] = (passenger_df["#Passengers"] - passenger_
df['mean'])/passenger_df['std']
```

（6）下面应用 **abs** 函数计算 **zscore** 的绝对值：

```
passenger_df['zscore_abs'] = abs(passenger_df['zscore'])
```

（7）按 **zscore_abs** 对 DataFrame 排序：

```
passenger_df.sort_values(by="zscore_abs", ascending=False).head(100)
```

输出如图 5-19 所示。

下面试着可视化表示 **passenger_df** 中的这些异常值。

（8）首先，使用 zscore 过滤过高和过低的值：

```
anamlous_df_high = passenger_df.sort_values(by="zscore", ascending=False).
head(10)
anamlous_df_high["Date"] = pd.to_datetime(anamlous_df_high["Date"])
anamlous_df_low = passenger_df.sort_values(by="zscore", ascending=True).
head(10)
anamlous_df_low["Date"] = pd.to_datetime(anamlous_df_low["Date"])
```

	Date	#Passengers	mean	std	zscore	zscore_abs
138	1960-07-02	622	280.298611	119.966317	2.848311	2.848311
139	1960-08-16	606	280.298611	119.966317	2.714940	2.714940
127	1959-08-01	559	280.298611	119.966317	2.323164	2.323164
126	1959-07-29	548	280.298611	119.966317	2.231471	2.231471
137	1960-06-02	535	280.298611	119.966317	2.123108	2.123108
140	1960-09-14	508	280.298611	119.966317	1.898044	1.898044
115	1958-08-18	505	280.298611	119.966317	1.873037	1.873037
114	1958-07-13	491	280.298611	119.966317	1.756338	1.756338
136	1960-05-27	472	280.298611	119.966317	1.597960	1.597960
125	1959-06-24	472	280.298611	119.966317	1.597960	1.597960

图 5-19 AirpassengersDates 中的 zscore

(9) 导入可视化所需的 seaborn 和 matplotlib 库，并使用以下代码对异常值绘图：

```
import seaborn as sns
import matplotlib.pyplot as plt
plt.figure(figsize=(15,8))
plt.grid=True
plt.title("Top 10 high traffic passenger count")
ax = sns.lineplot(x="Date", y="#Passengers", data=passenger_df)
ax = sns.scatterplot(x="Date",y="#Passengers", data=anamlous_df_high,
size="#Passengers")
ax = sns.lineplot(x="Date", y="mean", data=passenger_df)
ax.text(pd.to_datetime("1950"), 290, "Mean Line",
horizontalalignment='left', size='large', color='Blue')
ax = sns.scatterplot(x="Date",y="#Passengers", data=anamlous_df_low,
size="#Passengers")
ax.grid()
```

输出如图 5-20 所示。

可以看到，数据集中的异常值用橙色点和蓝色点表示。

目前为止，我们已经了解到，时态数据可视化要求先处理 DataFrame，从而能够在图中表示所需的模式。下面对我们学习的内容做个总结：

• 我们学习了 3 种方法将 **datetime** 作为索引从而对时间序列数据绘图，分别是读取数据并使用 **index_col** 设置索引，用 **df.index = df ['date']** 显式地设置索引，以及使用 **set_index ()**

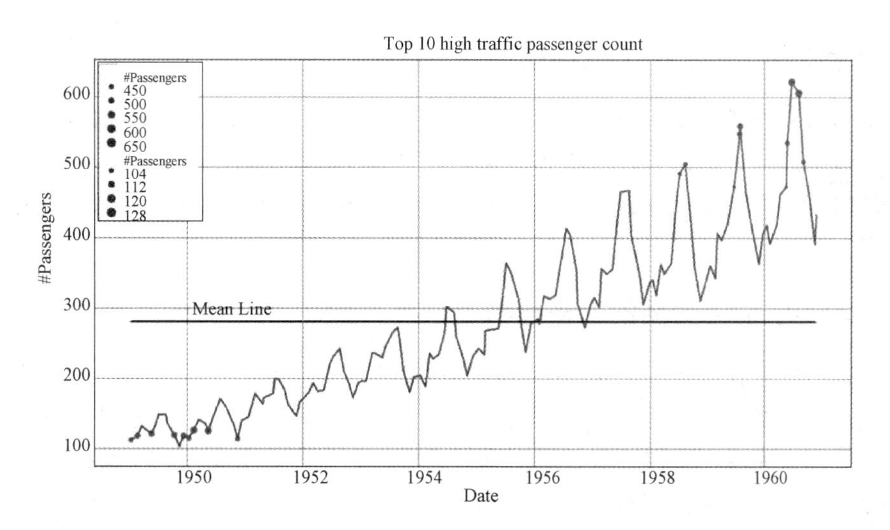

图 5 - 20　显示 AirpassengerDates 数据集中的异常值

设置索引。

• 我们了解了如何使用 **pd. to _ datetime ( )** 将一个可解析的字符串列转换为一个 datetime 列。

• **datetime** 运算，例如，增加和减去 **timedelta**。

• 我们了解了如何根据不同的时间值聚合数据，例如，日、月和周。

• 我们了解了如何使用时间轴上的 **mean**，**median** 和 zscore 进行分析。

下面进入下一节，深入学习时态数据重采样的概念。

5.8　时态数据中的重采样

重采样是指改变数据集中时间值的频率。如果一段时间内观察的数据是按不同频率收集的，例如，可能按周或月收集，可以使用重采样将数据集归一化为一个指定的频率。在预测建模中，广泛使用了重采样来完成特征工程。

有两种类型的重采样：

• 上采样（**Upsampling**）：例如，将时间从分改为秒。上采样可以帮助我们更详细地可视化表示和分析数据，这些细粒度的观察结果使用插值来计算。

• 下采样（**Downsampling**）：例如，将时间从月改为年。下采样会帮助汇总，对数据中的趋势有一个总体认识。

5.8.1 上采样和下采样的常见问题

上采样会带来 **NaN** 值。插值中使用的方法是用线性插值或三次样条插值来插补 **NaN** 值。这可能并不表示原始数据，所以分析和可视化可能会有误导。

下采样根据采样频率聚合观察结果，这里我们会提供一个频率作为参数，所以可能会丢失一些信息。

5.8.2 练习 40：时态数据的上采样和下采样

在这个练习中，我们将在 **walmart store** 数据集上完成上采样和下采样。首先我们要去除 **NaN** 值，然后合并数据集。接下来，我们要对数据集上采样，更详细地可视化表示这个数据。然后，我们会完成下采样，对折线图进行平滑。为此，要完成以下步骤：

（1）导入必要的 Python 模块并设置数据路径：

```
%matplotlib inline
from datetime import datetime
import pandas as pd
from datetime import datetime
from pathlib import Path
DATA_PATH = Path('../datasets/chap5_data/')
```

（2）使用 **pandas** 读入数据集，并去除 **NA** 值：

```
walmart_stores = pd.read_csv(DATA_PATH/'1962_2006_walmart_store_openings.
csv',
parse_dates=['date_super']).dropna()
```

（3）统计每年开业的商店数。我们将使用 **walmart_store_count** 数据集作为时间序列数据：

```
walmart_store_count = walmart_stores.groupby("YEAR")[["storenum"]].
agg("count")\
.rename(columns={"storenum": "store_count"})
```

（4）合并 **walmart_store_count** 和 **walmart_stores**：

```
walmart_store_count = pd.merge(walmart_stores, walmart_store_count,
on="YEAR")
```

（5）用 **date_super** 设置索引：

```
walmart_store_count = walmart_store_count.set_index(pd.
DatetimeIndex(walmart_store_count.date_super))
```

（6）过滤出所需的列：

```
walmart_store_count = walmart_store_count[["date_super", "store_count"]]
walmart_store_count.drop_duplicates(subset = "date_super", inplace = True)
```

（7）打印这个 DataFrame：

```
walmart_store_count.head(8)
```

输出如图 5 - 21 所示。

上采样可以帮助我们更详细地可视化和分析数据。

（8）将 **walmart _ store _ count _ series** 的频率改为 2 天：

```
walmart_store_count_series = walmart_store_count.store_count
walmart_store_count_series = walmart_store_count_series.asfreq('2D')
walmart_store_count_series.head()
```

输出如图 5 - 22 所示。

date _ super	date _ super	store _ count
1997 - 03 - 01	1997 - 03 - 01	1
1996 - 03 - 01	1996 - 03 - 01	1
2002 - 03 - 01	2002 - 03 - 01	1
1993 - 03 - 01	1993 - 03 - 01	1
1998 - 03 - 01	1998 - 03 - 01	5
1994 - 03 - 01	1994 - 03 - 01	5
2002 - 02 - 20	2002 - 02 - 20	5
2000 - 03 - 01	2000 - 03 - 01	5

图 5 - 21　显示某一年开业商店数的数据集

date _ super	
1997 - 03 - 01	1.0
1997 - 03 - 03	NaN
1997 - 03 - 05	NaN
1997 - 03 - 07	NaN
1997 - 03 - 09	NaN

Freq：20，Name：store _ count，dtype：float64

图 5 - 22　显示 walmart _ store _ count _ series 的频率

（9）使用线性插值插补缺失的值：

```
walmart_store_count_series = walmart_store_count_series.
interpolate(method = "spline", order = 2) walmart_store_count_series.
plot(style = ":")
```

输出如图 5 - 23 所示。

如果使用下采样调整到更大的时间单位（例如从天变为周），这会引入平滑。这是对给定频率等级的一个聚合方法。

（10）使用下采样平滑这个折线图，这里使用的频率为 **BA**（营业年度），为此使用以下代码：

```
plt.figure(figsize=(12,8))
plt.ylabel("Interpolated Values")
plt.plot(walmart_store_count_series)
walmart_store_count_series.resample('BA').mean().plot(style=':',
title="Values Smoothen by Business Year Frequency") #BA stands for
Business Year
```

输出如图 5-24 所示。

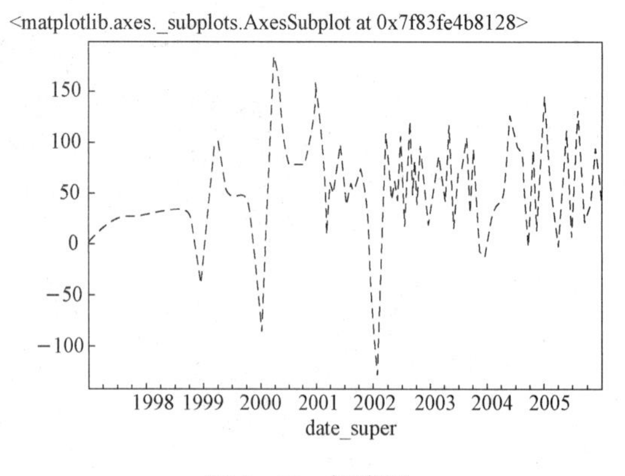

图 5-23 折线图

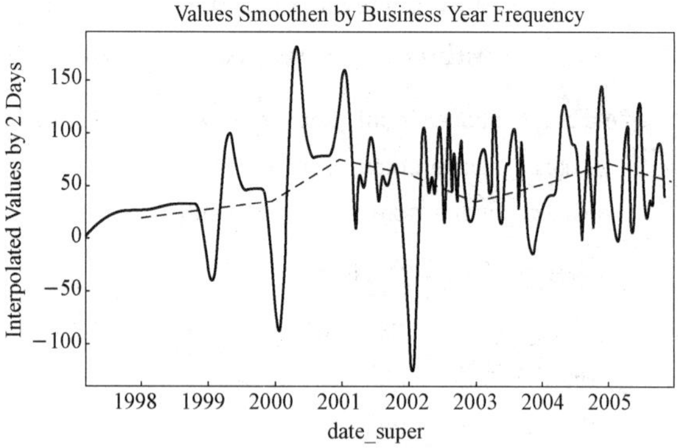

图 5-24 平滑的折线图

（11）下采样为频率 **BQ**（营业季度）来观察更细粒度的变化：

```
plt.figure(figsize=(12,8))
plt.ylabel("Interpolated Values")
walmart_store_count_series.plot(alpha=0.5, style='-')
walmart_store_count_series.resample('BQ').mean().plot(style=':',
title="Values Smoothen by Business Quarter Frequency") #BQ stands for
Business quarter
```

输出如图 5-25 所示。

可以看到，使用上采样和下采样可以不同的详细程度查看数据。下面使用 shift 和 tshift 函数查看时间序列数据中的滞后。

5.8.3 使用 shift 和 tshift 在时间序列数据中引入滞后

- **tshift**：将 DataFrame 的 **datetime** 索引移动一个给定的时间段。这个时间段是一个频率单位数，频率可以是周、月、小时等。这会改变 DataFrame 中的 **DateTimeIndex** 值。

- **shift**：将 DataFrame 索引移动一个给定的时间段。在这个过程中，会在 DataFrame 中引入新的包含 **NaN** 值的行或列。

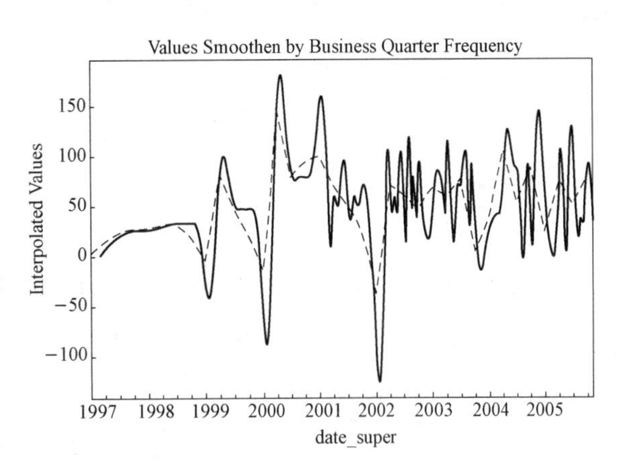

图 5-25　平滑的折线图（频率为 BQ）

5.8.4　练习 41：使用 shift 和 tshift 移动数据中的时间

在这个练习中，我们将使用 shift 和 tshift 移动一个数据集中的时间。这里会使用 1962_2006_walmart_store_openings.csv 数据集。我们将处理这个数据集，去除 NaN 值，将这个数据集与 walmart_stores 合并，然后创建一个折线图可视化表示这个数据。为此，完成以下步骤：

（1）导入必要的 Python 模块并预处理数据：

```
from datetime import datetime
%matplotlib inline
import pandas as pd
import matplotlib.pyplot as plt
from pathlib import Path
DATA_PATH = Path('../datasets/chap5_data/')
walmart_stores = pd.read_csv(DATA_PATH / '1962_2006_walmart_store_
openings.csv',
parse_dates=['date_super']).dropna()
walmart_store_count = walmart_stores.groupby("YEAR")[["storenum"]].
agg("count").rename(columns={"storenum": "store_count"})
walmart_store_count = pd.merge(walmart_stores, walmart_store_count,
on="YEAR")
walmart_store_count= walmart_store_count.set_index(pd.
DatetimeIndex(walmart_store_count.date_super))
walmart_store_count = walmart_store_count[["date_super", "store_count"]]
walmart_store_count.drop_duplicates(subset="date_super", inplace=True)
walmart_store_count_series = walmart_store_count.store_count
walmart_store_count_series = walmart_store_count_series.asfreq('2D')
```

```
walmart_store_count_series = walmart_store_count_series.
interpolate(method = "spline", order = 2)
```

（2）创建 3 个图，其中一个是平常的图，另一个移动索引，还有一个要移动时间：

```
walmart_store_count_series = walmart_store_count_series.asfreq('D',
method = 'pad')
```

（3）建立图和 **shift _ val**。**shift _ val** 是我们希望在绘图中设置的滞后值：

```
fig, ax = plt.subplots(3, figsize = (14,9))
shift_val = 400
#create 3 plots, one normal, one shifted with index 和 other shifted
with time
walmart_store_count_series.plot(ax = ax[0])
#shift the date by shift_val
walmart_store_count_series.shift(shift_val).plot(ax = ax[1])
#shift the time index using tshift
walmart_store_count_series.tshift(shift_val).plot(ax = ax[2])
#select a date to draw line on plot
date_max = pd.to_datetime('2002 - 01 - 01')
delta = pd.Timedelta(shift_val, 'D')
#Put marker on three plot to undestand how thsift shifting the index and
shift is changing the data.
ax[0].legend(['input'], loc = 2)
ax[0].set_ylabel("Interpolated Store Count")
ax[0].get_xticklabels()[2].set(weight = 'heavy', color = 'green')
ax[0].axvline(date_max, alpha = 0.3, color = 'red')
ax[1].legend(['shift({})'.format(shift_val)], loc = 2)
ax[1].set_ylabel("Interpolated Store Count")
ax[1].get_xticklabels()[2].set(weight = 'heavy', color = 'green')
ax[1].axvline(date_max + delta, alpha = 0.2, color = 'green')
ax[2].legend(['tshift({})'.format(shift_val)], loc = 2)
ax[2].set_ylabel("Interpolated Store Count")
ax[2].get_xticklabels()[1].set(weight = 'heavy', color = 'black')
ax[2].axvline(date_max + delta, alpha = 0.2, color = 'black');
```

输出如图 5 - 26 所示。

试着使用前面的图来理解 **shift（）** 和 **tshift（）** 函数。

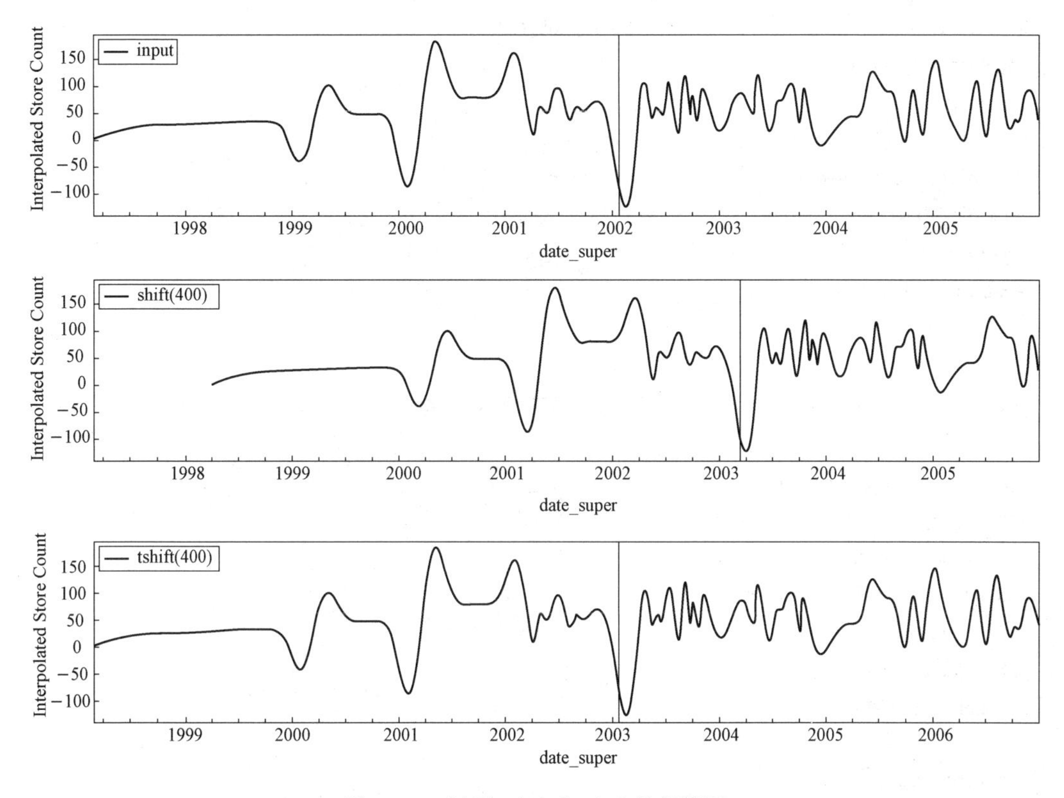

图5-26　展示tshift和shift的折线图

shift 将数据移动一个给定的单位。在这里 **shift（shift _ val）会**移动 **400** 天，因为我们在 **pandas** 的 **Timedelta** 函数中将频率设置为 **D**。

5.8.5　时间序列中的自相关

计算时间序列值与相同时间序列数据集的滞后/移动值之间的相关性，这称为自相关（**autocorrelation**）。

自相关图称为自相关函数（**Autocorrelation Function，ACF**）。

为了理解时间序列值与过去的值之间的相关性，我们要找到一个能给出最高相关值的p值。p也称为自回归值。

例如，如果 **p=6**，那么时间t的时间序列数据值将由 **x（t−1）**… **x（t−6）**确定。

来看下面的例子：

```
#Drawing the autocorrelation function
```

```
from statsmodels.graphics.tsaplots import plot_acf
import numpy as np
import pandas as pd
from statsmodels.tsa.stattools import acf
from pandas_datareader.data import DataReader
from datetime import datetime
import matplotlib.pyplot as plt
%matplotlib inline


ibm = DataReader('IBM', 'yahoo', datetime(2010, 2, 1), datetime(2018, 2,
1))
ibm_close = ibm['Close']
ibm_close_month = ibm_close.resample("M").mean()
#plot_acf(ibm_close, lags=50)
lag_acf = acf(ibm_close_month, nlags=72)
#Plot ACF:
plt.figure(figsize=(10, 4))
plt.subplot(121)

plt.plot(lag_acf)
plt.axhline(y=0,linestyle='--',color='gray')
plt.axhline(y=-1.96/np.sqrt(len(ibm_close)),linestyle='--',color='gray')
plt.axhline(y=1.96/np.sqrt(len(ibm_close)),linestyle='--',color='gray')
plt.title('Autocorrelation Function')
```

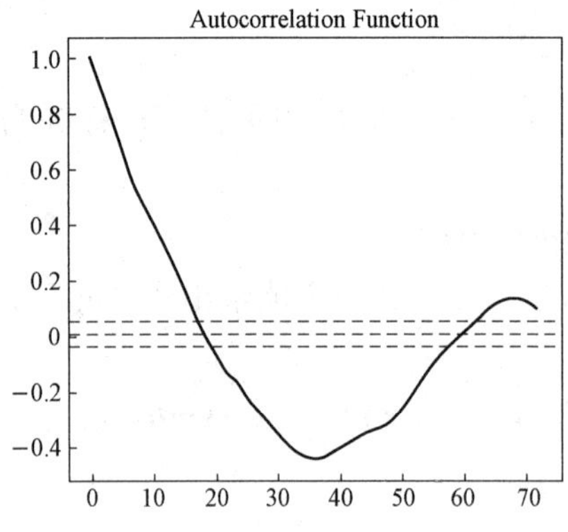

图 5-27　通过折线图表示的自相关性

输出如图 5-27 所示。

可以看到，图 5-27 在 18 的位置上达到第一个置信区间（由图中的虚线表示），因此 **p =18**。

这一节中，我们学习了时间序列的处理和可视化。下面是我们学习的有关概念：

- 理解上采样和下采样。
- 上采样和下采样绘图，以及这两种技术各自的优缺点。
- 使用可视化理解 **shift** 和 **tshift**。

5.9　交互式时态数据可视化

目前为止我们已经了解了如何处理时态数据和创建静态图。现在我们需要一个能够在运行时根据事件和信息细节呈现的可视化，也就是一个交互式图，这里的事件可以是缩放、悬停、改变轴、3D 旋转等，信息细节可以是将聚合列从年改为月或日。

下面来介绍如何使用 **Bokeh** 库绘图。首先，我们要绘制一个简单图，最后我们将了解 **Bokeh** 的回调和它的复杂功能。

5.9.1　Bokeh 基础

Bokeh 是一个交互式可视化库。它能处理大量数据，还能处理流数据。除了 Python，**Bokeh** 还可以用于 R、Scala、Lua 和其他编程语言。

对于一个简单的图，**Bokeh 内置提供了很多交互式工具**，例如，平移、盒状缩放和滚轮缩放。由于要在一个 Jupyter Notebook 中可视化表示我们的输出，所以需要导入并初始化所需的设置。Bokeh 主要用于以下方面：

- 图（Plots）：图是容器，包含工具、用来显示图形的数据以及与 **bokeh. plotting. figure** 的映射。这会用来绘图。
- 图形符号（Glyphs）：Bokeh 能显示的基本可视化图形符号，例如，线和圆。
- 参考线（*Guides*）：帮助我们判断距离、角度等。这方面的例子包括轴、网格线和刻度。
- 标注（*Annotations*）。标记图上某些特定点的视觉辅助手段，如标题和图例。

5.9.2　使用 Bokeh 的优点

使用 **Bokeh** 的优点如下：

- **Bokeh** 速度很快，可以处理大量数据。利用所提供的命令可以绘制复杂的可视化图表。
- 有直观的参数名和适用的默认值。
- **Bokeh** 可以根据需求采用多种不同方式输出，如 Jupyter Notebook、服务器响应和 **html** 文件。
- 可以很容易地在 B**okeh 中呈现 matplotlib** 和 **seaborn** 的输出。
- 默认提供了很多交互式工具，如滚轮缩放和盒状缩放。

下面来看一个例子，我们要使用 **bokeh** 库为静态图增加交互性。

示例 3：使用 Bokeh 在折线图上增加缩放功能

在这个例子中，我们将使用 **Bokeh** 库在一个静态折线图上增加平移和放大缩小功能。为此，完成以下步骤：

（1）导入必要的模块和函数：

```
import numpy as np
```

（2）导入 figure，show，output _ notebook：

```
from bokeh.plotting import output_notebook, figure, show
```

（3）设置输出模式为 output _ notebook（）：

```
output_notebook()
```

（4）从 pandas、SQL、一个 URL 或者任何其他数据源加载数据：

```
#prepare some data
x = np.arange(5)
y = [6, 7, 2, 4, 5]
```

（5）创建一个图（figure），并为它增加图形符号（glyph）：

```
# create a new plot specifying plot_height, plot_width, with a title and
axis labels.
p = figure(plot_height=300, plot_width=700,title="simple line example", x_
axis_label='x', y_axis_label='y')
```

（6）增加一个线渲染器，提供图例和线的粗细度：

```
# add a line renderer with legend and line thickness
p.line(x, y, legend="Temp", line_width=3)
```

（7）显示可视化结果：

```
# show the results
show(p)
```

输出如图 5-28 所示。

现在，通过一个练习为这个图增加更多交互式功能。

5.9.3 练习 42：使用 Bokeh 为静态折线图增加交互性

在这个练习中，我们将创建静态折线图并增加交互性，如放大和缩小。我们将使用 **uk _ europe _ population _ 2005 _ 2019.csv** 数据集。为此，完成以下步骤：

（1）导入库，并从 **datasets/chap5 _ data** 文件夹读入数据：

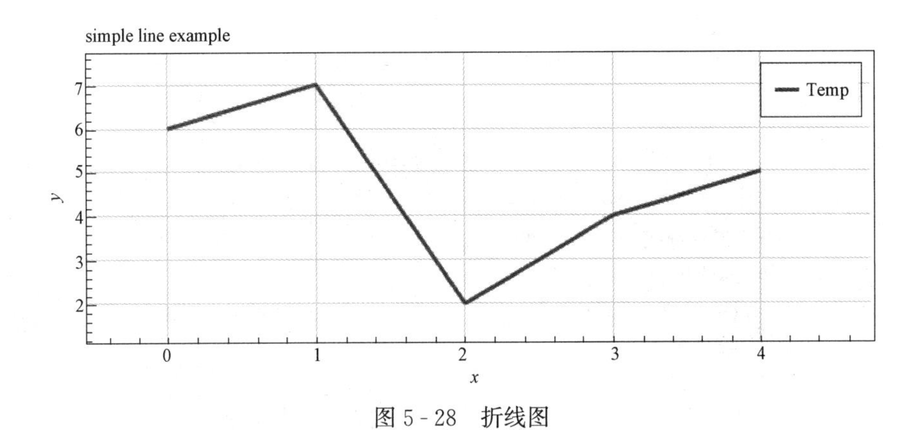

图 5-28 折线图

```
import pandas as pd
from pathlib import Path
import pandas as pd
from pathlib import Path
from bokeh.plotting import figure, show, output_file
from bokeh.plotting import figure, output_notebook, show, ColumnDataSource
DATA_PATH = Path('datasets/chap5_data')
```

（2）设置输出为一个 notebook：

```
output_notebook()
```

（3）读入数据作为一个 DataFrame。按 **UK** 和 **France** 过滤行。将 DataFrame 作为 **ColumnDataSource**，使 **Bokeh** 可以按列名来访问：

```
uk_eu_population = pd.read_csv(DATA_PATH / "uk_europe_
population_2005_2019.csv")
uk_population = uk_eu_population[uk_eu_population.country == 'UK']
source_uk = ColumnDataSource(dict(year = uk_population.year, change = uk_
population.change))
france_population = uk_eu_population[uk_eu_population.country == 'France']
source_france = ColumnDataSource(dict(year = france_population.year,
change = france_population.change))
```

（4）指定适当的标题和高度初始化这个图：

```
TOOLTIPS = [
    ("population:", "@change")
```

```
]
r = figure(title = "Line Plot comparing Population Change", plot_height = 450,
tooltips = TOOLTIPS)

r.line(x = "year", y = "change", source = source_uk, color = '#1F78B4',
legend = 'UK', line_color = "red", line_width = 3)
r.line(x = "year", y = "change", source = source_france, legend = 'France', line_
color = "black", line_width = 2)
r.grid.grid_line_alpha = 0.3
show(r)
```

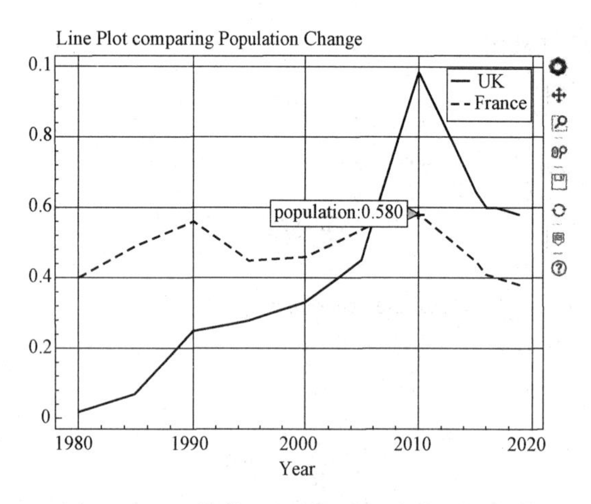

图 5-29　比较英国和法国人口变化的折线图

输出如图 5-29 所示。

我们成功地为一个静态时态图增加了交互特性。从这个图中可以看到，在 **2000 年～2010 年**期间，英国的人口增长远远超过法国的人口增长。

5.9.4　练习 43：改变折线图中线的颜色和宽度

在这个练习中，我们将改变折线图中线的颜色和宽度。这里将使用 **microsoft_stock.csv** 和 **googlestock.csv**。为此，完成以下步骤：

（1）导入必要的 Python 模块并从库中下载示例数据：

```
import pandas as pd
from bokeh.plotting import figure, output_notebook, show, ColumnDataSource
from bokeh.io import push_notebook, show, output_notebook
from ipywidgets import interact
output_notebook()
```

（2）读取数据：

```
from pathlib import Path
DATA_PATH = Path("../datasets/chap5_data/")
```

（3）初始化图（figure）：

```
TOOLTIPS = [ ("date", "@date"), ("value", "@close") ] p =
```

```
figure(title = "Interactive plot to change line width and color", plot_
width = 900, plot_height = 400, x_axis_type = "datetime", tooltips = TOOLTIPS)
```

（4）使用辅助函数返回 **microsoft _ stock** 和 **google _ stock** DataFrame：

```
def prepare_data():
    microsoft_stock = pd.read_csv(DATA_PATH / "microsoft_stock_ex6.csv")
    microsoft_stock["date"] = pd.to_datetime(microsoft_stock["date"])
    google_stock = pd.read_csv(DATA_PATH / "google_stock_ex6.csv")
    google_stock["date"] = pd.to_datetime(google_stock["date"])

return microsoft_stock, google_stock
```

（5）调用辅助函数得到两个 DataFrame：

```
microsoft_stock, google_stock = prepare_data()
```

（6）为两个 DataFrame 增加线：

```
microsoft_line = p.line("date","close", source = microsoft_stock, line_
width = 1.5, legend = "microsoft_stock")
google_line = p.line("date", "close", source = google_stock, line_width = 1.5,
legend = "google_stock")
```

（7）定义如何与用户事件交互：

```
def update(color, width = 1):
    google_line.glyph.line_color = color
    google_line.glyph.line_width = width
    push_notebook()

interact(update, color = ["red", "blue", "gray"], width = (1,5))
```

（8）显示输出：

```
show(p, notebook_handle = True)
```

输出如图 5-30 所示。

5.9.5 练习 44：增加方框标注来找出数据集中的异常值

在这个练习中，我们要增加方框标注使屏幕坐标与图中特定的区域关联，从而找出海平面温度异常值。为此，完成以下步骤：

（1）导入必要的 Python 模块：

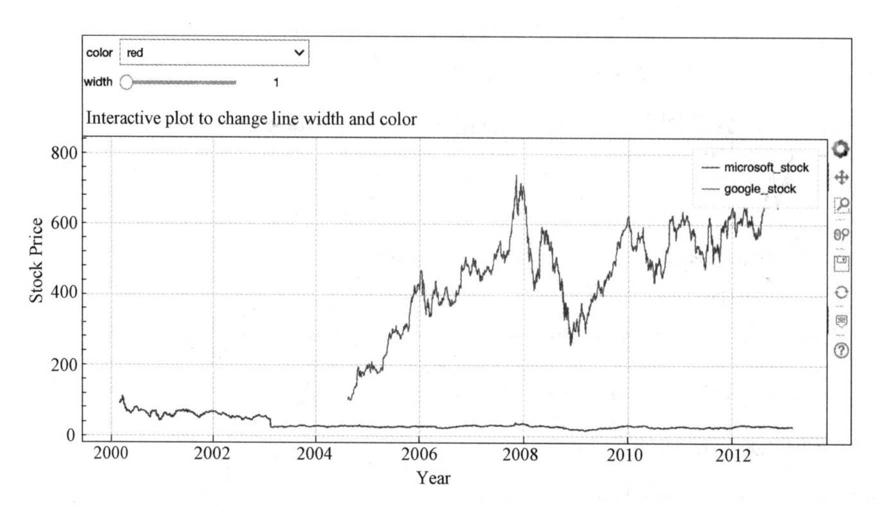

图 5-30 改变折线图中线颜色和宽度的交互特性

```
from ipywidgets import interact
import numpy as np
from ipywidgets import interact
from bokeh.io import push_notebook, show,output_notebook
from ipywidgets import interact
from bokeh.models import BoxAnnotation
```

(2) 设置输出为 Jupyter Notebook:

```
output_notebook()
```

(3) 读取数据:

```
# data reading and filtering
from bokeh.sampledata.sea_surface_temperature import sea_surface_
temperature
data = sea_surface_temperature.loc['2016-02-01':'2016-03-22']
```

(4) 设置图变量:

```
p = figure(x_axis_type="datetime", title="Sea Surface Temperature Range")
p.background_fill_color = "#dfffff"
p.xgrid.grid_line_color = None
p.xaxis.axis_label = 'Time'
p.yaxis.axis_label = 'Value'
```

（5）为图增加标注：

```
p.line(data.index, data.temperature, line_color='grey')
p.circle(data.index, data.temperature, color='grey', size=1)
p.add_layout(BoxAnnotation(top=5, fill_alpha=0.1, fill_color='red', line_
color='red'))
p.add_layout(BoxAnnotation(bottom=4.5, fill_alpha=0.1, fill_
color='red', line_color='red'))
```

（6）显示这个图（结果见图5-31）：

show（p）

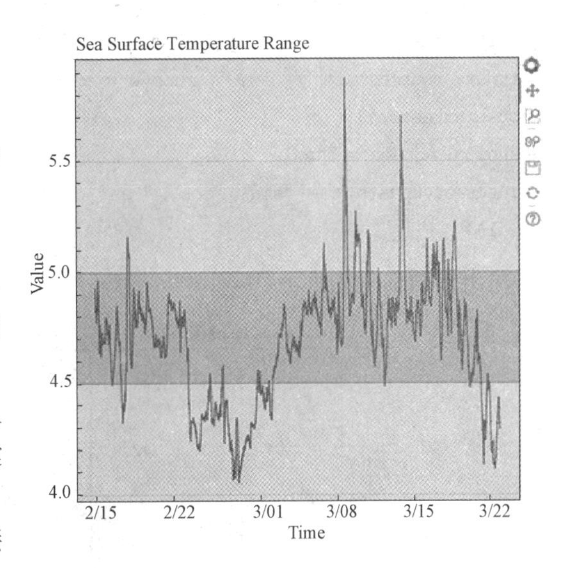

图5-31　折线图显示海平面温度变化

可以看到，2016年2月1日～3月8日期间，海平面温度从5上升到5.5。下一节中，我们会研究使用**Bokeh**库的交互性。

5.9.6　Bokeh中的交互性

可以采用多种方式使用**Bokeh**库来得到交互性：

- *CustomJS回调*：在Python中嵌入JavaScript代码。我们把JavaScript代码创建为处理浏览器中交互式事件的字符串。
- Bokeh应用：每次建立一个新连接时，在**Bokeh**服务器执行应用代码来创建一个新的**Bokeh**文档，它会与浏览器同步。
- 与其他框架集成，如Flask。
- 在Jupyter Notebooks中运行而无需服务器。

为了在Jupyter Notebook中绘制交互式图，我们需要使用**push _ notebook**和**interact**函数。惟一的要求是要写一个定制函数，根据用户事件定义交互性。

下面来具体实现：

```
from ipywidgets import interact
import numpy as np
from bokeh.io import push_notebook, show, output_notebook
from bokeh.plotting import figure
output_notebook()
x = np.linspace(0, 4*np.pi, 1000)
```

```
y = np.sin(x)
p = figure(title="simple line example", plot_height=300, plot_width=600, y_
range=(-2,2), background_fill_color='#efffff')
r = p.line(x, y, color="#8888ff", line_width=1.5, alpha=0.8)
#custom function define how to interact for user event.
def update(f, w=1, A=1, phi=0):
if f == "sin": func = np.sin
elif f == "cos": func = np.cos
elif f == "tan": func = np.tan
r.data_source.data['y'] = A * func(w * x + phi)
push_notebook()
show(p, notebook_handle=True)
interact(update, f=["sin", "cos", "tan"], w=(0,50), A=(1,10), phi=(0, 20,
0.1))
```

输出如图 5-32 所示。

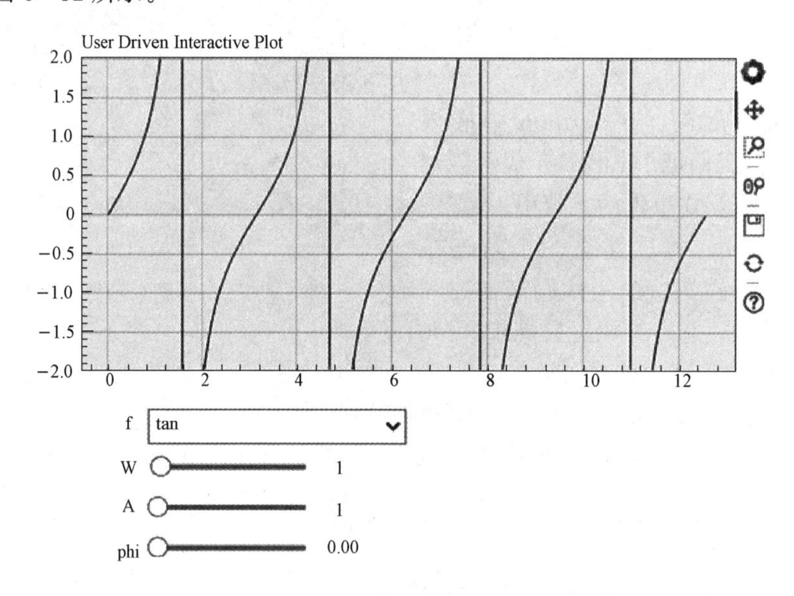

图 5-32 用户驱动的交互式图

5.9.7 实践活动 5：创建一个交互式时态数据可视化

在这个实践活动中，我们将使用 **RangeTool** 分析一个很大的时间序列数据集。**RangeTool**

可以用来强调一个特定的时间片。然后，你可以使用缩放特性更深入地进行分析。下一个任务是创建一个图，其中包含一个下拉列表。根据聚合等级，它会在运行时聚合数据，并呈现结果图。

概要步骤：

（1）导入必要的 Python 模块。

（2）读取数据集。

（3）增加 **RangeTool**。

（4）为下一个图设置值。

（5）建立库并读取数据。

（6）从 DataFrame 抽取 x 和 y 数据。

（7）使用 figure line 方法绘图。

期望的输出如下：

第 3 步完成后输出如图 5-33 所示。

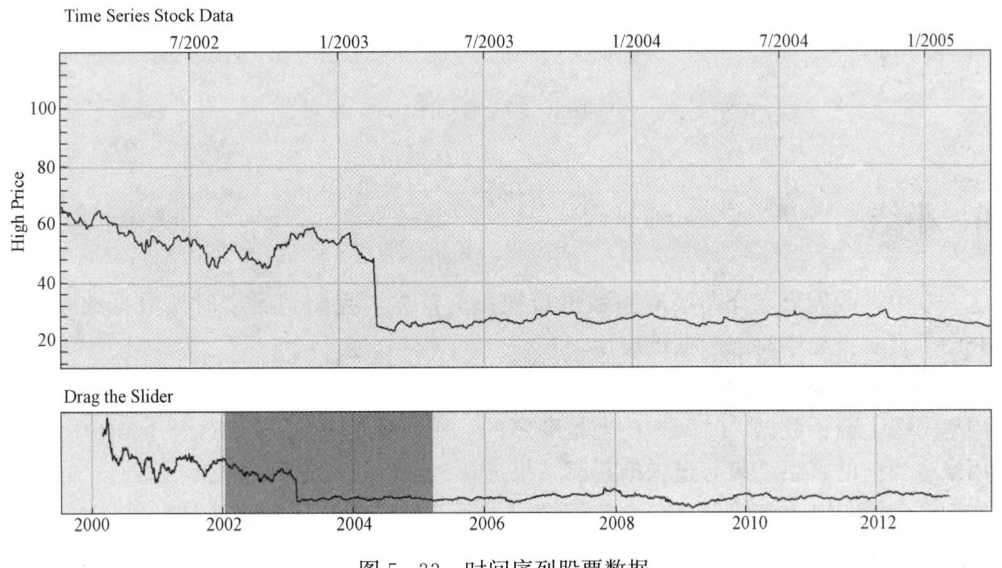

图 5-33　时间序列股票数据

第 6 步完成后输出如图 5-34 所示。

> **说明**
>
> 答案参见附录第 5 节。

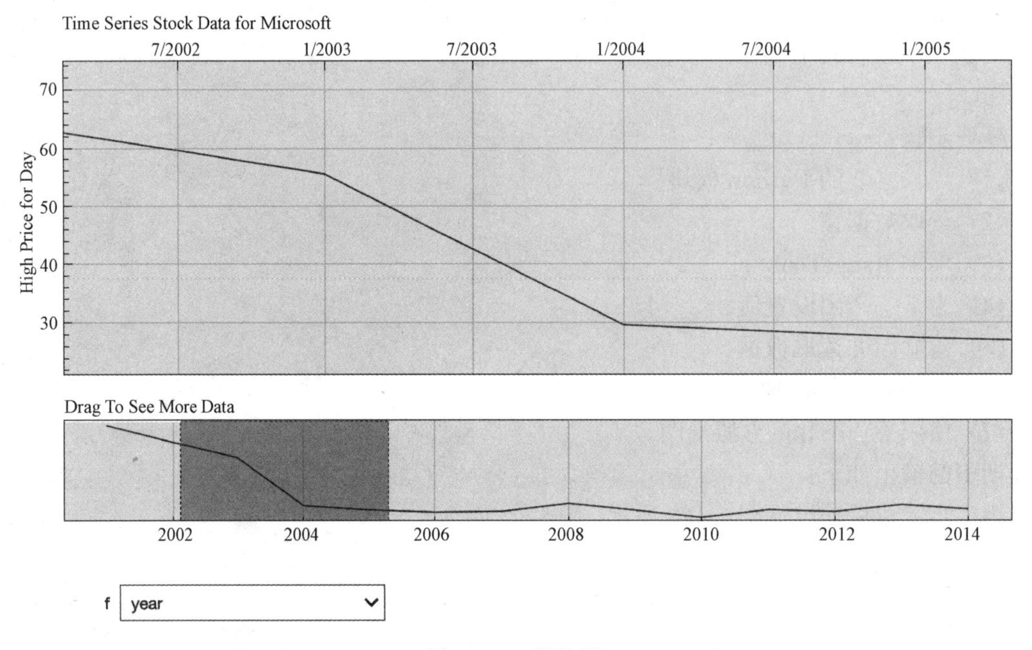

图 5-34 股价图

5.10 小结

这一章中，我们重点介绍了时态数据可视化。首先，我们学习了时态数据的基本理论。然后介绍了真实世界中时态数据的应用。

我们使用 **pandas** 时间函数学习了日期列的转换，如设置时间作为折线图的索引值，并在不同频率等级上分析数据。时间本质上是顺序的，所以我们介绍了 **shift** 和 **tshift** 函数，它们可以用来将当前的观察结果与过去的观察结果进行比较，找出是否存在相关性。

我们还介绍了 **Bokeh** 绘图接口。我们绘制了复杂性不断增加的多个图，并解释了如何增加交互式标注来调整时间轴。

最后，我们介绍了最重要的内容，所创建的图可以使用 **ipywidgets. interact** 和 **push_notebook ()** 函数与用户交互而不需要运行一个服务器。

下一章中，我们将了解如何为基于地理区域的数据创建交互式可视化。

第 6 章　地理数据交互式可视化

学习目标

学习完这一章，你将掌握以下内容：

• 使用等值线地图表示基于地理区域的数据。

• 生成交互式等值线地图，包括表示世界各国的等值线地图和表示美国各州的地图，修改布局来增加功能/美感，以及增加动画。

• 在地图上生成交互式散点图（包括指示感兴趣地理位置的散点图），以及在地图上生成交互式气泡图。

• 在地图上生成交互式折线图，包括在地图上指示轨迹的折线图。

这一章中，我们将学习如何使用交互式数据可视化表示基于地理区域的数据。

6.1　本章介绍

在前面几章中，你已经了解了如何建立交互式可视化表示数据集中的不同特征，这些数据集可能包含表示不同层次和不同时间点的特征。这一章中，你会再增加一项可视化技能，学习另一种类型的可视化——用地理数据实现交互式可视化。

大多数数据集都会涉及一些表示空间或地理方面的特征。例如，可能用所居住的不同地区来划分社交媒体平台的用户，针对世界上不同的国家计算世界发展指标，交通路线会跨越地球上多个不同地方，诸如此类。因此，以一种易于理解又有深度的方式学习系统方法来理解和表示这种信息非常重要。这一章将帮助你培养这种能力，这里会提供必要的工具来生成各种表示地理数据的图。

尽管 **altair** 和 **geopandas** 在地理数据可视化方面可以提供令人兴奋的可能性，但 **plotly** 尤其适合生成各种易于构建、调试和定制的地理图。因此，这一章中，我们将使用 **plotly** 展示如何利用不同背景的多个公开数据集生成不同类型的地理图。我们希望，通过这一章的学习，你能体会到，对于呈现交互式地理图，特别是等值线地图（这是使用最广泛的表示地理区域的方法之一），**plotly** 可以完成这个任务，而且是最强大、最直观而且最易于使用的库（尽管可能有人会有异议）。

我们将在下面几节中探讨等值线地图。

6.2 等值线地图

等值线地图（**choropleth map**）是包含不同分区的一个区域地图，用颜色表示该分区中特定特征的值。这个分区（*division*）可能是一个国家、州、行政区或任何其他明确的区域。

例如，可以使用一个世界地图可视化表示各国人口，在一个全国地图上显示各州人口，或者利用某种使用等值线地图的技术显示人口百分比。

等值线地图这个术语对你来说可能熟悉，也可能不熟悉，不过，通过这一章的学习，等值线地图的概念会逐渐清晰。

下面来研究不同类型的等值线地图。

6.2.1 世界等值线地图

在这一章的第一个可视化中，我们将使用“用数据看世界”（**Our World in Data**）(https：//ourworldindata.org/internet）上发布的互联网使用统计数据（*internet usage statistics*），并展示 1990 年～2017 年各国使用互联网的人口百分比。本书 GitHub 存储库上也托管了这个数据集以便访问。

可以使用以下代码查看这个数据集：

```
import pandas as pd
internet_usage_url = "https://raw.githubusercontent.com/TrainingByPackt/
Interactive-Data-Visualization-with-Python/master/datasets/share-ofindividualsusing-
the-internet.csv"
internet_usage_df = pd.read_csv(internet_usage_url)
internet_usage_df.head()
```

输出如图 6-1 所示。

	Country	Code	Year	Individuals using the Internet（% of population)
0	Afghanistan	AFG	1990	0.000000
1	Afghanistan	AFG	2001	0.004723
2	Afghanistan	AFG	2002	0.004561
3	Afghanistan	AFG	2003	0.087891
4	Afghanistan	AFG	2004	0.105809

图 6-1 Our World in Data 数据集

*注意到这个数据集中名为 Code 的特征吗？*这表示根据 ISO 3166－1 标准为各个国家分配的一个代码。这是一个广泛使用的标准，所以全世界的开发人员可以用一种共同的方法在任

何数据中表示和访问国家名。可以在这里更多地了解这个标准：https：//en. wikipedia. org/wiki/ISO _ 3166 - 1。**plotly** 也使用 **Code** 特征将数据映射到世界地图上的相应位置，稍后我们就会看到。

下面通过一个练习来生成我们的第一个世界等值线地图。

6.2.2　练习45：创建一个世界等值线地图

在这个练习中，我们将使用*Our World in Data* 数据集（可以从这里得到：https：//raw. githubusercontent. com/TrainingByPackt/Interactive - Data - Visualization - with - Python/master/datasets/share - of - individualsusing - the - internet. csv）生成一个世界等值线地图。由于 DataFrame 包含多年的记录，下面首先取这个数据的一个子集，限定为某一年的数据，比如2016年。然后我们将使用这个子集生成一个世界地图。为此，要完成以下步骤：

（1）导入 Python 模块：

```
import pandas as pd
```

（2）从 **. csv** 文件读取数据：

```
internet_usage_url = "https://raw.githubusercontent.com/TrainingByPackt/
Interactive-Data-Visualization-with-Python/master/datasets/share-of-individuals-using-
the-internet.csv"
internet_usage_df = pd.read_csv(internet_usage_url)
```

（3）取数据子集，限制为特定的一年数据，因为这个 DataFrame 包含多年的记录：

```
internet_usage_2016 = internet_usage_df.query("Year==2016")
internet_usage_2016.head()
```

输出如图6 - 2所示。

	Country	Code	Year	Individuals using the Internet (% of population)
16	Afghanistan	AFG	2016	10.595726
39	Albania	ALB	2016	66.363445
63	Algeria	DZA	2016	42.945527
85	Andorra	AND	2016	97.930637
107	Angola	AGO	2016	13.000000

图6 - 2　Our World in Data 数据集的子集

在下面的步骤中，我们将使用 **plotly 的***express 模块*（由于它的简单性），这里将使用这个模块中的 **choropleth** 函数。传入这个函数的第一个参数是我们想要可视化的 DataFrame。然后设置以下参数：

- *locations*：这设置为 DataFrame 中包含 ISO 3166 国家代码的那个列名。
- *color*：这设置为包含指定数值特征的一个列名，将使用这个特征对地图着色。
- *hover_ name*：这设置为包含指定特征的一个列名，鼠标悬停在地图上时将显示这个特征。
- *color_ continuous_ scale*：这设置为一个颜色方案，如*Blues* / *Reds* / *Greens* / *px. colors. sequential. Plasma*。

> **说明**
> 更多选项参见 **plotly** express 文档（https：//www. plotly. express/plotly _ express/colors/index. html ）。

（4）使用 **plotly** 库的 **choropleth** 函数生成一个交互式世界等值线地图：

```
import plotly. express as px
fig = px. choropleth( internet_usage_2016,
                    locations = "Code",  # colunm containing ISO 3166 country
codes
                    color = "Individuals using the Internet ( % of
population)",  # column by which to color - code
                    hover_name = "Country",  # column to display in hover
information
               color_continuous_scale = px. colors. sequential. Plasma)
fig. show()
```

输出如图 6 - 3（a）、图 6 - 3（b）所示。

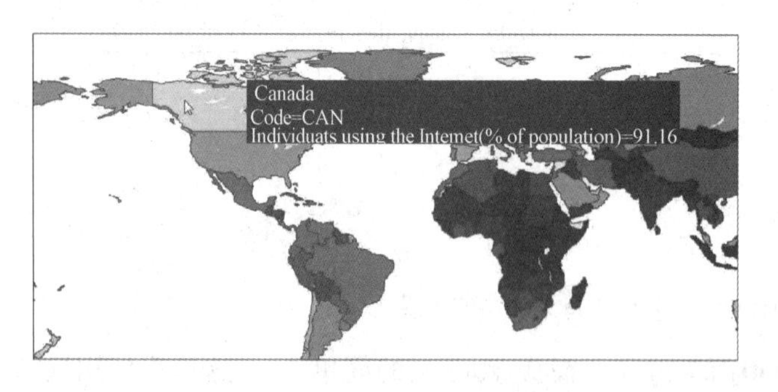

图 6 - 3（a） 显示 region＝Canada 数据的世界等值线地图

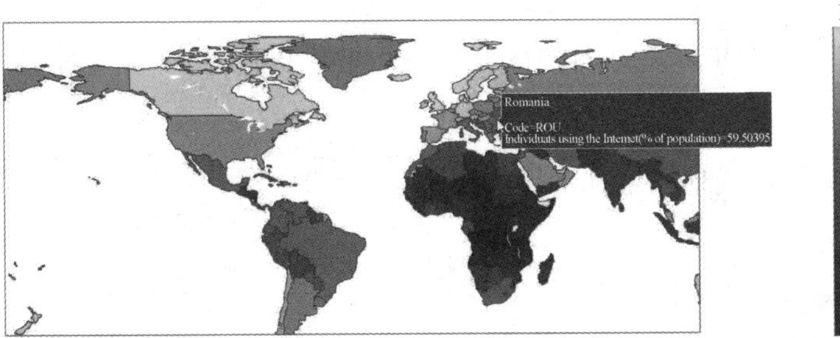

图 6-3（b）　显示 region= Romania 数据的世界等值线地图

这真是生成美观地图的一个便捷方法！

下面来仔细看这个图，看看观察结果与我们的常识是否一致。不出所料，西方国家的互联网使用率要高于东方国家。

把鼠标放在地图上停一会儿。从图 6-3（a）和图 6-3（b）可以看到，有意思的是，澳大利亚和加拿大使用互联网的人口百分比（约为 91.6）要高于美国和大多数欧洲国家（约为 59.5）。

这个图还显示了什么？看到图右上方的边栏工具条了吗？在这里可以看到不同的选项，包括选择类型、放大缩小、重置图，甚至还可以对所选配置相应的图截取一个快照。

有必要尝试一下这些选项。下面通过以下练习来探索等值线地图的交互性。

6.2.3　练习 46：调整一个世界等值线地图

在这个练习中，我们将对这个等值线地图的布局做一些简单的修改，如将地图投影从 **flat** 改为 **natural earth**，放大某个特定地区，使用 **update _ layout** 函数为地图增加文本，并增加一个 **rotation**（旋转）特性。下面的代码展示了如何为这个地图增加这些功能。我们将使用以下地址提供的数据集：https：//raw. githubusercontent. com/TrainingByPackt/Interactive-Data-Visualization-with-Python/master/datasets/share-of-individuals-using-the-internet. csv。为此，来看以下步骤：

（1）导入 Python 模块：

```
import pandas as pd
```

（2）从 **. csv** 文件读取数据：

```
internet_usage_url = "https://raw.githubusercontent.com/TrainingByPackt/
Interactive-Data-Visualization-with-Python/master/datasets/share-of-individuals-using-
the-internet.csv"
```

```
internet_usage_df = pd.read_csv(internet_usage_url)
```

（3）取数据子集，限制为特定的一年数据，因为这个 DataFrame 包含多年的记录：

```
internet_usage_2016 = internet_usage_df.query("Year = = 2016")
```

（4）设置 **title _ text** 参数，为等值线地图增加标题文本：

```
import plotly.express as px
fig = px.choropleth(internet_usage_2016,
                    locations = "Code",
                    color = "Individuals using the Internet ( % of
population)", # column by which to color - code
                    hover_name = "Country", # column to display in hover
information                    color_continuous_scale = px.colors.
sequential.Plasma
)

fig.update_layout(
    # add a title text for the plot
    title_text = 'Internet usage across the world ( % population) - 2016'
)
fig.show()
```

输出如图 6 - 4 所示。

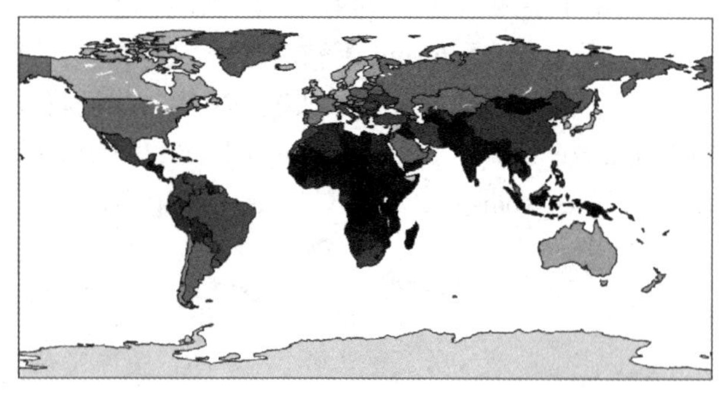

图 6 - 4　为等值线地图增加文本

很不错。不过，假设我们只想看到亚洲各国的互联网使用情况。

（5）在 **update _ layout** 函数中设置 **geo _ scope** 为 **asia**，放大 **asia**（亚洲）地区。利用以下代码可以很快实现这个工作：

```
import plotly.express as px
fig = px.choropleth(internet_usage_2016,
                    locations = "Code",
                    color = "Individuals using the Internet ( % of
population)", # column by which to color - code
                    hover_name = "Country", # column to display in hover
information
                    color_continuous_scale = px.colors.sequential.Plasma)
fig.update_layout(
    # add a title text for the plot
    title_text = 'Internet usage across the Asian Continent ( % population)
- 20 16',
    geo_scope = 'asia' # can be set to north america | south america |
africa | asia | europe | usa
)

fig.show()
```

输出如图6-5所示。

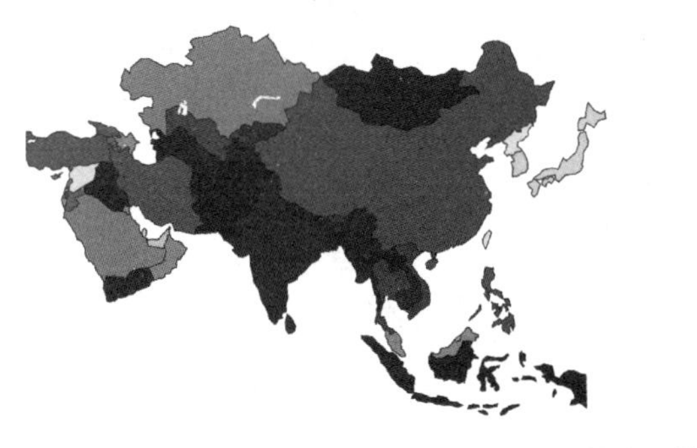

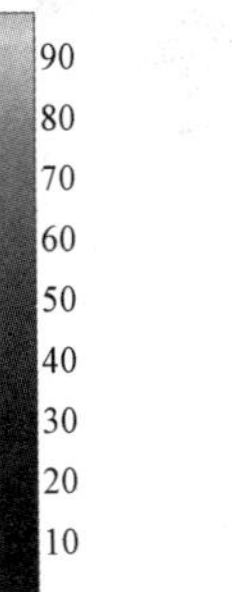

图6-5　显示亚洲地区的等值线地图

*你有没有试着拖动这个图，注意到它能上下左右移动？如果这个图能像真正的地球一样旋转就好了。*嗯，这也很容易做到。你要做的只是改变地图的投影方式。

（6）设置**projection type（投影类型）**为**natural earth**：

```
import plotly.express as px
fig = px.choropleth(internet_usage_2016,
                    locations = "Code",
```

```
                    color = "Individuals using the Internet ( % of
population)", # column by which to color - code
                    hover_name = "Country", # column to display in hover
information
                    color_continuous_scale = px. colors. sequential. Plasma)
fig. update_layout(
    # add a title text for the plot
    title_text = 'Internet usage across the world ( % population) - 2016',
    # set projection style for the plot
    geo = dict(projection = {'type':'natural earth'}) # by default,
projection type is set to 'equirectangular'
)

fig. show()
```

输出如图 6 - 6 所示。

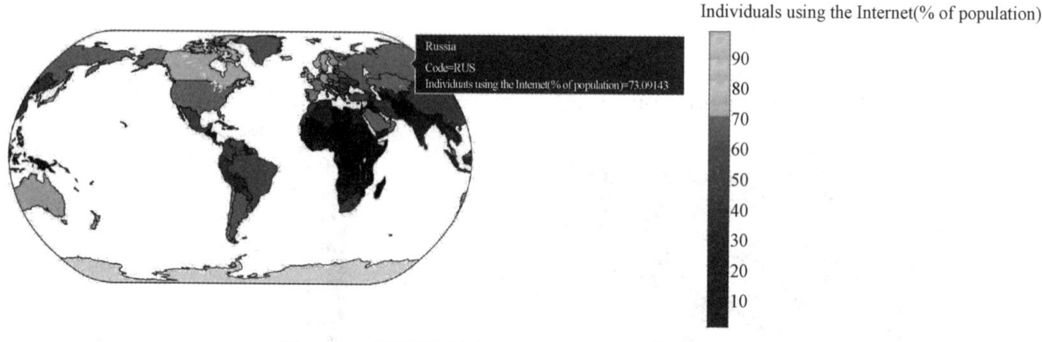

图 6 - 6　投影类型为 natural earth 的等值线地图

现在试着拖动地图。旋转功能会让这个图更有真实感！**plotly** 提供了很多这种选项来调整可视化。除了我们的例子中看到的投影类型，如果想尝试其他投影方式，可以参考这里的 **plotly** 文档：https：//plot. ly/python/reference/#layout - geo - projection。

是时候实现一个动画了！到目前为止，我们一直都是为某一年（2016 年）的记录生成图。那么*所有其他时间点呢？*当然，完全可以单独为我们感兴趣的每一年分别生成图，但这样肯定不能最合理地利用开发人员的时间。

下一节我们会了解如何在一个等值线地图上使用动画。

在 plotly 等值线地图中实现动画极其容易。我们只需要设置一个 **animation _ frame** 参数，把它设置为指定的列名（我们希望在这一列上实现动画）。下面通过一个练习来了解如何在等值线地图上实现动画。

6.2.4　练习 47：为等值线地图增加动画

在这个练习中，我们要为一个世界等值线地图增加动画。首先，要选择一个列。然后为地图增加一个滑动条，查看不同时间点的记录。我们使用的数据集包含使用互联网的人口比例，可以在这里得到这个数据集：https：//github. com/TrainingByPackt/Interactive - Data - Visualization - with - Python/blob/master/datasets/share - of - individuals - usingthe - internet. csv。来完成以下步骤：

（1）导入 Python 模块：

```
import pandas as pd
```

（2）从 **. csv** 文件读取数据：

```
internet_usage_url = "https://raw.githubusercontent.com/TrainingByPackt/
Interactive-Data-Visualization-with-Python/master/datasets/share-of-individuals-using-
the-internet.csv"
internet_usage_df = pd.read_csv(internet_usage_url)
```

（3）使用 **animation _ frame=year** 为 **year** 列增加动画：

```
import plotly.express as px
fig = px.choropleth(internet_usage_df, locations="Code",
                    color="Individuals using the Internet (% of
population)", # lifeExp is a column of gapminder
                    hover_name="Country", # column to add to hover
information
                    animation_frame="Year", # column on which to animate
                    color_continuous_scale=px.colors.sequential.Plasma)

fig.update_layout(
    # add a title text for the plot
    title_text = 'Internet usage across the world (% population)',
    # set projection style for the plot
    geo = dict(projection={'type':'natural earth'}) # by default,
projection type is set to 'equirectangular'
)
fig.show()
```

输出如图 6-7 所示。

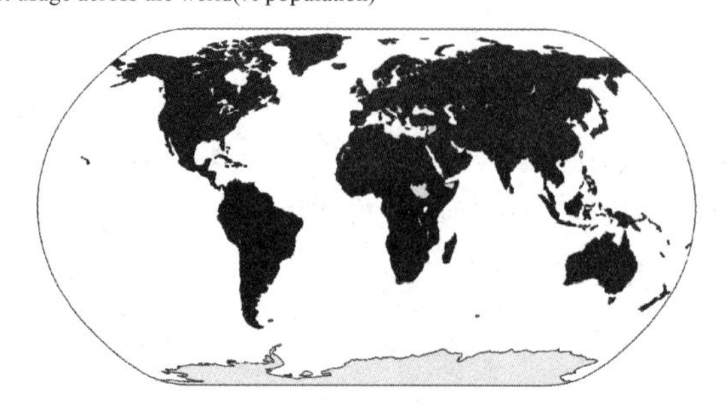

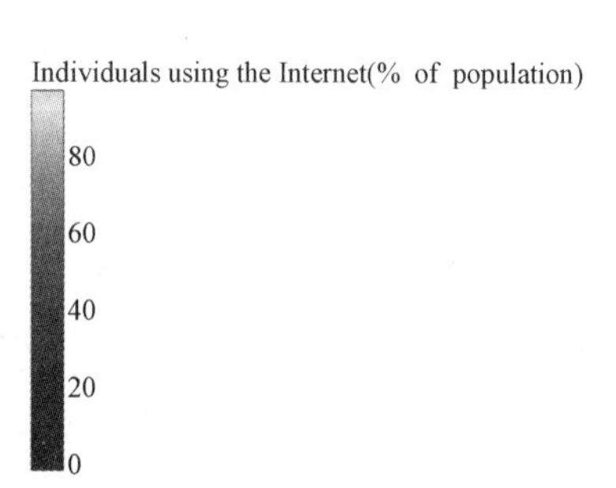

图 6-7 等值线地图有一个基于 year 列的滑动条

注意 **choropleth** 函数的第一个参数是 **internet_usage_df** DataFrame，其中包含 **1970 年～2017 年**间所有年份的记录，而不是之前我们一直使用的 **internet_usage_2016**。如果使用 **internet_usage_2016** DataFrame，就会得到一个没有滑动条的静态图，因为只有一年的记录，无法完成动画。

动画功能确实很酷，滑动条是快速查看这些年来世界上不同国家互联网使用人数增长的一种简单方法。不过，这个滑动条有一个有意思的问题！滑动条上的年份顺序不对，它从 1990 年开始，然后一直到 2015 年，然后又回到 1970 年，然后继续。要修正这个问题，最容易的方法是按时间（Year 特征）对 DataFrame 排序。

（4）使用以下代码按 **Year** 对数据集排序：

```
internet_usage_df.sort_values(by=["Year"],inplace=True)
internet_usage_df.head()
```

输出如图 6-8 所示。

	Country	Code	Year	Individuals using the Internet（% of population)
5347	Syrian Arab Republic	NaN	1960	0.0
718	Burundi	BDI	1960	0.0
5493	Togo	TGO	1960	0.0
572	Botswana	BWA	1960	0.0
3414	Maldives	MDV	1960	0.0

图 6-8 排序后的互联网使用情况数据集

（5）既然已经排序，再来生成动画图：

```
import plotly.express as px
fig = px.choropleth(internet_usage_df, locations = "Code",
                    color = "Individuals using the Internet ( % of
population)", # lifeExp is a column of gapminder
                    hover_name = "Country", # column to add to hover
information
                    animation_frame = "Year", # column on which to animate
                    color_continuous_scale = px.colors.sequential.Plasma)

fig.update_layout(
     # add a title text for the plot
     title_text = 'Internet usage across the world ( % population)',
     # set projection style for the plot
     geo = dict(projection = {'type':'natural earth'}) # by default,
projection type is set to 'equirectangular'
)
fig.show()
```

输出如图 6-9（a）、图 6-9（b）所示。

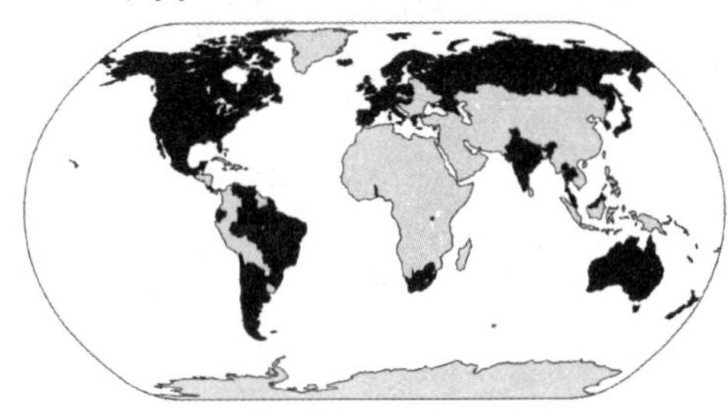

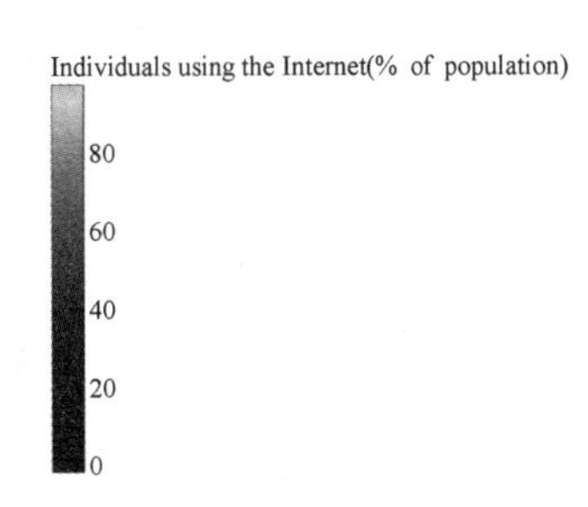

图 6-9（a）　第一个图—1992 年的等值线地图

这一次顺序是对的！图 6-9（a）显示了 1992 年世界各国的互联网使用情况，图 6-9（b）显示了 2010 年的结果。可以看到，从 1992 年～2010 年，互联网的使用有很大增长。

在结束对世界等值线地图的讨论之前，还有一个问题需要解决。在你的工作中，可能会遇到这样的数据集：尽管需要在一个地理地图上实现可视化，但这个数据集中没有一个指示

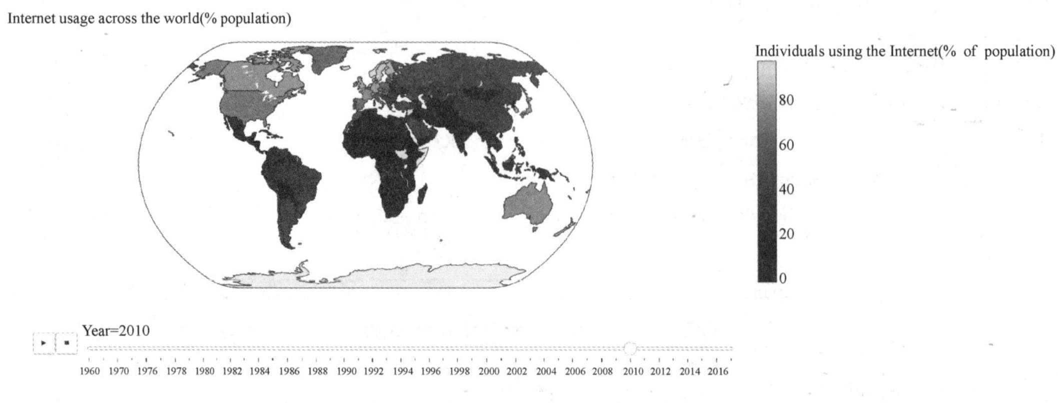

图 6-9（b） 第二个图—2010 年的等值线地图

ISO 3166-1 代码的列。在这种情况下，可以从官方 ISO 网站下载国家代码：https://www.iban.com/country-codes。为便于访问，我们已经把这些国家代码上传到本书的存储库。

可以使用以下代码查看国家代码（**country codes**）数据集：

```
# get the country codes data stored at the github repository
import pandas as pd
country_codes_url = "https://raw.githubusercontent.com/TrainingByPackt/
Interactive-Data-Visualization-with-Python/master/country_codes.tsv"
country_codes = pd.read_csv(country_codes_url, sep='\t')
country_codes.head()
```

输出如图 6-10 所示。

	Country	Alpha-2 code	Alpha-3 code	Numeric
0	Afghanistan	AF	AFG	4
1	Albania	AL	ALB	8
2	Algeria	DZ	DZA	12
3	American Samoa	AS	ASM	16
4	Andorra	AD	AND	20

图 6-10 国家代码数据集

6.2.5 美国各州地图

尽管很多可视化的目标是对照比较不同国家的特定特征，但通常还有些情况下我们需要分析更小地区的特征，如一个国家的州。为了生成美国各州的等值线地图，我们将使用美国人口普查网站（https：//www.census.gov/newsroom/press-kits/2018/pop-estimates-national-state.html）提供的各州人口数据。我们还在本书GitHub存储库上提供了这个数据：https：//github.com/TrainingByPackt/Interactive-Data-Visualization-with-Python/blob/master/datasets/us_state_population.tsv。

6.2.6 练习48：创建美国各州的等值线地图

在这个练习中，我们要使用美国州人口（**USA state population**）数据集。这里会调整这个数据集，用它绘制一个各州等值线地图。然后，我们会改变这个地图的布局，让它显示美国各州人口。为此，完成以下步骤：

（1）导入Python模块：

```
import pandas as pd
```

（2）从**URL**读取数据集：

```
us_population_url = 'https://raw.githubusercontent.com/TrainingByPackt/
Interactive-Data-Visualization-with-Python/master/datasets/us_state_
population.tsv'
df = pd.read_csv(us_population_url, sep='\t')
df.head()
```

输出如图6-11所示。

	State	Code	2010	2011	2012	2013	2014	2015	2016	2017	2018
0	Alabama	AL	4785448	4798834	4815564	4830460	4842481	4853160	4864745	4875120	4887871
1	Alaska	AK	713906	722038	730399	737045	736307	737547	741504	739786	737438
2	Arizona	AZ	6407774	6473497	6556629	6634999	6733840	6833596	6945452	7048876	7171646
3	Arkansas	AR	2921978	2940407	2952109	2959549	2967726	2978407	2990410	3002997	3013825
4	Califomia	CA	37320903	37641823	37960782	38280824	38625139	38953142	39209127	39399349	39557045

图6-11 美国州人口数据集

很好的一点是，这个数据集的**Code**特征提供了州代码。不过，数据的格式与我们希望的不一样，它采用了宽格式，而我们需要长格式。这里我们需要回顾这本书第一章提到的一些内容！

（3）使用**melt**函数将数据转换为所需的格式：

```
df = pd.melt(df, id_vars=['State', 'Code'], var_name="Year", value_
```

```
name = "Population")
df.head()
```

输出如图 6-12 所示。

	State	Code	Year	Population
0	Alabama	AL	2010	4785448
1	Alaska	AK	2010	713906
2	Arizona	AZ	2010	6407774
3	Arkansas	AR	2010	2921978
4	California	CA	2010	37320903

图 6-12　使用 melt 函数后的数据集

一旦知道了如何为世界各国生成一个等值线地图，为美国各州生成等值线地图就很简单了。与生成世界等值线地图不同，那里我们使用了 **plotly express** 模块，现在我们将使用 **graph_objects** 模块来为美国各州生成等值线地图。绘制美国等值线地图包括几个简单的步骤：

（4）导入 **graph_objects** 模块：

```
import plotly.graph_objects as go
```

（5）用 **graph_objects** 中的 **Figure** 函数初始化这个图。具体地，**data** 参数应当是有以下参数的一个 **Choropleth** 类实例：

- **locations**：设置为 DataFrame 中包含州名代码的那一列。
- **z**：设置为包含指定数值特征的列，要用这个列对地图着色。
- **locationmode**：这要设置为 **USA-states**。
- **colorscale**：这要设置为一个颜色方案，如 **Blues** | **Reds** | **Greens**。有关的更多选项，参见 **plotly** 官方文档：https://plot.ly/python/reference/。
- **colorbar_title**：这要设置为颜色条右边的标题，指示颜色与特征值的对应关系。参考以下代码：

```
# initialize the figure
fig = go.Figure(
    data = go.Choropleth(
        locations = df['Code'], # Code for US states
        z = df['Population'].astype(int), # Data to be color-coded
        locationmode = 'USA-states', # set of locations match entries in
'locations'
```

```
        colorscale = 'Blues',
        colorbar_title = "Population",
    )
)
```

（6）用 **update _ layout ( )** 修改布局，设置 **title _ text** 和 **geo _ scope**：

```
# update layout
fig.update_layout(
    title_text = 'US Population across states',
    geo_scope='usa', # limit map scope to USA
)
fig.show()
```

输出如图 6 - 13 所示。

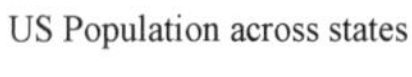

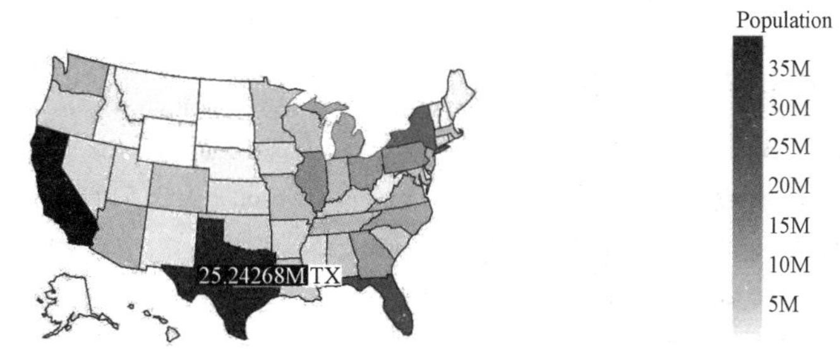

图 6 - 13　更新布局后的州地图

等值线地图是可视化表示一个地理区域不同分区统计数据的有效方法。可以使用 **plotly** 的两个模块 **express** 和 **graph _ objects** 来生成交互式等值线地图。这些模块使用一个标准化国家和州代码体系将分区记录（如国家和州）映射到地理地图上的相应位置。

下一节中，我们将探索如何在地理地图上创建散点图和气泡图。

6.3　在地理地图上绘图

尽管前面的图对于可视化表示全局趋势（如所有国家或州）非常好，但是如果我们想表示较小区域的特征（比如一个州的特征）要怎么做呢？在这一节中，你会学习如何在地图上绘制散点图和气泡图。这一类图中，最直观的就是在地图上标记感兴趣的某些位置。

6.3.1 散点图

我们将在美国地图上画出 Walmart 商店的位置。这个数据集可以从 **plotly** 网站公开获得：https：//github.com/plotly/datasets/，另外也可以从本书的 GitHub 存储库得到。我们通过下面的练习来看如何实现。

6.3.2 练习 49：在一个地理地图上绘制散点图

在这个练习中，我们将使用 **1962－2006 年的开业** Walmart 商店数据集（可以从 https：//raw.githubusercontent.com/TrainingByPackt/Interactive-Data-Visualization-with-Python/master/datasets/1962_2006_walmart_store_openings.csv 得到）。为了从这个数据集创建一个散点图，这里将使用 **graph_objects** 模块。我们会在地图上找到感兴趣的位置，指定经度和纬度，找出美国不同地方的开业 Walmart 商店数量。为此，要完成以下步骤：

（1）导入 Python 模块：

```
import pandas as pd
```

（2）从 **URL** 读取数据：

```
walmart_locations_url = "https://raw.githubusercontent.com/
TrainingByPackt/Interactive-Data-Visualization-with-Python/master/
datasets/1962_2006_walmart_store_openings.csv"
walmart_loc_df = pd.read_csv(walmart_locations_url)
walmart_loc_df.head()
```

输出如图 6-14 所示。

	storenum	OPENDATE	date_super	conversion	st	county	STREETADDR	STRCITY	STRSTATE	ZIPCODE	type_store	LAT	LON	MONTH	DAY	YEAR
0	1	7/1/62	3/1/97	1.0	5	7	2110 WEST WALNUT	Rogers	AR	72756	Supercenter	36.342235	−94.07141	7	1	1962
1	2	8/1/64	3/1/96	1.0	5	9	1417 HWY 62/65 N	Harrison	AR	72601	Supercenter	36.236984	−93.09345	8	1	1964
2	4	8/1/65	3/1/02	1.0	5	7	2901 HWY 412 EAST	Siloam Springs	AR	72761	Supercenter	36.179905	−94.50208	8	1	1965
3	8	10/1/67	3/1/93	1.0	5	29	1621 NORTH BUSINESS 9	Morrilton	AR	72110	Supercenter	35.156491	−92.75858	10	1	1967
4	7	10/1/67	NaN	NaN	5	119	3801 CAMP ROBINSON RD.	North Little Rock	AR	72118	Wal-Mart	34.813269	−92.30229	10	1	1967

图 6-14 开业 Walmart 商店数据集显示了 1962 年～2006 年的的数据

这里还是使用 **graph_objects** 模块在美国地图上生成散点图。对于等值线地图，我们将使用 **graph_objects** 的 **Figure** 函数和 **update_layout（）** 函数。不过，这一次要指定一个 **Scattergeo** 类实

例作为 **Figure ()** 的参数。这里使用 **lon** 和 **lat** 参数传入我们感兴趣的位置的经度和纬度。

（3）使用 **update _ layout** 函数绘制散点图：

```
import plotly.graph_objects as go

fig = go.Figure(data = go.Scattergeo(
          lon = walmart_loc_df['LON'], # column containing longitude
information of the locations to plot
          lat = walmart_loc_df['LAT'], # column containing latitude
information of the locations to plot
          text = walmart_loc_df['STREETADDR'], # column containing value to
be displayed on hovering over the map
          mode = 'markers' # a marker for each location
          ))
fig.update_layout(
         title = 'Walmart stores across world',
         geo_scope = 'usa',
     )
fig.show()
```

输出如图 6 - 15 所示。

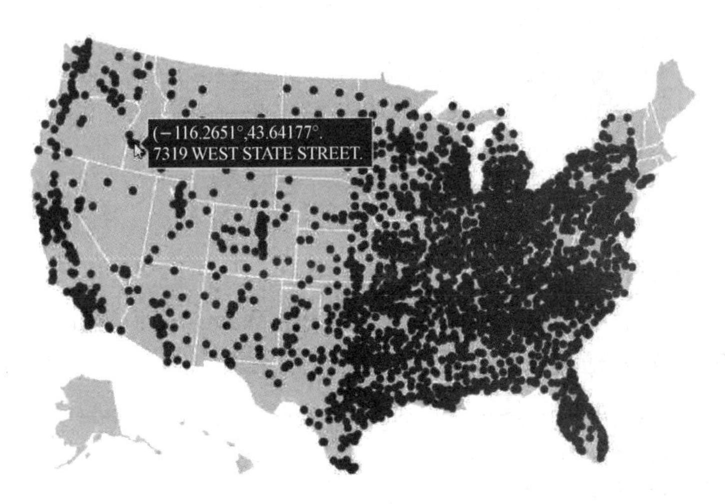

图 6 - 15　美国 Walmart 商店的散点图

大功告成，我们在地图上绘制了一个散点图。可以观察到一个重要的现象，Walmart 主要分布在美国东部而不是美国西部。

下面来看如何在地理地图上绘制气泡图。

6.3.3 气泡图

由于美国地图的东部地区密集地分布着大量 Walmart 商店，显示一个聚合特征可能是个好主意，如不同州的 Walmart 商店数量。气泡图（**bubble plots**）正是为这种可视化设计的。在当前的地理数据可视化中，气泡图会根据感兴趣的区域数量绘制同样多的气泡，气泡的大小取决所表示的值，值越大，气泡就越大。

6.3.4 练习 50：在地理地图上绘制气泡图

在这个练习中，我们将使用 **1962 年～2006 年的开业** Walmart 商店数据集（可以从 https://raw.githubusercontent.com/TrainingByPackt/Interactive-Data-Visualization-with-Python/master/datasets/1962_2006_walmart_store_openings.csv 得到），并生成一个气泡图查看美国不同州的 Walmart 商店数量。然后，我们考虑另一个背景，使用 **internet_usage** 数据集生成一个气泡图，得出世界各地的互联网用户数。我们还会为这个气泡图增加动画，来显示全世界互联网用户数量的增长。为此，要完成以下步骤：

（1）导入 Python 模块：

```
import pandas as pd
```

（2）从 **URL** 读取数据：

```
walmart_locations_url = "https://raw.githubusercontent.com/
TrainingByPackt/Interactive-Data-Visualization-with-Python/master/
datasets/1962_2006_walmart_store_openings.csv"
walmart_loc_df = pd.read_csv(walmart_locations_url)
walmart_loc_df.head()
```

输出如图 6-16 所示。

（3）使用 **groupby** 函数计算每个州的 Walmart 商店数量。如果你不记得这要如何实现，可以回顾第一章中的相关概念，这是个好主意：

```
walmart_stores_by_state = walmart_loc_df.groupby('STRSTATE').count()
['storenum'].reset_index().rename(columns={'storenum':'NUM_STORES'})
walmart_stores_by_state.head()
```

	storenum	OPENDATE	date_super	conversion	st	county	STREETADDR	STRCITY	STRSTATE	ZIPCODE	type_store	LAT	LON	MONTH	DAY	YEAR
0	1	7/1/62	3/1/97	1.0	5	7	2110 WEST WALNUT	Rogers	AR	72756	Supercenter	36.342235	−94.07141	7	1	1962
1	2	8/1/64	3/1/96	1.0	5	9	1417 HWY 62/65 N	Harrison	AR	72601	Supercenter	36.236984	−93.09345	8	1	1964
2	4	8/1/65	3/1/02	1.0	5	7	2901 HWY 412 EAST	Siloam Springs	AR	72761	Supercenter	36.179905	−94.50208	8	1	1965
3	8	10/1/67	3/1/93	1.0	5	29	1621 NORTH BUSINESS 9	Morrilton	AR	72110	Supercenter	35.156491	−92.75858	10	1	1967
4	7	10/1/67	NaN	NaN	5	119	3801 CAMP ROBINSON RD.	North Little Rock	AR	72118	Wal-Mart	34.813269	−92.30229	10	1	1967

图 6-16　开业 Walmart 商店数据集

输出如图 6-17 所示。

	STRSTATE	NUM_STORES
0	AL	90
1	AR	81
2	AZ	55
3	CA	159
4	CO	56

图 6-17　聚合后的开业 Walmart 商店数据集

（4）要生成气泡图，我们将使用 **plotly express** 模块和 **scatter_geo** 函数。注意 **locations** 参数设置为包含州代码的列名，**size** 参数设置为 **NUM_STORES** 特征：

```
import plotly.express as px
fig = px.scatter_geo(walmart_stores_by_state,
                     locations = "STRSTATE", # name of column which contains
state codes
                     size = "NUM_STORES", # name of column which contains
aggregate value to visualize
                     locationmode = 'USA - states',
                     hover_name = "STRSTATE",
                     size_max = 45)

fig.update_layout(
    # add a title text for the plot
    title_text = 'Walmart stores across states in the US',
    # limit plot scope to USA
    geo_scope = 'usa'
)
fig.show()
```

输出如图 6-18 所示。

你能想到还有哪些情况下气泡图会对可视化很有用？再来看互联网使用数据（每个国家使用互联网人数的百分比）来生成一个世界范围的气泡图怎么样？不过，气泡图对于表示计

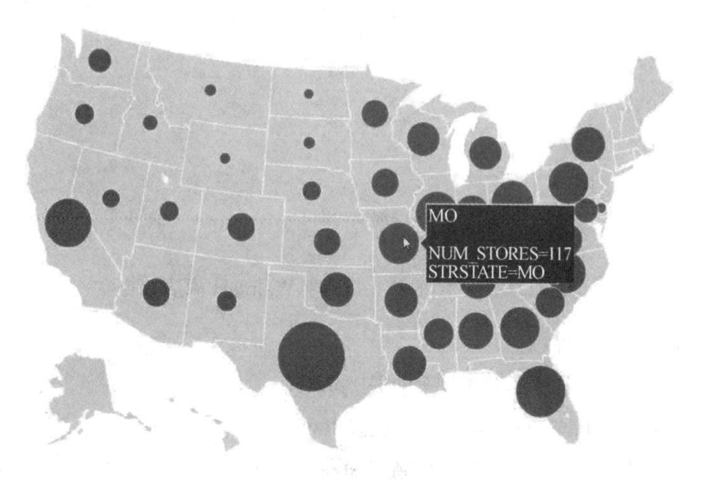

图 6-18 气泡图

数/数字更合适，也比较直观，而不太适合表示各个地区的百分比。

实际上，从之前用来收集数据的同一个资源（(Our World in Data：https：//ourworldindata.org/internet）还可以得到每个国家使用互联网的人数。我们在本书存储库中也提供了这个数据。

（5）使用以下代码从 **internet users by country（各国互联网用户）** 数据集读取数据：

```
import pandas as pd
internet_users_url = "https://raw.githubusercontent.com/TrainingByPackt/
Interactive-Data-Visualization-with-Python/master/datasets/number-of-internet-users-by
-country.csv"
internet_users_df = pd.read_csv(internet_users_url)
internet_users_df.head()
```

输出如图 6-19 所示。

	Country	Code	Year	Number of internet users (users)
0	Afghanistan	AFG	1990	0
1	Afghanistan	AFG	2001	990
2	Afghanistan	AFG	2002	1003
3	Afghanistan	AFG	2003	20272
4	Afghanistan	AFG	2004	25520

图 6-19 互联网用户数据集

（6）按 **Year** 特征对这个 DataFrame 排序：

```
internet_users_df. sort_values(by = ['Year'], inplace = True)
internet_users_df. head()
```

输出如图 6 - 20 所示。

	Country	Code	Year	Number of internet users (users)
0	Afghanistan	AFG	1990	0
1257	Eritrea	ERI	1990	0
1236	Equatorial Guinea	GNQ	1990	0
4016	Timor	TLS	1990	0
1214	El Salvador	SLV	1990	0

图 6 - 20 按年份排序后的互联网用户数据集

（7）对 2016 年全世界互联网用户数绘图：

```
import plotly. express as px

fig = px. scatter_geo(internet_users_df. query("Year = = 2016"),
                      locations = "Code", # name of column indicating countrycodes
                      size = "Number of internet users (users)", # name of
column by which to size the bubble
                      hover_name = "Country", # name of column to be displayed
while hovering over the map
                      size_max = 80, # parameter to scale all bubble sizes
                      color_continuous_scale = px. colors. sequential. Plasma)

fig. update_layout(
    # add a title text for the plot
    title_text = 'Internet users across the world - 2016',
    # set projection style for the plot
    geo = dict(projection = {'type':'natural earth'}) # by default,
projection type is set to 'equirectangular'
)
fig. show()
```

输出如图 6 - 21 所示。

注意到了吗？印度和中国的用户数最多。从前面的数据集我们知道，这些国家使用互联网的人口百分比很低，所以这个庞大的用户群体主要是因为这些国家本来的人口数量就很庞大。

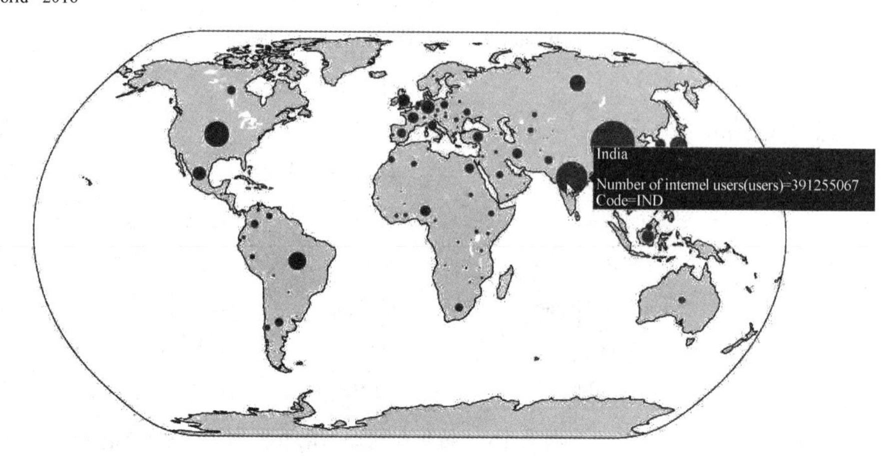

图 6-21　显示全世界互联网用户数的气泡图

（8）使用 **animation_frame** 参数实现气泡图的动画，显示不同年份互联网用户数的增长：

```
import plotly.express as px
fig = px.scatter_geo(internet_users_df,
                     locations="Code", # name of column indicating countrycodes
                     size="Number of internet users (users)", # name of
column by which to size the bubble
                     hover_name="Country", # name of column to be displayed
while hovering over the map
                     size_max=80, # parameter to scale all bubble size
                     animation_frame="Year",
                     )

fig.update_layout(
    # add a title text for the plot
    title_text = 'Internet users across the world',
    # set projection style for the plot
    geo = dict(projection={'type':'natural earth'}) # by default,
projection type is set to 'equirectangular'
)
fig.show()
```

输出如图 6-22（a）、图 6-22（b）所示。

Internet users across the world

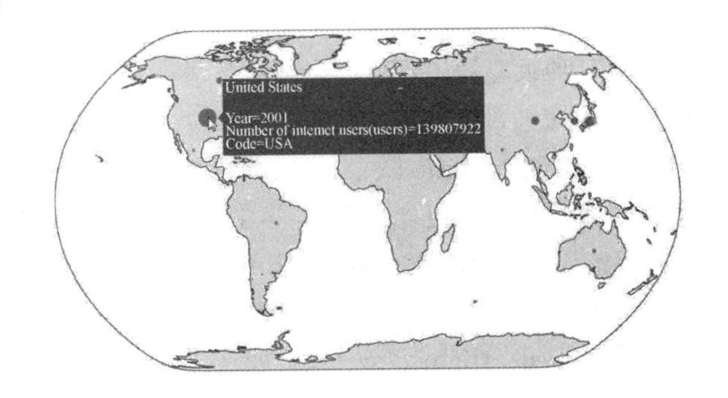

Year=2001

1990 1991 1992 1993 1994 1995 1996 1997 1998 1999 2000 2001 2002 2003 2004 2005 2006 2007 2008 2009 2010 2011 2012 2013 2014 2015 2016 2017

图 6 - 22（a）　2001 年对应美国的动画气泡图

Internet users across the world

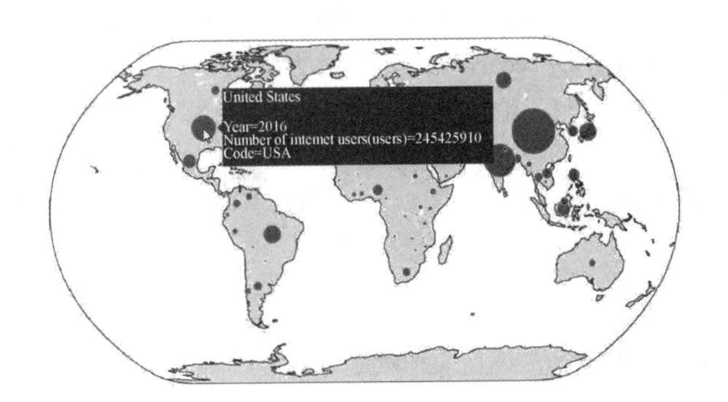

Year=2016

1990 1991 1992 1993 1994 1995 1996 1997 1998 1999 2000 2001 2002 2003 2004 2005 2006 2007 2008 2009 2010 2011 2012 2013 2014 2015 2016 2017

图 6 22（b）　2016 年对应美国的动画气泡图

从前面的两个图可以看到 2001 年和 2016 年之间美国互联网用户数有怎样的增长。

地图上的散点图可以用来显示地理地图上我们感兴趣的特定位置，而气泡图是表示一个地理区域不同分区统计数据的一个好办法。通常会用 **plotly graph _ objects** 的 **Scattergeo** 函数和 **plotly express** 的 **scatter _ geo** 函数在地图上生成交互式散点图和气泡图。

下一节中，我们来看如何在地理地图上绘制折线图。

6.3.5 地理地图上的折线图

地图上显示的折线图中另一种重要的地理数据可视化方法。

这一节中，我们将使用美国交通部（**U.S. Department of Transportation，DOT**）运输统计局发布的 2015 年航班延迟和取消（Flight Delays and Cancellations）数据集中的机场和航班数据。由于这个数据集很庞大，我们只包含了 2015 年 1 月 1 日所有延迟航班的数据。这个缩减的数据集包含了 1820 个航班的记录，在本书 GitHub 存储库中提供为两个文件：

airports.csv：包含所有机场的位置属性，如经度和纬度信息

new_year_day_2015_delayed_flights.csv：包含所选子集中所有航班的航班详细信息，如航班号、起飞机场和目标机场。

6.3.6 练习 51：在地理地图上绘制折线图

（1）在这个练习中，我们将使用机场（**airports**）数据集（可以在 https://raw.githubusercontent.com/TrainingByPackt/Interactive-Data-Visualization-with-Python/master/datasets/airports.csv 得到），首先生成一个散点图得出美国所有机场的位置。然后合并这两个 DataFrame（**flights** 和 **airport_record**），来得到所有航班起飞和目标机场的经度和纬度，并使用这个合并的数据集为每个航班绘制从起飞机场到目标机场的折线图。为此完成以下步骤：

（2）首先加载 **airports** 数据集：

```
import pandas as pd
us_airports_url = "https://raw.githubusercontent.com/TrainingByPackt/
Interactive-Data-Visualization-with-Python/master/datasets/airports.csv"
us_airports_df = pd.read_csv(us_airports_url)
us_airports_df.head()
```

输出如图 6-23 所示。

	IATA_CODE	AIRPORT	CITY	STATE	COUNTRY	LATITUDE	LONGITUDE
0	ABE	Lehigh Valley Intemational Airport	Allentown	PA	USA	40.65236	−75.44040
1	ABI	Abilene Regional Airport	Abilene	TX	USA	32.41132	−99.68190
2	ABQ	Albuquerque International Sunport	Albuquerque	NM	USA	35.04022	−106.60919
3	ABR	Aberdeen Regional Airport	Aberdeen	SD	USA	45.44906	−98.42183
4	ABY	Southwest Georgia Regional Airport	Albany	GA	USA	31.53552	−84.19447

图 6-23 机场数据集

（3）在美国地图上生成一个散点图，指示我们的数据集中所有机场的位置，这里要使用 **graph _ objects** 模块：

```
import plotly.graph_objects as go
fig = go.Figure()
fig.add_trace(go.Scattergeo(
    locationmode = 'USA - states',
    lon = us_airports_df['LONGITUDE'],
    lat = us_airports_df['LATITUDE'],
    hoverinfo = 'text',
    text = us_airports_df['AIRPORT'],
    mode = 'markers',
    marker = dict(size = 5,color = 'black')))
fig.update_layout(
    title_text = 'Airports in the USA',
    showlegend = False,
    geo = go.layout.Geo(
        scope = 'usa'
    )
)
fig.show()
```

输出如图 6 - 24 所示。

Airports in the USA

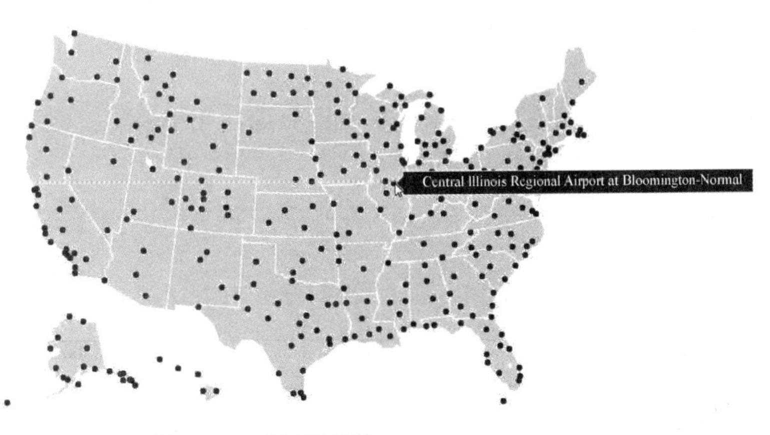

图 6 - 24　美国机场数

真不错！停在一个数据点上时，你会得到这个美国机场的名字。前面的图显示了 **Central Illinois Regional Airport at Bloomington - Normal**。

注意到了吗？除了通常创建的 **Scattergeo** 类实例，这里还有一个 **add _ trace ( )** 函数。之所以使用 **add _ trace** 函数，这是因为我们要在地图上的这个散点图之上以线的形式添加我们的航班数据。**add _ trace** 允许 **plotly** 把散点图和折线图处理为地图上的多个层。

（4）加载包含航班记录的文件：

```
new_year_2015_flights_url = "https://raw.githubusercontent.com/
TrainingByPackt/Interactive-Data-Visualization-with-Python/master/
datasets/new_year_day_2015_delayed_flights.csv"
new_year_2015_flights_df = pd.read_csv(new_year_2015_flights_url)
new_year_2015_flights_df.head()
```

输出如图 6-25 所示。

	YEAR	MONTH	DAY	DAY_OF_WEEK	AIRLINE	FLIGHT_NUMBER	TAIL_NUMBER	ORIGIN_AIRPORT	DESTINATION_AIRPORT
0	2015	1	1	4	HA	17	N389HA	LAS	HNL
1	2015	1	1	4	B6	2134	N307JB	SJU	MCO
2	2015	1	1	4	B6	2276	N646JB	SJU	BDL
3	2015	1	1	4	US	425	N174US	PDX	PHX
4	2015	1	1	4	AA	89	N3KVAA	IAH	MIA

图 6-25 包含航班记录的数据集

（5）除了每个航班的起降机场，我们还需要得到相应机场的经度和纬度信息。为此，需要合并包含机场数据和航班数据的 DataFrame。下面首先合并这两个数据集来得到所有航班起飞机场的经度和纬度信息：

```
# merge the DataFrames on origin airport codes
new_year_2015_flights_df = new_year_2015_flights_df.merge(us_airports_
df[['IATA_CODE','LATITUDE','LONGITUDE']], \
                                                    left_on='ORIGIN_
AIRPORT', \
                                                    right_on='IATA_
CODE', \
                                                    how='inner')

# drop the duplicate column containing airport code
new_year_2015_flights_df.drop(columns=['IATA_CODE'],inplace=True)
```

```
# rename the latitude and longitude columns to reflect that they correspond
to the origin airport
new_year_2015_flights_df.rename(columns = {"LATITUDE":"ORIGIN_AIRPORT_
LATITUDE", "LONGITUDE":"ORIGIN_AIRPORT_LONGITUDE"},inplace = True)
new_year_2015_flights_df.head()
```

输出如图 6-26 所示。

	YEAR	MONTH	DAY	DAY_OF_WEEK	AIRLINE	FLIGHT_NUMBER	TAIL_NUMBER	ORIGIN_AIRPORT	DESTINATION_AIRPORT	SCHEDULED_DEPARTURE	…
0	2015	1	1	4	HA	17	N389HA	LAS	HNL	145	…
1	2015	1	1	4	HA	7	N395HA	LAS	HNL	900	…
2	2015	1	1	4	AA	1623	N438AA	LAS	DFW	905	…
3	2015	1	1	4	DL	1530	N954DN	LAS	MSP	920	…
4	2015	1	1	4	WN	1170	N902WN	LAS	ELP	950	…

图 6-26　合并的航班数据集

（6）下面完成类似的合并，来得到所有航班目标机场的经度和纬度：

```
# merge the DataFrames on destination airport codes
new_year_2015_flights_df = new_year_2015_flights_df.merge(us_airports_
df[['IATA_CODE','LATITUDE','LONGITUDE']], \
                                                    left_
on = 'DESTINATION_AIRPORT', \
                                                    right_on = 'IATA_
CODE', \
                                                    how = 'inner')

# drop the duplicate column containing airport code
new_year_2015_flights_df.drop(columns = ['IATA_CODE'],inplace = True)

# rename the latitude and longitude columns to reflect that they correspond
to the destination airport
new_year_2015_flights_df.rename(columns = {'LATITUDE':'DESTINATION_AIRPORT_
LATITUDE', 'LONGITUDE':'DESTINATION_AIRPORT_LONGITUDE'},inplace = True)
new_year_2015_flights_df.head()
```

输出如图 6-27 所示。

（7）下面来画我们的折线图。对于每个航班，我们要在起飞机场和目标机场之间画一条线。为此，要把目标和起飞机场的经度和纬度提供给 **Scattergeo** 的 **lon** 和 **lat** 参数，并设置

mode 为*lines* 而不是*markers* 。

	YEAR	MONTH	DAY	DAY_OF_WEEK	AIRLINE	FLIGHT_NUMBER	TAIL_NUMBER	ORIGIN_AIRPORT	DESTINATION_AIRPORT	SCHEDULED_DEPARTURE	…
0	2015	1	1	4	HA	17	N389HA	LAS	HNL	145	…
1	2015	1	1	4	HA	7	N395HA	LAS	HNL	900	…
2	2015	1	1	4	UA	253	N768UA	IAH	HNL	920	…
3	2015	1	1	4	UA	328	N210UA	DEN	HNL	1130	…
4	2015	1	1	4	UA	1173	N56859	SFO	HNL	805	…

5 rows×35 columns

图 6-27　合并的航班数据集

另外要注意，这里我们使用了另一个 **add_trace** 函数。显示这些航班路线需要几分钟时间：

```
for i in range(len(new_year_2015_flights_df)):
    fig.add_trace(
        go.Scattergeo(
            locationmode = 'USA-states',
            lon = [new_year_2015_flights_df['ORIGIN_AIRPORT_LONGITUDE'][i],
new_year_2015_flights_df['DESTINATION_AIRPORT_LONGITUDE'][i]],
            lat = [new_year_2015_flights_df['ORIGIN_AIRPORT_LATITUDE'][i],
new_year_2015_flights_df['DESTINATION_AIRPORT_LATITUDE'][i]],
            mode = 'lines',
            line = dict(width = 1,color = 'red')
        )
)

fig.update_layout(
    title_text = 'Delayed flight on Jan 1, 2015 in USA',
    showlegend = False,
    geo = go.layout.Geo(
        scope = 'usa'
    )
)
fig.show()
```

输出如图 6-28 所示。

以上就是这一节的全部内容。希望你喜欢这个新技能，创建出各种美观的地理数据图！

Delayed flight on Jan1,2015 in USA

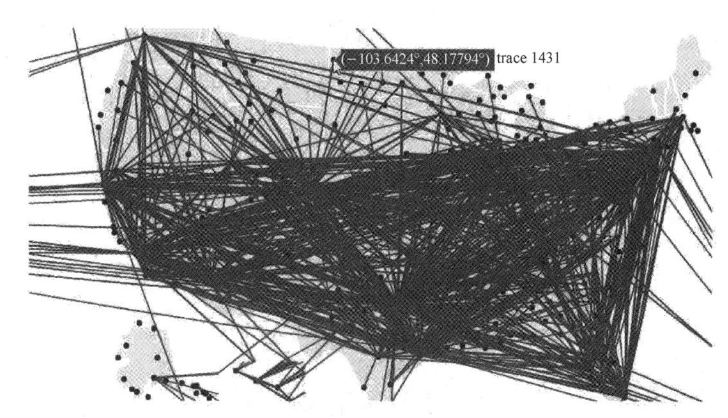

图 6 - 28　所有延迟航班的折线图

地理地图上的折线图可以使用 **plotly** 的 **graph _ objects** 模块生成。一般地，会使用一个分层技术，利用 **add _ trace ( )** 函数在地图上添加两个图，所要连接的位置绘制为一个散点图，连接不同位置的路线绘制为折线图。

6.3.7　实践活动 6：创建一个等值线地图表示全世界可再生能源生产和消费总量

我们将使用 Our World in Data（https：//ourworldindata. org/renewable - energy）中的可再生能源消费和生产（**Renewable Energy Consumption and Production** ）数据集。这些数据集在本书 GitHub 存储库中提供为 **share - of - electricityproduction - from - renewable - sources. csv**（生产数据集）和 **renewableenergy - consumption - by - country. csv**（消费数据集）。你的任务是为全世界不同国家的可再生能源生产和消费总量创建等值线地图，并根据 2007 年～2017 年（不包括 2017 年）间生产/消费年份实现动画。

概要步骤：

（1）加载可再生能源生产（**renewable energy production**）数据集。

（2）根据 **Year** 特征对 **production** DataFrame 排序。

（3）使用 **plotly express** 模块为可再生能源生产数据生成一个等值线地图，并根据 **Year** 实现动画。

（4）更新布局，包括一个合适的投影方式和标题文本，然后显示这个图。

（5）加载可再生能源消费（**renewable energy consumption**）数据集。

（6）将 **consumption** DataFrame 转换为适合可视化的格式。

（7）根据 **Year** 特征对 **consumption** DataFrame 排序。

（8）使用 **plotly express** 模块为可再生能源消费数据生成一个等值线地图，并根据 **Year** 实现动画。

（9）更新布局，包括一个合适的投影方式和标题文本，然后显示这个图。

期望的输出如下：

第 1 步完成后输出如图 6 - 29 所示。

	Country	Code	Year	Renewable electricity（% electricity production）
0	Afghanistan	AFG	1990	67.730496
1	Afghanistan	AFG	1991	67.980296
2	Afghanistan	AFG	1992	67.994310
3	Afghanistan	AFG	1993	68.345324
4	Afghanistan	AFG	1994	68.704512

图 6 - 29　可再生能源数据集

第 2 步完成后输出如图 6 - 30 所示。

	Country	Code	Year	Renewable electricity（% electricity production）
0	Afghanistan	AFG	1990	67.730496
1668	France	FRA	1990	13.369879
1643	Finland	FIN	1990	29.451790
1618	Fiji	FJI	1990	82.441113
1593	Faeroe Islands	FRO	1990	35.545024

图 6 - 30　按年份排序后的可再生能源数据集

第 4 步完成后输出如图 6 - 31（a）、图 6 - 31（b）所示。

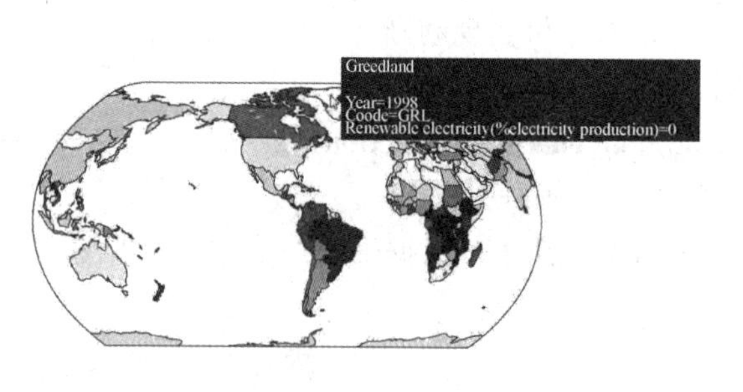

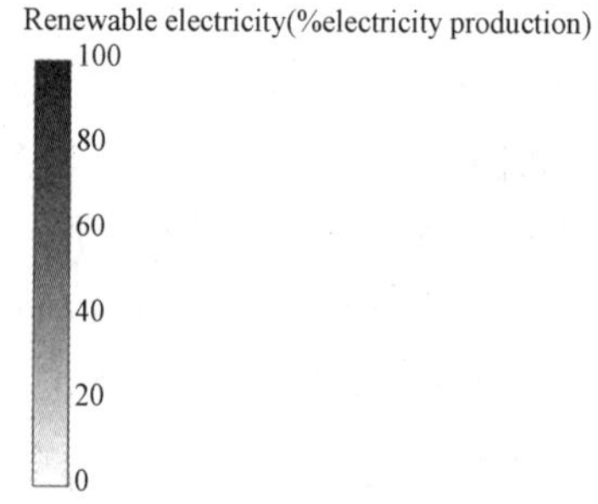

图 6 - 31（a）　显示 1998 年格陵兰岛可再生能源生产量的等值线地图

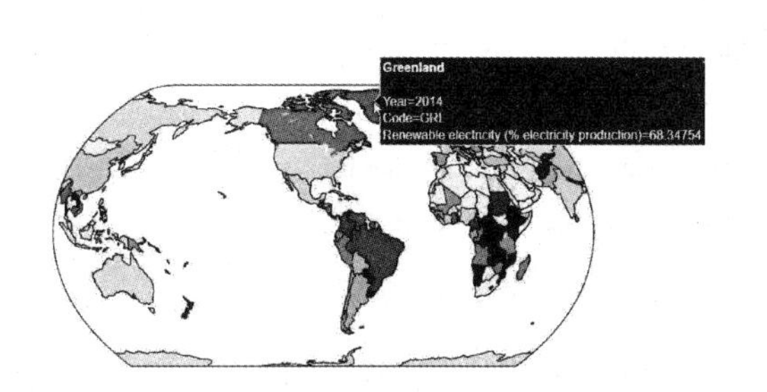

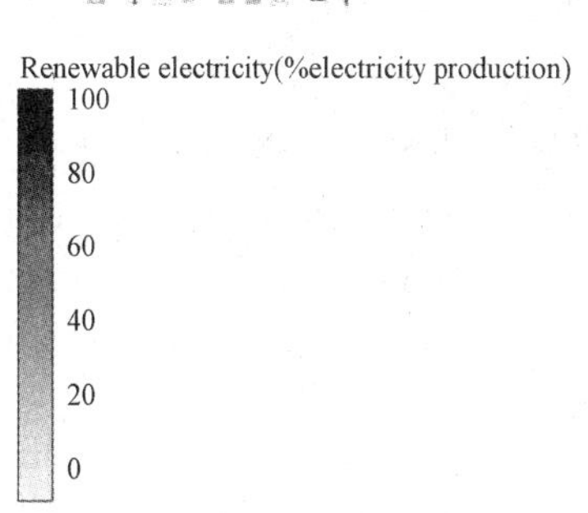

图 6 - 31（b）　显示 2014 年格陵兰岛可再生能源生产量的等值线地图

第 5 步完成后输出如图 6 - 32 所示。

	Country	Code	Year	Traditional biofuels	Other renewables (modern biofuels, geothermal, wave & tidal)	wind	solar PV	Hydropower	Total
0	Algeria	DZA	1965	NaN	0.0	0.0	0.0	NaN	0.0
1	Algeria	DZA	1966	NaN	0.0	0.0	0.0	NaN	0.0
2	Algeria	DZA	1967	NaN	0.0	0.0	0.0	NaN	0.0
3	Algeria	DZA	1968	NaN	0.0	0.0	0.0	NaN	0.0
4	Algeria	DZA	1969	NaN	0.0	0.0	0.0	NaN	0.0

图 6 - 32　可再生能源消费数据集

第 6 步完成后输出如图 6 - 33 所示。

	Country	Code	Year	Energy Source	Consumption (terrawatt - hours)
0	Algeria	DZA	1965	Energy Source	Traditional biofuels
1	Algeria	DZA	1966	Energy Source	Traditional biofuels
2	Algeria	DZA	1967	Energy Source	Traditional biofuels
3	Algeria	DZA	1968	Energy Source	Traditional biofuels
4	Algeria	DZA	1969	Energy Source	Traditional biofuels

图 6 - 33　转换后所需的数据集

第 7 步完成后输出如图 6 - 34 所示。

	Country	Code	Year	Energy Source	Consumption（terrawatt - hours）
0	Algeria	DZA	1965	Traditional biofuels	NaN
4240	Finland	FIN	1965	Other renewables（modern biofuels，geothermal，…	0.0
17252	Chile	CHL	1965	Total	0.0
4292	France	FRA	1965	Other renewables（modern biofuels，geothermal，…	0.0
4344	Germany	DEU	1965	Other renewables（modern biofuels，geothermal，…	0.0

图 6 - 34　按年份排序后的数据集

第 8 步完成后输出如图 6 - 35（a）、图 6 - 35（b）所示。

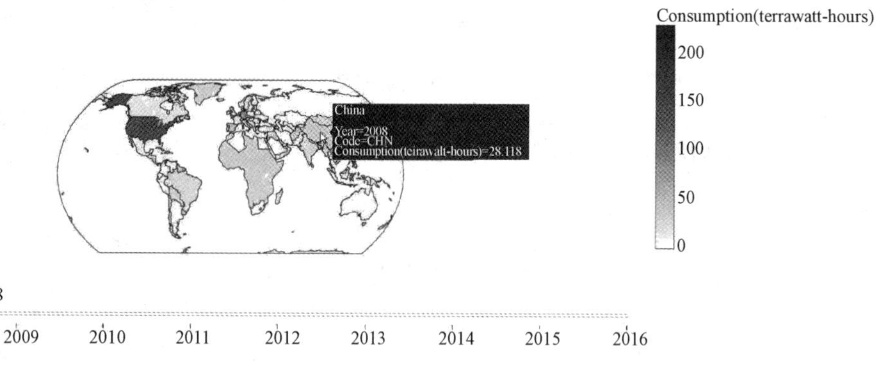

图 6 - 35（a）　显示 2008 年中国可再生能源消费量的等值线地图

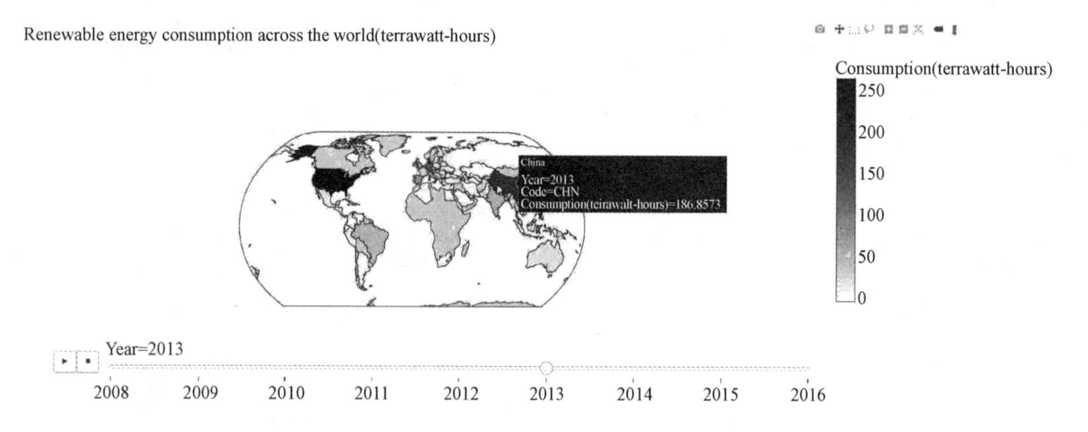

图 6 - 35（b）　显示 2013 年中国可再生能源消费量的等值线地图

> **说明**
> 答案见附录第 6 节。

6.4　小结

在这一章中，我们介绍了 3 种不同类型的可视化，分别是地理数据等值线地图，地理地图上的散点图和气泡图，以及地理地图上的折线图。等值线地图可以在地理地图上表示不同地区的聚合统计信息。散点图可以有效地表示有关特定位置的详细信息，而气泡图可以用来表示地图上每个地区的统计数据。折线图可以帮助可视化表示路线，例如交通系统的路线。

可以使用 **plotly express** 和 **graph _ objects** 模块很容易地生成这些图，并根据数据集中一个离散的数值特征完成动画。

下一章中，我们将介绍创建可视化时可能遇到的一些常见问题，以及如何避免这些问题。此外，我们还会给出生成交互式可视化的一个速查表。

第 7 章　避免创建交互式可视化的常见陷阱

学习目标

学习完这一章，你将掌握以下内容：

- 明确创建可视化时会犯的错误。
- 使用技术改正错误，创建有效的可视化。
- 为特定类型的数据选择和设计适当的可视化。
- 描述用于创建可视化的不同的库和工具。

这一章中，我们将学习如何避免创建交互式可视化时常见的问题。这一章还会概要介绍创建基于上下文的可视化时可以使用的一些便捷的技巧。

7.1　本章介绍

这本书前面各章从静态数据可视化谈到交互式数据可视化，描述了各种交互特性（如滑动条和悬停提示工具）以及与时态数据和地理数据等特定类型数据有关的不同类型的图（如分组柱状图、折线图和世界等值线地图）。这一章会列出并解释在数据可视化过程的各个阶段可能犯的一些错误（如可视化一个数据集中不相关的元素来显示一个关系，或者创建一个不合适的交互特性），还会讨论如何确保最终的可视化是合适的，既简单又能提供丰富的信息。另外，这一章的最后还会提供一个速查表，描述完成数据可视化时应当使用哪些库和哪些类型的可视化。

数据可视化的过程看起来可能很简单：得到一些数据，绘制一些图，增加一些交互特性，这就行了！你的任务已经完成，或者也可能并没有完成任务，这个过程中很多地方都可能犯错误。这些错误最终会导致得到一个有问题的可视化，不能容易和有效地传达数据真正要表达的信息，对查看这些可视化的人来说，这完全没有用。

下面把数据可视化过程分为两部分：数据的格式化和解释，以及数据可视化，从而了解可能在哪里犯哪些错误，以及如何最好地避免这些错误。

7.2　数据格式化和解释

交互式数据可视化的目的是以可视化方式交互式地呈现数据，以便于理解。因此，很自然地，数据是所有可视化中最重要的因素。所以，数据可视化的第一个阶段就是要理解你面对的数据：理解它是什么，它的含义是什么，以及要传达什么信息。只有当你理解了数据，才能设计一个能帮助其他人理解这些数据的可视化。

另外，要确保你的数据是有意义的，而且包含有足够的信息来实现可视化（不论它是分类数据、数值数据或者二者的混合），这一点很重要。所以，如果你处理的是有错误的数据或者脏数据，最后肯定会得到一个有问题的可视化。

下一节中，我们将介绍这个阶段常犯的一些错误以及避免错误的一些方法。

7.2.1　避免处理脏数据时常见的问题

进来是垃圾，出去也是垃圾。这是数据科学领域的一个很流行的说法，特别是对于数据可视化。这基本上是说，如果你使用混乱嘈杂的数据，就会得到一个缺乏信息的有问题的可视化。

混乱嘈杂的脏数据对应数据中存在的一系列问题。下面来逐个讨论这些问题，并介绍处理这种数据的方法。

7.2.2　异常值

如果数据包含不正确的值，或者包含的实例与数据集中其余数据明显不同，这些数据称为异常值或野值（**outliers**）。

这是数据集中与大多数数据点明显不同的一些数据点。这些异常值可能是真实的，也就是说，看起来不正确但实际上并非如此，或者可能是收集或存储数据时出了错。

下面来看收集或存储数据时出错的例子。下表列出了某个健身房的客户的年龄（**age**）、体重（**weight**）和性别（**sex**）。**sex** 列包含 3 个离散值 **0**、**1** 和 **2**，分别对应男性（**male**）、女性（**female**）和其他（**other**）。**age** 列是客户的年龄（多少岁），**weight** 列的单位是千克（kg）。数据集如图 7 - 1 所示。

	age	weight	sex
0	29	88	2
1	45	96	1
2	35	91	0
3	37	790	1
4	27	62	0

图 7 - 1　显示存储数据时出错的一个 DataFrame 的前几行

看起来一切正常，直到我们看到第 4 个实例（第 3 条），这里 **weight** 列为 **790** kg。这很奇怪，因为没有人的体重能达到 790kg，特别是一个身高仅为 5 英尺 7 英寸的人。存储这个数据的人肯定本来想写 79kg，不过错误地多加了一个 0。这就是数据集中的一个异常值实例。现在看起来这没什么，不过，这可能会带来有问题的可视化，得出错误结论和机器学习模型预测或模式，特别是如果这个数据有多个重复，会有很不好的影响。

	age	weight	sex
0	29	88	2
1	45	96	1
2	35	91	0
3	37	167	1
4	27	62	0

图 7-2 显示一个真实异常值的 DataFrame 的前几行

下面来看图 7-2 中真实异常值的一个例子。

第 4 个实例（第 3 条）中的 weight 为 **167** 千克，这看起来确实有些太高了。不过，这仍然是一个合理值，有可能某个人存在健康问题，37 岁时确实重达 167kg。因此，这是一个真实异常值（**genuine outlier**）。

在前面的例子中，很容易发现异常值，因为这里只有 5 个实例，不过，在实际中，我们的数据集很庞大，所以如果要检查每一个实例是否有异常值，这会是一个烦琐而且不切实际的任务。因此，在真实场景中，我们可以使用基本静态数据可视化（如箱形图）来观察是否存在异常值。

箱形图是很简单但能提供丰富信息的数据可视化，可以告诉我们有关数据如何分布的大量信息。它们会根据 5 个关键值显示数据的范围：

- 列中的最小值。
- 第一四分位数。
- 中位数。
- 第三四分位数。
- 列中的最大值。

所以，除了能描述数据的对称性、分组的紧密程度（是否所有值都聚在一起，还是分散在一个很大的范围内）以及是否偏斜之外，箱形图还能很好地显示异常值。

7.2.3 练习 52：使用箱形图可视化表示数据集中的异常值

在这个练习中，我们要创建一个箱形图检查我们的数据集中是否包含异常值。我们将使用 **gym.csv** 数据集，其中包含某个健身房的客户信息。以下步骤可以帮助你解决这个问题：

（1）从本书 GitHub 存储库下载名为 **gym** 的 .csv 文件，把它下载到你要创建交互式数据可视化的那个文件夹。

> **说明**
> 数据集可以在这里找到：https://github.com/TrainingByPackt/Interactive-Data-Visualization-with-Python/tree/master/datasets。

（2）取决于你使用的操作系统，打开 **cmd** 或一个终端窗口。

（3）导航到存储 **.csv** 文件的文件夹，使用以下命令启动一个 Jupyter notebook：

jupyter notebook

（4）导入 **pandas** 库：

```
import pandas as pd
```

（5）导入 **numpy** 库：

```
import numpy as np
```

（6）导入 **plotly. express 库：**

```
import plotly.express as px
```

（7）把 **gym. csv** 文件存储在一个名为 gym 的 DataFrame 中，并打印前 5 行查看它的数据：

```
pd.read_csv('https://raw.githubusercontent.com/TrainingByPackt/
Interactive-Data-Visualization-with-Python/master/datasets/gym.csv')
gym.head()
```

输出如图 7-3 所示。

	age	weight	sex
0	29	88	2
1	45	96	1
2	35	91	0
3	37	790	1
4	27	62	0

图 7-3 gym DataFrame 的前 5 行

可以看到，我们的数据有 3 列：**age**，**weight** 和 **sex**。**sex** 列包含 3 个离散值，分别对应 3 个离散类，0 是男性，1 是女性，2 是其他。

（8）创建一个箱形图，x 轴是 **sex** 列，y 轴是 **weight** 列：

```
fig = px.box(gym, x = 'sex', y = 'weight', notched = True)
```

（9）显示这个图：

```
fig.show()
```

输出如图 7-4 所示。

y 轴的标尺看起来很奇怪，这个标尺过大，因为所有箱形图都挤在图下方 1/8 的范围内，所以不能提供一个清晰的数据可视化。这是因为我们的 DataFrame 的第 4 个实例中有异常值：**790** kg。如果鼠标停在这个点附近，你会看到结果如图 7-5 所示。

所有值看起来都很正常，只有图上方的一个异常值（**max=790**）除外。

下面来看处理异常值的方法。

处理异常值

处理异常值有 3 种主要方法：

删除（Deletion）：如果只有很少的实例（行）包含异常值，那么可以从数据集中将这些

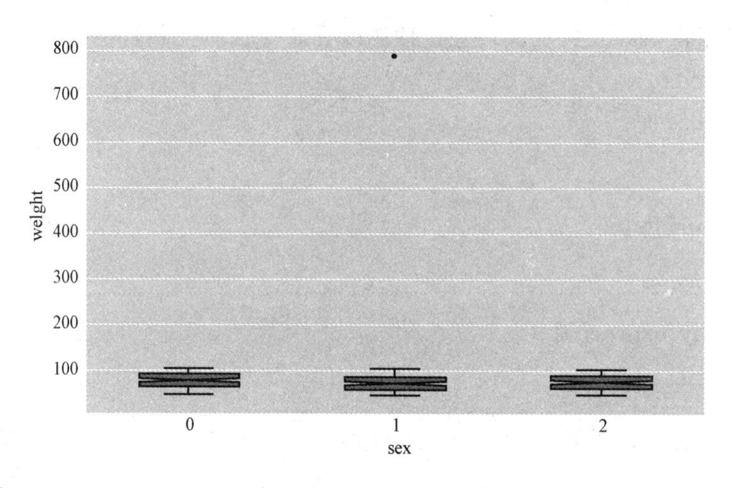

图 7-4　gym DataFrame 的箱形图，sex=1 的箱子中异常值显示为一个蓝点

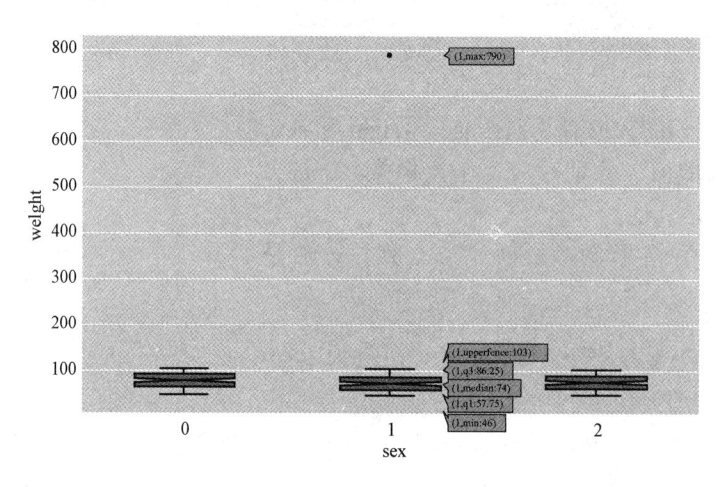

图 7-5　悬停在异常值上显示的结果

实例完全删除，这样只留下一个无异常值的数据集。还有些情况下某个特征（列）中包含大量异常值。在这种情况下，可以从数据集删除这个特定的特征，但前提是这个特征不重要。不过删除数据并不总是最好的办法。

插补（Imputation）：插补是比删除更好的选择，特别是当数据集中有很多异常值时。

可以采用 3 种做法：

• 最常用的方法是用列的均值、中位数或众数插补异常值。不过，对于有很多异常值的情况，这些值可能还不够好，因为每个异常值都会替换为相同的值（均值、中位数或者众数)。

• 要为异常值得到更好的插补值，特别是在时间序列分析的情况下，另一种方法是线性插补，也就是说，使用线性多项式在已知数据点的限定范围内创建新数据点来替换异常值。

• 对于数值数据，还可以使用线性回归模型预测缺失值，如果缺失值是分类数据，这种情况下可以使用逻辑回归模型。线性回归和逻辑回归都是有监督机器学习算法，也就是说，它们从有标签数据进行学习，对新的无标签数据做出预测。线性回归（*Linear regression*）用于预测数值，而逻辑回归用于预测分类值。

• 例如，假设你有一个数据集，需要由这个数据集显示身高和体重之间的关系。height列包含多个异常值，不过，由于这是一个重要的特征，不能删除这个列，也不能插补这个列的均值，因为这会得到错误的关系。可以把这个数据集划分为两个数据集：

(a) 训练数据集，其中包含没有异常值的实例。

(b) 新数据集，其中只包含 **height** 列中有异常值的那些实例。

然后可以在训练数据集上使用一个线性回归模型。这个模型将从这个数据学习，然后，提供新数据集作为输入时，它能为 height 列预测值。现在可以把这两个数据集合并起来，用来创建可视化，因为这里不再有异常值。

转换（Transformation）：这是转换异常值的过程，对于存在异常值的数据列，要建立新的列，例如，将值转换为百分比，并使用这个列作为特征而不是使用原来的列。

在下面的小节中，我们将完成一个练习来了解如何处理异常值。

7.2.4 练习 53：处理异常值

在这个练习中，我们将从*练习 52“使用箱形图可视化表示数据集中的异常值”*中使用的数据集删除包含异常值的实例，并根据这个新数据集生成一个箱形图，再次实现这个数据集的可视化。来完成以下步骤：

(1) 导入 **pandas** 和 **numpy** 库：

```
import pandas as pd
import numpy as np
```

(2) 导入 **plotly.express** 库：

```
import plotly.express as px
```

(3) 把 **gym.csv** 文件存储在一个名为 gym 的 DataFrame 中，并打印前 5 行查看它的数据：

```
gym = pd.read_csv('gym.csv')
```

（4）创建一个箱形图，x 轴是 **sex** 列，y 轴是 **weight** 列：

```
fig = px.box(gym, x = 'sex', y = 'weight', notched = True)
```

（5）显示这个图：

```
fig.show()
```

输出如图 7 - 6 所示。

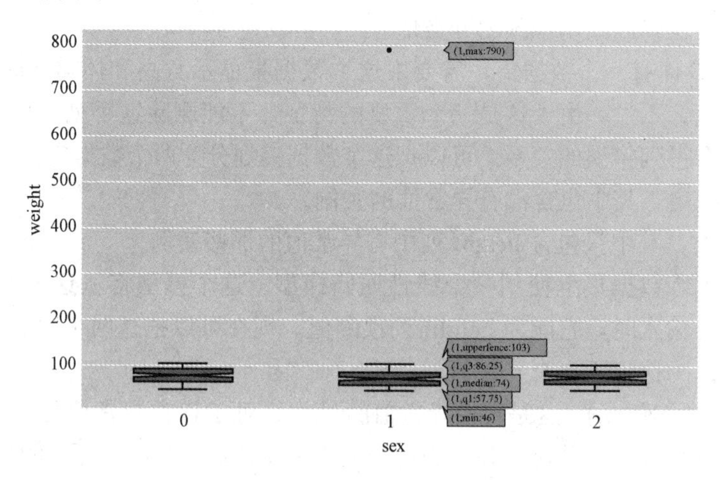

图 7 - 6　有异常值的箱形图

鼠标停在 **sex=1** 的箱子上时，可以看到上限为 **103**。因此，我们知道，weight 列中的最大值是 **103**。

（6）修改 **gym** DataFrame，使它只包含 **weight** 小于 103 的那些实例，并打印前 5 行：

```
gym = gym[gym['weight'] <104]
gym.head()
```

	age	weight	sex
0	29	88	2
1	45	96	1
2	35	91	0
4	27	62	0
5	58	55	0

图 7 - 7　没有异常值的新 DataFrame 的前 5 行

输出如图 7 - 7 所示。

现在没有异常值了！

（7）下面创建一个箱形图看看现在的数据是怎样的：

```
fig1 = px.box(gym, x = 'sex', y = 'weight', notched = True)
fig1.show()
```

输出如图 7-8 所示。

现在我们的可视化看起来很不错！没有了异常值，所以 y 轴的标尺是合适的。既然我们已经了解了如何处理异常值，下面来看数据中存在的其他可能导致错误可视化的问题。

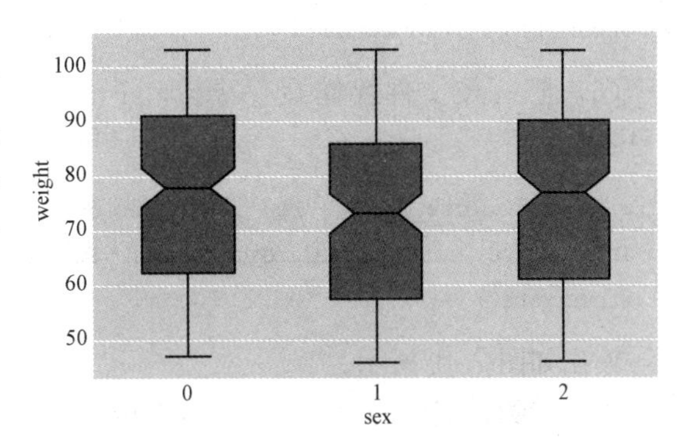

图 7-8　没有异常值的箱形图

7.2.5　缺失数据

顾名思义，缺失数据就是空值（**NaN，-，不该为 0 时为 0，诸如此类**）。与异常值一样，缺失值对于可视化和机器学习模型都会带来问题。可视化中的缺失值可能显示一个实际上并不存在的趋势，或者无法反映两个变量之间实际上很重要的一个关系。尽管可以用包含缺失值的数据集创建可视化，但并不建议这么做。如果这样做，有缺失值的那些实例会被忽略，这样就会根据部分数据而非全部数据创建可视化。因此处理缺失值至关重要。

处理缺失值有两种主要方法：删除和插补，这两个方法在介绍处理异常值时已经讨论过。同样的逻辑也适用于缺失值。

7.2.6　练习 54：处理缺失值

在这个练习中，我们将使用一个包含 7 个缺失值的数据集，这些缺失值以 0 的形式出现。首先，我们将删除包含这些缺失值的实例，生成一个箱形图来看删除大量实例对可视化的影响。然后我们将在包含缺失值的这一列中插补这一列的中位数值，填补原来的缺失值，再根据这个插补后的数据集生成一个箱形图。来完成以下步骤：

（1）从本书 GitHub 存储库下载名为 **weight** 的 .csv 文件，把它下载到你要创建交互式数据可视化的那个文件夹。

（2）导航到存储 **.csv** 文件的文件夹，使用以下命令启动一个 Jupyter notebook：

```
jupytcr notcbook
```

（3）导入 **pandas** 库：

```
import pandas as pd
```

（4）导入 **numpy** 库：

```
import numpy as np
```

（5）导入 **plotly. express** 库：

```
import plotly.express as px
```

（6）把 .csv 文件存储在一个 DataFrame 中，并使用 **.describe ( )** 函数显示它的有关信息：

```
w = pd.read_csv('https://raw.githubusercontent.com/TrainingByPackt/
Interactive-Data-Visualization-with-Python/master/datasets/weight.csv')
w.describe()
```

输出如图 7-9 所示。

可以看到，我们的数据集中，**weight** 最小值是 0，不过，没有人的体重会是 **0**kg，这说明，存在形式为 0 的缺失值。下面试着删除这些实例。

（7）创建一个新 DataFrame，其中只包含 weight 不等于 0 的实例。显示这个新 DataFrame 的信息：

```
doc_w = w[w['weight']! = 0]
doc_w.describe()
```

输出如图 7-10 所示。

	weight	sex
count	62.000000	62.000000
mean	38.200000	0.838710
std	9.870307	0.813685
min	21.000000	0.000000
25%	31.250000	0.000000
50%	38.100000	1.000000
75%	46.000000	1.750000
max	56.000000	2.000000

图 7-9　weight DataFrame 的统计信息

	weight	sex
count	55.000000	55.000000
mean	38.200000	0.836364
std	10.49056	0.811118
min	21.00000	0.000000
25%	31.00000	0.000000
50%	36.00000	1.000000
75%	46.50000	1.500000
max	56.00000	2.000000

图 7-10　完成删除后 DataFrame 的统计信息

（8）用这个新 DataFrame 创建一个箱形图，x 轴为 **sex，y 轴为 weight**。然后显示这个图：

```
fig1 = px.box(doc_w, x = 'sex', y = 'weight', notched = True)
fig1.show()
```

输出如图 7-11 所示。

现在，weight 最小值为 **21**，这更合理。不过，我们的记录数从 62 减为 55，这说明我们从数据集中删除了 7 个实例。在这个例子中可能看起来很少，但在实际中，这会对得到的结论产生严重的影响。另外，在前面的箱形图中，sex=0 的箱子下界和 sex=2 的箱子上界都稍有些不正常。因此，下面把 **weight** 列中的 0 值替换为这一列的均值。要记住，我们需要在不考虑那些 0 值的前提下计算列的均值！如果考虑这些 0 值，我们的均值将是不正确的。

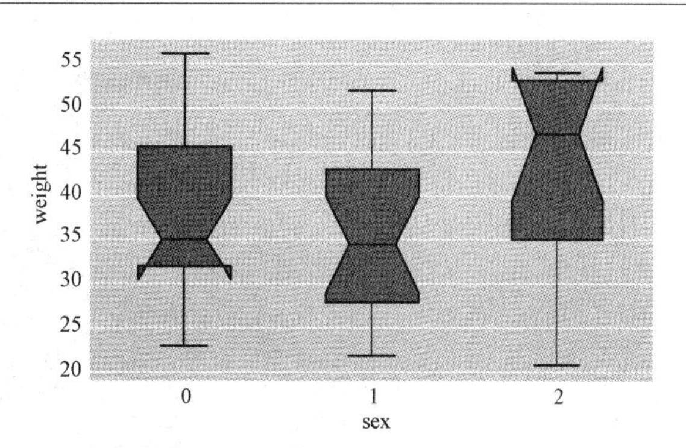

图 7-11 在完成删除后的 DataFrame 上生成的箱形图

(9) 计算 DataFrame 中 **weight** 列的均值，这里只包含非 0 的 weight 值：

```
mean_w = doc_w['weight'].mean()
```

均值应该是 **38.2**。

(10) 使用 **.replace ()** 函数将原来 DataFrame 的 **weight** 列中的 0 值替换为修改后 DataFrame 的 **weight** 列的均值。把它存储在一个新 DataFrame 中：

```
w_new = w.replace({'weight': {0:mean_w}})
```

(11) 显示这个新 DataFrame 的信息：

```
w_new.describe()
```

	weight	sex
count	62.000000	62.000000
mean	38.887097	0.838710
std	15.683451	0.813685
min	0.000000	0.000000
25%	25.000000	0.000000
50%	35.000000	1.000000
75%	46.000000	1.750000
max	56.000000	2.000000

图 7-12 完成插补后 DataFrame 的统计信息

输出如图 7-12 所示。

我们的记录数为 62，这说明这里包含所有实例，另外 weight 最小值为 21，这说明已经没有 0 值了！

(12) 用这个新 DataFrame 创建一个箱形图，x 轴为 **sex**，y 轴为 **weight**。然后显示这个图：

```
fig2 = px.box(w_new, x = 'sex', y = 'weight', notched = True)
fig2.show()
```

输出如图 7-13 所示。

现在，我们得到了一个没有缺失值的可视化，而且表示了数据集中的所有实例！

下面来看可能生成错误可视化的第 3 个问题。

7.2.7 重复实例和/或特征

第 3 个问题是数据集中存在重复实例和/或特征。数据集中有一些不必要的元素，如果不

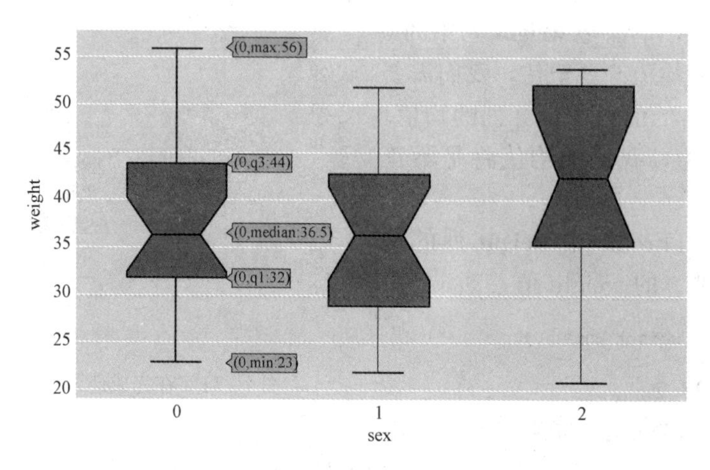

图 7-13 在完成插补后的 DataFrame 上生成的箱形图

把它们删除，它们会影响可视化显示的趋势和结论。例如，你可以创建一个可视化来显示青少年性别与他们是否弹钢琴之间的关系。使用一个没有异常值或缺失值的数据集，你可以得到一个很好的可视化结果。根据这个可视化，你能得出结论，弹钢琴的女孩比男孩多。不过，假设使用数据集的以下信息（见图 7-14）来创建这个可视化。

	Name	Gender	Play the Piano	Age
1	Pooja Rajesh	F	Yes	17
2	Pooja Rajesh	F	Yes	17
3	Pooja Rajesh	F	Yes	17
4	Nita Thadaka	F	No	19
5	Nita Thadaka	F	No	19
6	Shubhangi Hora	F	Yes	14

图 7-14 性别与是否弹钢琴之间的关系

这里对于 **Nita Thadaka** 有两个实例，对于 **Pooja Rajesh** 有 3 个实例，这说明总共有 3 个重复的实例！这意味着，这个可视化提供的结论是不正确的。

处理重复的方法很简单，就是将其删除。

7.2.8 不好的特征选择

对于一个数据集，特征是数据集中的一个列，实例是数据集中的一行。例如，在前面的表中，**name**、**gender**、**play the piano** 和 **age** 都是特征，而 **Pooja Rajesh**、**F**、**Yes** 和 **17** 是一个

实例。

由于可视化的目的是显示一个趋势、模式、关系或数据集中两个或多个特征之间的某种关联，仔细选择这些特征就很重要。因此，这是数据可视化过程中很关键的一点。

如果目的是表示两个特征之间存在的一种强关系，那么在实现可视化之前必须确保它们确实有很强的相关性。如果选择了不重要的特征，会得到一个没有意义的可视化，无法传达任何具体的信息。例如，对于 **co2. csv** 数据集，这个数据集中包含有关各个国家每人二氧化碳排放量和各个国家 GDP 的信息。我们在可视化这个数据集之前，检查了二氧化碳排放量与 GDP 之间的相关性，从而保证确实会创建一个有意义的可视化。

7.2.9　实践活动 7：确定在一个散点图上可视化哪些特征

给定 **co2. csv** 数据集，要求你根据这个数据集提出见解，如存在哪些模式，特征之间是否有任何趋势，诸如此类。你需要确保最终的可视化能传达有意义的信息。为了做到这一点，可以为不同的特征对创建可视化，来了解如何选择相关的特征从而值得可视化。

概要步骤

（1）导入必要的库。

（2）重新创建 DataFrame。**gm** DataFrame 包括 **population**、**fertility** 和 **life** 列。

（3）使用一个散点图可视化表示 **co2** 和 **life** 之间的关系，国家名作为悬停提示工具中显示的信息，年份作为滑动条。

（4）检查 **co2** 和 **life** 之间的相关性。

（5）使用一个散点图可视化表示 **co2** 和 **fertility** 之间的关系，国家名作为悬停提示工具中显示的信息，年份作为滑动条。

（6）检查 **co2** 和 **fertility** 之间的相关性。

输出如下所示：

第 4 步完成后输出如图 7 - 15 所示。

第 5 步完成后输出如图 7 - 16 所示。

> **说明**
>
> 答案见附录第 7 节。

在这个实践活动中，这里只有很弱的负相关性，正因如此，从这个可视化并不能观察到太多结果。因此，适当地选择特征从而创建一个有意义的可视化总是很重要。下面来看如何明智地选择一个可视化，以及这个过程中常见的一些陷阱。

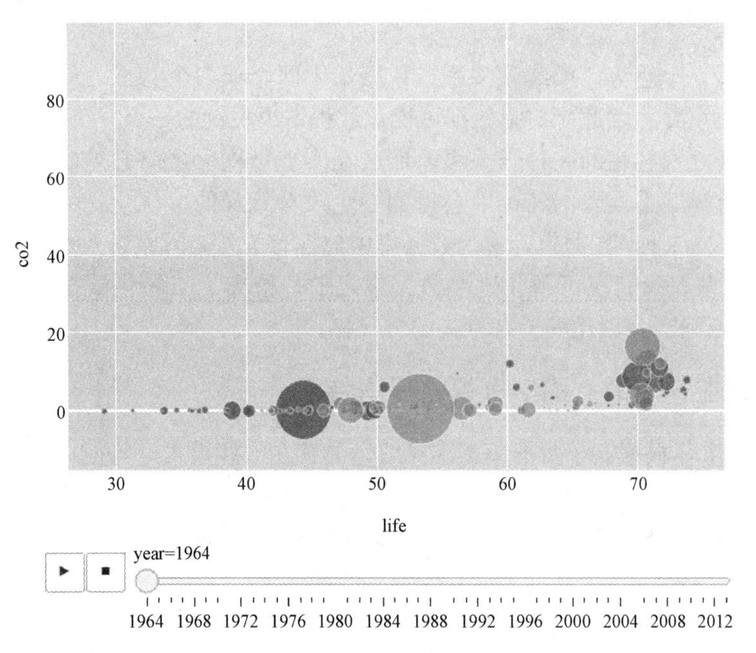

图 7-15　描述各国每年二氧化碳排放量与寿命之间关系的交互式散点图

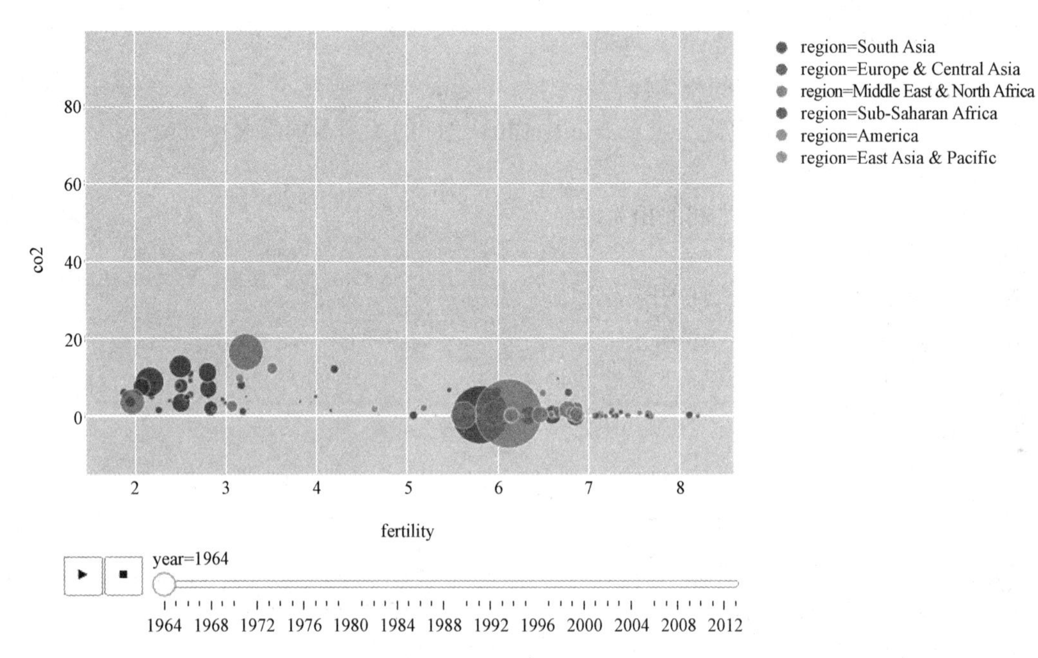

图 7-16　描述各国每年二氧化碳排放量与生育能力之间关系的交互式散点图

7.3　数据可视化

显然，具体的可视化与可视化表示的数据同样重要，因为这是这个过程的最终产品。所以要特别注意如何为当前数据创建最好的可视化，这一点至关重要。交互式可视化包含多个元素/部分。下面来仔细分析各个元素，从而了解哪些方面可能出问题，以及如何避免这些错误。

7.3.1　选择可视化

一旦清理并准备好你的数据，而且选择了你想要可视化的特征，创建可视化的第一步就是选择要用什么图来显示你的数据。这个决定会影响你的可视化解释数据的有效性和难易程度，所以要确保选择一个能准确解释和描述数据的可视化。

在前面的各章中，我们介绍了3种类型的数据：层次数据、时态数据和地理数据，并且使用了不同的可视化来描述这些数据。你已经知道了某些类型的可视化最适合某些特定类型的数据，例如，使用地图描述某个学校的学生性别与他们是否弹钢琴之间的关系就毫无意义。

下面来看可以使用哪些不同的可视化准确地解释和表示我们的数据。

> **说明**
>
> 在第3章　从静态到交互式可视化中我们已经看到，基本图总是一个静态图，会在这个静态图上增加交互特性。因此，这里提到的所有图都是静态图。

为数据选择的可视化还取决于你想显示什么。因此，可以将数据和你想传达的信息进行分类，从而能更容易地决定需要使用哪个可视化来有效地描述你的数据。

有以下分类，如图7-17所示。

关系

显示两个或多个变量之间的关联时可以使用关系可视化。例如，在第3章　从静态到交互式可视化中，我们描述了各国每人二氧化碳排放量与各国GDP之间的关系。

用来表示关系的图包括网络图、散点图、维恩图、气泡图、树图和并行坐标等。

比较

如果想显示两个或多个变量之间的差别或相似性，可以使用比较可视化。

用来表示比较的图包括各种类型的柱状图（简单柱状图、成对柱状图、成对柱形图、堆叠柱状图和堆叠柱形图）、金字塔图、热图、箱形图和小提琴图等。

地理空间

地理空间可视化特别用于本质上是地理数据的数据。因此，位置是这些数据中必须有的

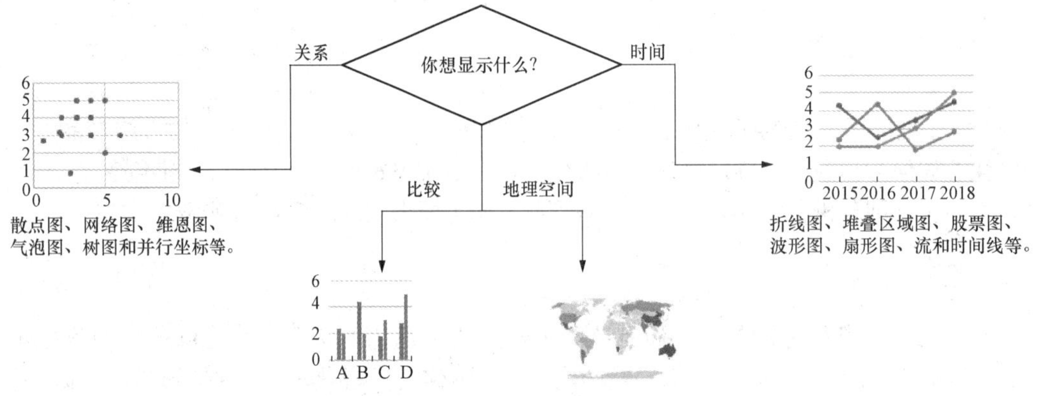

图 7-17 可视化大致分类

一个特征。只有这种情况下才应当使用这种可视化。我们在“第 6 章　地理数据交互式可视化”中用来表示地理空间数据的图包括有不同特性的世界地图，如等值线地图、等量线地图、等高线地图、气泡地图、点地图、图标地图和流地图等。

时间

如果数据中包含日期和/或时间，可以用这种可视化跟踪必要的变化。

用来表示时态数据的图包括不同形式的折线图、堆叠区域图、股票图、波形图、扇形图、流图和时间线图等。

我们在前面提到过，这些都是静态图，可以在这些图上增加交互特性。不过，要记住关键的一点：如果你的数据可以归入之前提到的多个类别，那么要选择哪个可视化呢?

例如，以 **co2. csv** 数据集为例，我们想创建一个可视化，表示几十年期间各国每人二氧化碳排放量与各国 GDP 之间的关系。因此，理论上讲这个数据可以归入 3 类：关系、地理空间和时间。

交互特性的一个好处是，有时它们可以处理这种数据属于多个类别的问题。你可能还记得，我们使用了一个滑动条来显示数据集中一个时间段内数据点的变化。因此，这个数据的时间方面将由这个交互特性处理。不过，除此以外我们还有一个问题，要在关系可视化或地理空间可视化之间做出选择：

• 在两个可视化之间做选择时，重要的是，要提醒自己究竟要用可视化传达什么信息。在这里，我们想显示各国每人二氧化碳排放量与各国 GDP 之间的关系，而不是二氧化碳排放量与国家的关系，也不是 GDP 与国家的关系。这说明，两个主要特征是二氧化碳排放量和

GDP，所以其中一个是x轴，另一个是y轴。因此，我们要选择一个关系可视化：散点图。

- 如果想显示每个国家二氧化碳排放量如何随时间变化，就要选择地理空间可视化。
- 另外，还要记住重要的一点，创建一个地理空间可视化时，需要有一个位置，你使用的库和你创建的可视化要能够识别这个位置特征。例如，在我们的DataFrame中，有一个**country**列。对我们来说，这是一个位置特征，所以应该能用它创建一个地理空间可视化。不过，**plotly.express**中的地图可视化无法识别这个位置特征。需要有经度和纬度或者**iso_alpha**代码，这些可视化才能了解一个特定的数据点属于世界地图或全国地图上的哪个区域。

下面来看选择了可视化之后可能犯的另外一些错误。

7.3.2　可视化数据时的常见陷阱

可视化过多信息

尽管可视化可以很好地简化数据并传达重要信息，但是如果让它们传达过多的信息，就会导致可视化变得过于复杂，以至于最终查看者并不能从中了解任何信息。过多的信息基本上是指在可视化中包含4个或5个以上的特征，这样就会引入5种以上的颜色，而且会有太多文字。

不一致的标尺

每个特征都有自己的范围，它的所有数据都落在这个范围内。如果这是一个数值特征，那么所有值都在这个范围里，如果这是一个分类特征，就有一组离散的类别。

在一个图中可视化表示一个或两个以上的特征时，通常会出现标尺问题，因为每个特征都有自己的标尺。如果不考虑各个特征的标尺，可能会得到让人困惑的可视化，显示出本来没有的趋势。不一致的标尺通常还可能导致得到本不存在的关系。另外，有些可视化显示的元素可能不会相对地调整大小。这会误导查看者，让他们相信并不真实的结论。

不合适的元素标签

标签往往会被忽视，被认为是可视化中微不足道的元素。只有在缺少标签时，我们才会意识到它们的重要性。没有标签的可视化会让人很困惑，因为查看者不知道他们看到的是什么。

7.3.3　练习55：创建一个让人困惑的可视化

在这个练习中，我们要使用“第3章　从静态到交互式可视化中的数据集”，以及这一章“7.2.9　实践活动7：确定在一个散点图上可视化哪些特征中使用的数据集”来创建一个很难理解的可视化，以此解释哪些事情我们不该做。我们的可视化目标是显示每10年每个地区二氧化碳排放量的变化，从1970年开始，到2010年结束。完成下面的步骤：

（1）从本书GitHub存储库下载名为**weight**的.csv文件，把它下载到你要创建交互式数据可视化的那个文件夹。

（2）导航到存储 **.csv** 文件的文件夹，使用以下命令启动一个 Jupyter notebook：

```
jupyter notebook
```

（3）导入 **pandas** 库：

```
import pandas as pd
```

（4）导入 **numpy 库：**

```
import numpy as np
```

（5）导入 **chart _ studio. plotly** 和 **plotly. graph _ objs** 包

```
import chart_studio. plotly as py
import plotly. graph_objs as go
```

> **说明**
> 请使用 pip 安装 chart _ studio。

（6）创建我们在“7. 2. 9 实践活动 7：确定在一个散点图上可视化哪些特征”中使用的 DataFrame：

```
co2 = pd. read_csv('. . /datasets/co2. csv')
gm = pd. read_csv('. . /datasets/gapminder. csv')
df_gm = gm[['Country', 'region']]. drop_duplicates()
df_w_regions = pd. merge(co2, df_gm, left_on = 'country', right_on = 'Country',
how = 'inner')
df_w_regions = df_w_regions. drop('Country', axis = 'columns')
new_co2 = pd. melt(df_w_regions, id_vars = ['country', 'region'])
columns = ['country', 'region', 'year', 'co2']
new_co2. columns = columns
df_co2 = new_co2[new_co2['year']. astype('int64') > 1963]
df_co2 = df_co2. sort_values(by = ['country', 'year'])
df_co2['year'] = df_co2['year']. astype('int64')
df_g = gm[['Country', 'Year', 'gdp', 'population', 'fertility', 'life']]
df_g. columns = ['country', 'year', 'gdp', 'population', 'fertility',
'life']
data = pd. merge(df_co2, df_g, on = ['country', 'year'], how = 'left')
data = data. dropna()
```

（7）创建每 10 年各地区的一个堆叠柱状图，每个条柱对应一个地区，将包含这一年每个国家的二氧化碳排放量。因此，每个条柱堆叠有 5 层。x 轴是地区，y 轴是 **1970，1980，1990，2000 和 2010** 年的二氧化碳排放量：

```
source = [
    go.Bar (x = data['region'],
          y = data.co2[data['year'] = = 1970]),
    go.Bar(x = data['region'],
          y = data.co2[data['year'] = = 1980]),
    go.Bar(x = data['region'],
          y = data.co2[data['year'] = = 1990]),
    go.Bar(x = data['region'],
          y = data.co2[data['year'] = = 2000]),
    go.Bar(x = data['region'],
          y = data.co2[data['year'] = = 2010]),
]
```

（8）设置布局为堆叠柱状图：

```
layout = go.Layout(barmode = 'stack')
```

（9）Plot the figure and display it：

```
fig = go.Figure(source, layout)
fig.show()
```

输出如图 7 - 18 所示。

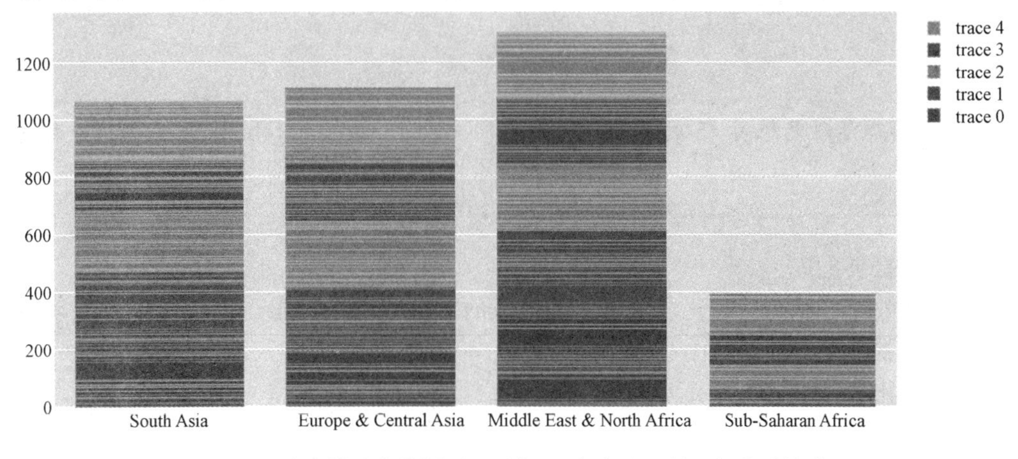

图 7 - 18　这个堆叠柱状图要显示每 10 年各地区的二氧化碳排放量

这个图有点不好理解，对不对？轴上没有加标签，所以除了你之外，其他人无法知道可视化显示的是什么。图例只间把不同层（颜色）描述为 trace，如图 7 - 19 所示。

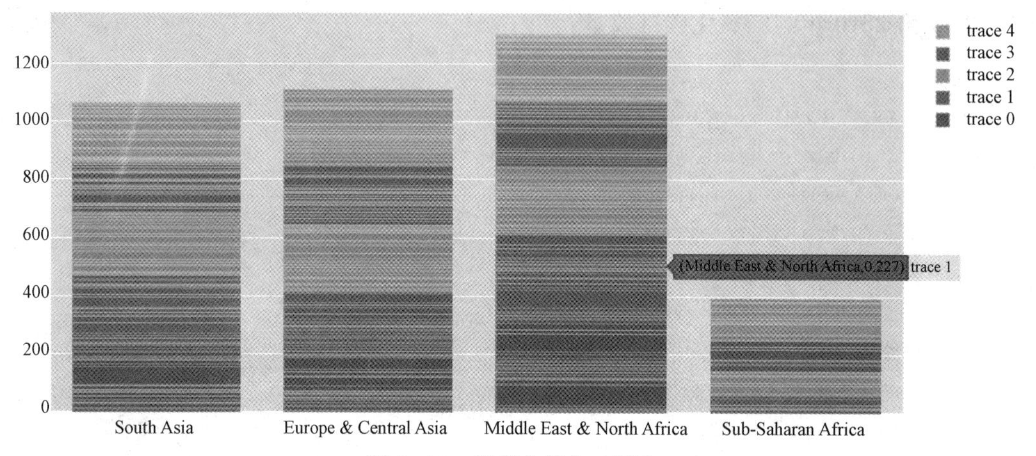

图 7 - 19　悬停在其中一层上

悬停在这些堆叠层上时，你会看到一些数，不过没有告诉你这些数的含义。你可能猜到一个堆叠层中的每条线对应一个国家，但你不知道是哪个国家。要想比较这些条柱和堆叠层，甚至更为困难。我们能得到的最简单的结论是，在这个图显示的所有条柱中，**Middle East & North Africa** 最高，而这 50 年内 **Sub - Saharan Africa** 最低。

7.3.4 实践活动 8：创建一个柱状图改善可视化

假设把我们在 7.3.3　练习 55：创建一个让人困惑的可视化中创建的可视化交给你，让你增加一个交互特性来改进这个可视化。你觉得可以怎么做？

> **说明**
> 这个实践活动是练习 55 的延续，所以在同一个 Jupyter notebook 中完成这个任务。

概要步骤

（1）导入必要的库。

（2）创建一个柱状图可视化显示每年各地区的二氧化碳排放量，以年份作为滑动条，国家名作为悬停提示工具显示的内容。

期望的输出如图 7 - 20 所示。

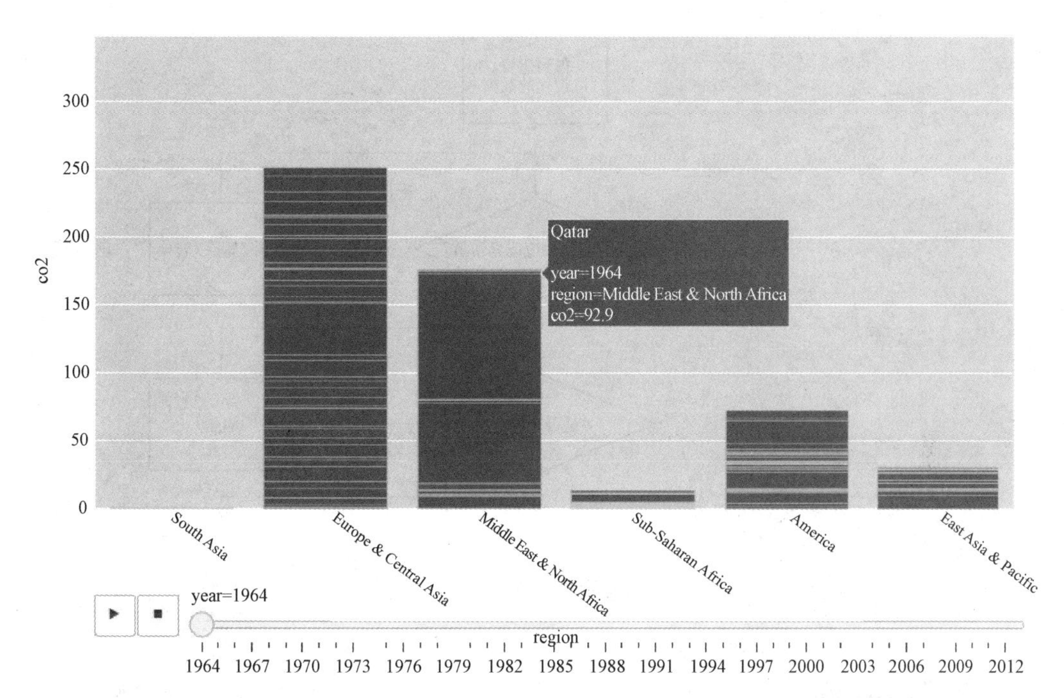

图7-20　这个堆叠柱状图形式的交互式可视化表示了50年期间每个地区的二氧化碳排放量

> **说明**
> 答案见附录第7节。

我们把时间信息放在一个滑动条上，并为悬停提示工具增加了国家信息。这个可视化好多了！轴上有标签，而且y轴的标尺也没有过高。根据这个可视化，我们能更好地了理解发生了什么。与前一个可视化相比，现在可以更容易地比较每年各地区的二氧化碳总排放量。

7.4　可视化过程速查表

我们已经介绍了多种静态图和交互式可视化图。不过，查看一个数据集时，如何确定哪种可视化可以满足我们的需要？来看下面的流程图，对于要选择哪个图以及要在图上增加哪些交互特性从而以一种有意义的方式表示数据，可以由这两个流程图了解如何很快做出决定。来看图7-21（a）、图7-21（b）。

这些流程图可以作为一个速查表，使你能很快决定如何根据一个数据集创建可视化。

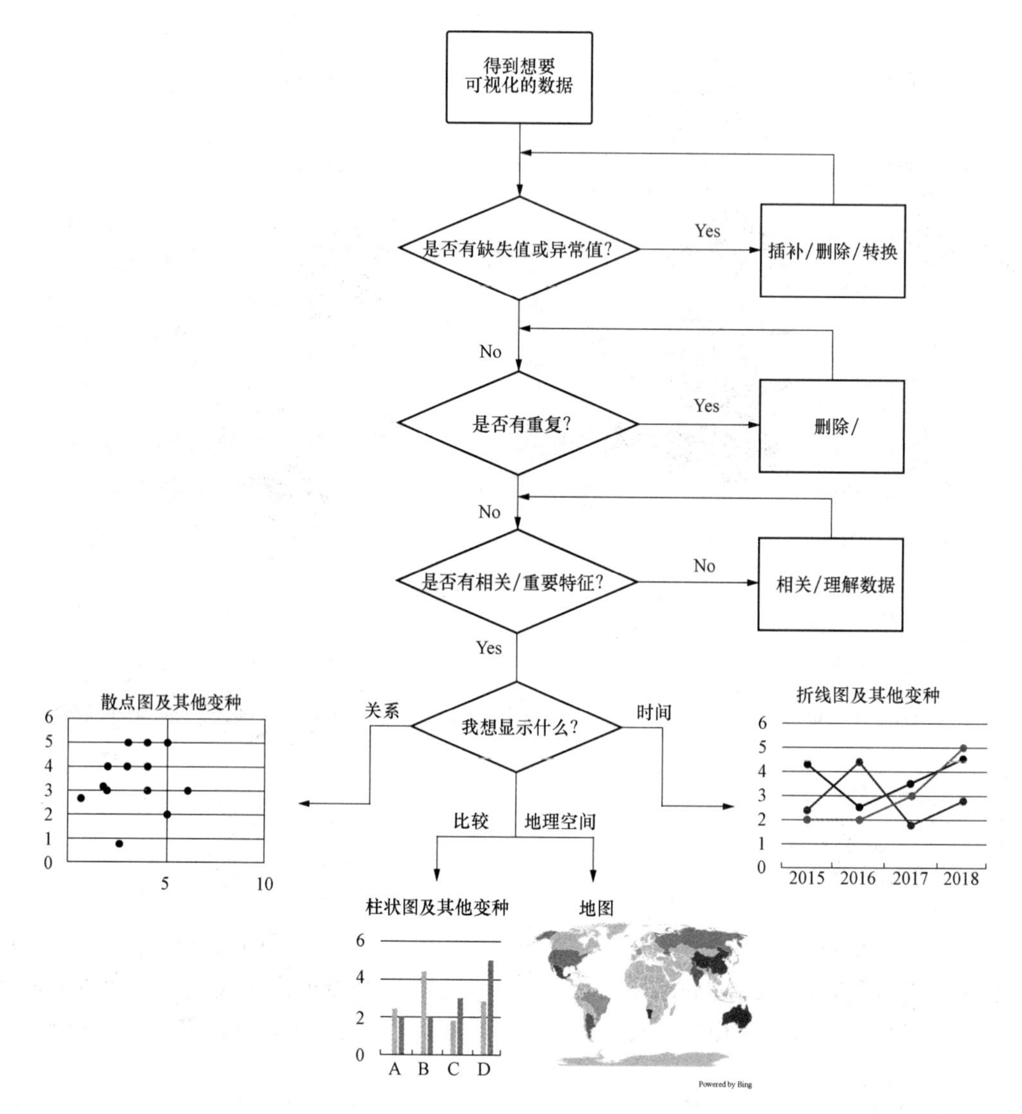

图 7-21 (a) 创建一个好的可视化的指导原则

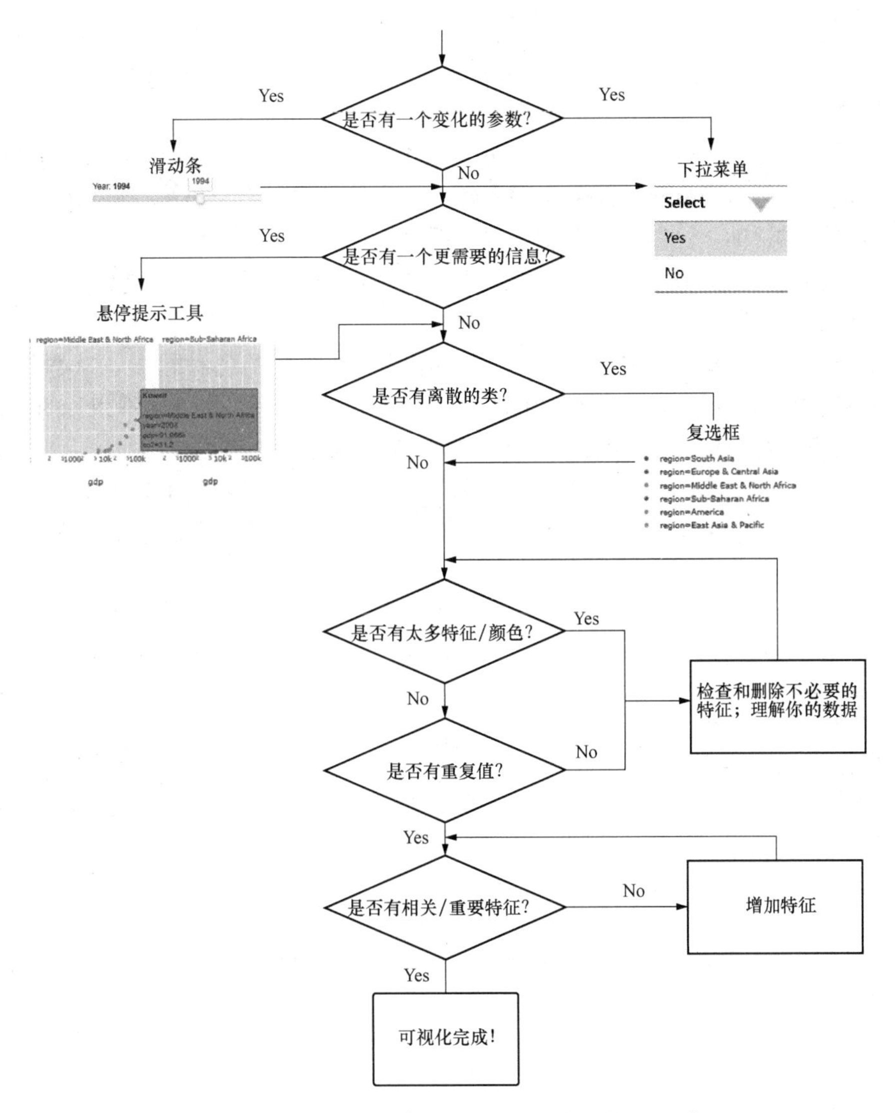

图7-21（b） 创建一个好的可视化的指导原则

7.5 小结

这本书中，我们了解了创建交互式数据可视化的优点，学习了如何建立静态数据可视化并为它们增加交互性。只需要加入滑动条、悬停提示工具和复选框等特性，就会对理解数据的方式以及如何得到结论产生很积极的影响。

我们了解了不同的 Python 库，以及它们最适合于哪些可视化和哪些情况。例如，为基于 web 的应用创建可视化时，**bokeh** 更适用。

数据以及你想显示的信息可以大致归为 4 大类：比较、关系、地理空间和时态。对于每一类数据，都有大量最适合这一类数据的图，不过如果数据或你想显示的信息属于多个类别，交互特性可以提供帮助，正因如此，交互式数据可视化确实非常棒！

我们还为不同类型的数据（包括时态数据、地理数据和层次数据）创建了基于上下文的可视化，来了解可视化的区别。

这一章中，我们了解了在可视化过程不同阶段中可能犯的各种错误，从数据的格式化（异常值、缺失值和重复值）到创建可视化（不一致的标尺、太多特征、不相关的特征、缺少标签和选择正确的可视化），以及如何避免/处理这些错误。

现在你已经整装待发，可以创建既美观又有意义的交互式可视化了！

第8章　附　　录

> **说明**
> 这一节是为了帮助读者完成这本书中的实践活动。这里包含了读者实现这些实践活动的目标时所要完成的详细步骤。

8.1　第1章：Python可视化介绍：基础和定制绘图

8.1.1　实践活动1：分析不同场景并生成适当的可视化

答案

（1）下载在本书GitHub存储库上托管的数据集，并格式化为一个**pandas** DataFrame：

```
# load necessary modules
import pandas as pd
import seaborn as sns
from numpy import median, mean
```

（2）将这个数据集读为一个**pandas** DataFrame：

```
# download file 'athlete_events.csv' from course GitHub repository:
https://github.com/TrainingByPackt/Interactive-Data-Visualization-with-
Python/datasets
# read the dataset as a pandas DataFrame
olympics_df = pd.read_csv('..../Interactive-Data-Visualization-with-
Python/datasets/athlete_events.csv')
# preview DataFrame
olympics_df.head()
```

输出如附录图1所示。

（3）过滤这个DataFrame，只包含奖牌获得者的记录：

```
# filter the DataFrame to contain medal winners only (for non-winners, the
Medal feature is NaN)
```

```
# note use of the inplace parameter
olympics_winners = olympics_df.dropna(subset=['Medal'])
olympics_winners.head()
```

	ID	Name	Sex	Age	Height	Weight	Team	NOC	Games	Year	Season	City	Sport	Event	Medal
0	1	A Dijiang	M	24.0	180.0	80.0	China	CHN	1992 Summer	1992	Summer	Barcelona	Basketball	Basketball Men's Basketball	NaN
1	2	A Lamusi	M	23.0	170.0	60.0	China	CHN	2012 Summer	2012	Summer	London	Judo	Judo Men's Extra-Lightweight	NaN
2	3	Gunnar Nielsen Aaby	M	24.0	NaN	NaN	Denmark	DEN	1920 Summer	1920	Summer	Antwerpen	Football	Football Men's Football	NaN
3	4	Edgar Lindenau Aabye	M	34.0	NaN	NaN	Denmark/Sweden	DEN	1900 Summer	1900	Summer	Paris	Tug-of-War	Tug-of-War Men's Tug-of-War	Gold
4	5	Christine Jacobe Aaftink	F	21.0	185.0	82.0	Netherlands	NED	1988 Winter	1988	Winter	Calgary	Speed Skating	Speed Skating Women's 500 metres	NaN

附录图 1　Olympics 数据集

输出如附录图 2 所示。

	ID	Name	Sex	Age	Height	Weight	Team	NOC	Games	Year	Season	City	Sport	Event	Medal
3	4	Edgar Lindenau Aabye	M	34.0	NaN	NaN	Denmark/Sweden	DEN	1900 Summer	1900	Summer	Paris	Tug-Of-War	Tug-Of-War Men's Tug-Of-War	Gold
37	15	Arvo Ossian Aaltonen	M	30.0	NaN	NaN	Finland	FIN	1920 Summer	1920	Summer	Antwerpen	Swimming	Swimming Men's 200 metres Breaststroke	Bronze
38	15	Arvo Ossian Aaltonen	M	30.0	NaN	NaN	Finland	FIN	1920 Summer	1920	Summer	Antwerpen	Swimming	Swimming Men's 400 metres Breaststroke	Bronze
40	16	Juhamatti Tapio Aaltonen	M	28.0	184.0	85.0	Finland	FIN	2014 Winter	2014	Winter	Sochi	Ice Hockey	Ice Hockey Men's Ice Hockey	Bronze
41	17	Paavo Johannes Aaltonen	M	28.0	175.0	64.0	Finland	FIN	1948 Summer	1948	Summer	London	Gymnastics	Gymnastics Men's Individual All-Around	Bronze

附录图 2　过滤后的 Olympics DataFrame

（4）打印 2016 年各项运动获得的奖牌数：

```
# print records for each value of the feature 'Sport'
olympics_winners_2016 = olympics_winners[(olympics_winners.Year == 2016)]
```

```
olympics_winners_2016.Sport.value_counts()
```

输出如附录图 3 所示。

```
Athletics                 192
Swimming                  191
Rowing                    144
Football                  106
Hockey                     99
Handball                   89
Cycling                    84
Canoeing                   82
Water Polo                 78
Rugby Sevens               74
Basketball                 72
Volleyball                 72
Wrestling                  72
Gymnastics                 66
Fencing                    65
Judo                       56
Boxing                     51
Sailing                    45
Equestrianism              45
Shooting                   45
Weightlifting              45
Diving                     36
Taekwondo                  32
Synchronized Swimming      32
Table Tennis               24
Badminton                  24
Tennis                     24
Archery                    24
Rhythmic Gymnastics        18
Beach Volleyball           12
Modern Pentathlon           6
Trampoling                  6
Golf                        6
Triathlon                   6
Name:Sport,dtype:int64
```

附录图 3　获得奖牌数

（5）根据 2016 年获得的奖牌数，得出奖牌数最多的前 5 项运动，然后创建一个 DataFrame，其中只包含这几项运动：

```
# list the top 5 sports
top_sports = ['Athletics', 'Swimming', 'Rowing', 'Football', 'Hockey']
# subset the DataFrame to include data from the top sports
olympics_top_sports_winners_2016 = olympics_winners_2016[(olympics_
winners_2016.Sport.isin(top_sports))]
olympics_top_sports_winners_2016.head()
```

输出如附录图 4 所示。

	ID	Name	Sex	Age	Height	Weight	Team	NOC	Games	Year	Season	City	Sport	Event	Medal
158	62	Giovanni Abagnale	M	21.0	198.0	90.0	Italy	ITA	2016 Summer	2016	Summer	Rio de Janeiro	Rowing	Rowing Men's Coxless Pairs	Bronze
814	465	Matthew " Matt" Abood	M	30.0	197.0	92.0	Australia	AUS	2016 Summer	2016	Summer	Rio de Janeiro	Swimming	Swimming Men's 4x 100 metres Freestyle Relay	Bronze
1228	690	Chantal Achterberg	F	31.0	172.0	72.0	Netherlands	NED	2016 Summer	2016	Summer	Rio de Janeiro	Rowing	Rowing Women's Quadruple Sculls	Silver
1529	846	Valene Kasanita Adams - Vili (- Price)	F	31.0	193.0	120.0	New Zealand	NZL	2016 Summer	2016	Summer	Rio de Janeiro	Athletics	Athletics Wome's Shot Put	Silver
1847	1017	Nathan Ghar - Jun Adrian	M	27.0	198.0	100.0	United States	USA	2016 Summer	2016	Summer	Rio de Janeiro	Swimming	Swimming Men's 50 metres Freestyle	Bronze

附录图 4　Olympics DataFrame

（6）生成 2016 年前 5 项运动奖牌数的一个柱状图：

```
# generate bar plot indicating count of medals awarded in each of the top
sports
g = sns.catplot('Sport', data = olympics_top_sports_winners_2016,
kind = "count", aspect = 1.5)
```

输出如附录图 5 所示。

（7）为参加 2016 年前 5 项运动奖牌获得者的 **Age** 特征生成一个直方图：

```
sns.distplot(olympics_top_sports_winners_2016.Age, kde = False)
```

输出如附录图 6 所示。

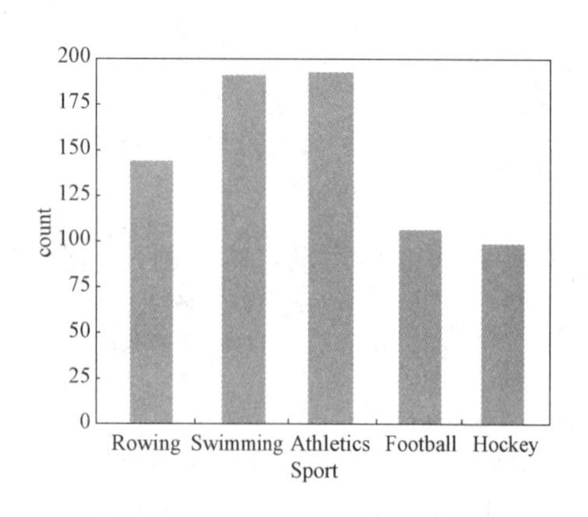

附录图 5　Generated bar plot

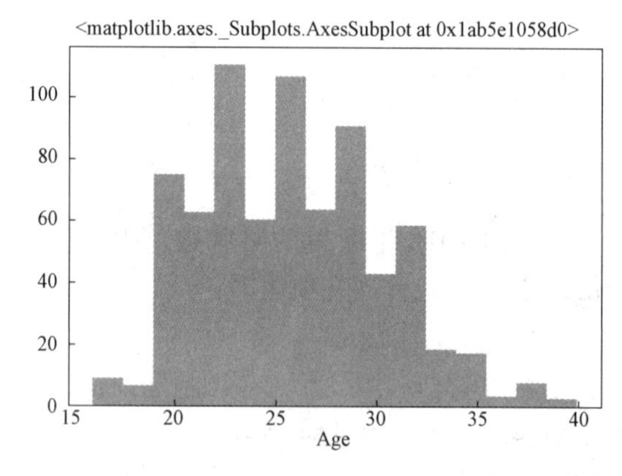

附录图 6　Age 特征的直方图

尽管大多数奖牌获得者的年龄都在 20～30 之间，不过也有一些奖牌获得者非常年轻（不到 16 岁）或年龄较大（超过 40 岁）。

（8）生成一个柱状图，表示各个国家在2016年前5项运动中获得的奖牌数：

```
g = sns.catplot('Team', data = olympics_top_sports_winners_2016,
kind = "count", aspect = 3)
g.set_xticklabels(rotation = 90)
```

输出如附录图7所示。

<Seaborn.axisgrid.FacetGrid at 0x1ab5e1a0208>

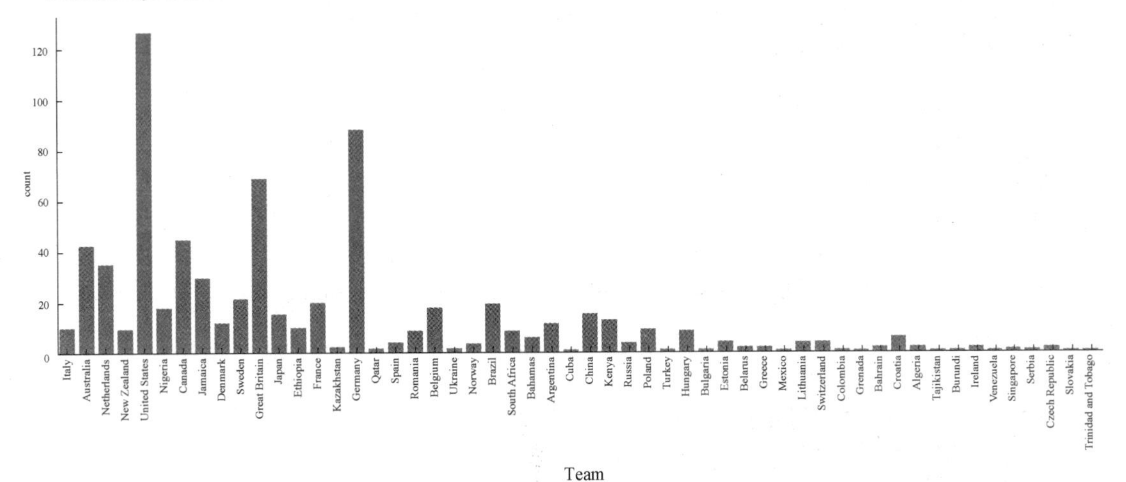

附录图7　获得奖牌数的柱状图

考虑这5项运动，美国赢得的奖牌数最多，其后是德国、英国、加拿大和澳大利亚。

（9）生成一个柱状图，表示2016年前5项运动中获胜运动员的平均体重（按男性和女性分类）：

```
sns.set(style = "whitegrid")
sns.barplot(x = "Sport", y = "Weight", data
= olympics_top_sports_winners_2016,
estimator = mean, hue = 'Sex')
```

输出如附录图8所示。

这个柱状图表示，体重最重的运动员参加的是赛艇项目，其后是游泳，然后是其余运动项目。对于男子和女子运动员，趋势是类似的。

<matplotlib.axes._subplots.AxesSubplot at 0x1ab5e8488d0>

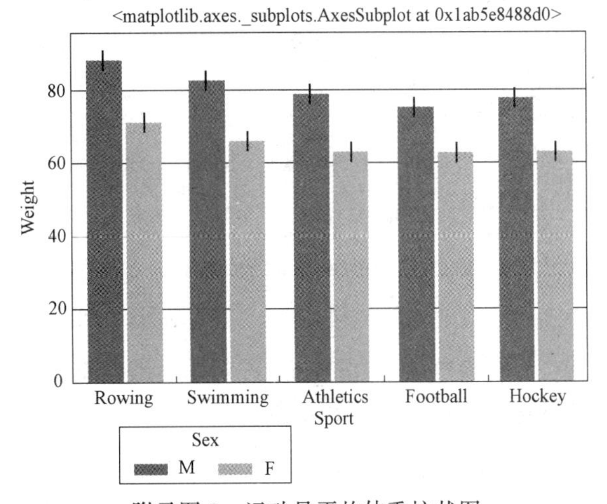

附录图8　运动员平均体重柱状图

8.2 第2章：静态可视化：全局模式和汇总统计

8.2.1 实践活动2：设计静态可视化表示全局模式和汇总统计

答案

（1）下载必要的 python 模块，并下载本书 GitHub 存储库上托管的**奥运会历史数据集**，格式化为一个 **pandas** DataFrame：

```
# load necessary modules
import pandas as pd
import seaborn as sns
from numpy import median, mean
# download file 'athlete_events.csv' from course GitHub repository:
https://github.com/TrainingByPackt/Interactive-Data-Visualization-with-
Python/datasets
# read the dataset as a pandas DataFrame
olympics_df = pd.read_csv('../Interactive-Data-Visualization-with-Pythonmaster/
datasets/athlete_events.csv')
# preview DataFrame
olympics_df.head()
```

输出如附录图9所示。

	ID	Name	Sex	Age	Height	Weight	Team	NOC	Games	Year	Season	City	Soprt	Event	Medal
0	1	A Dijiang	M	24.0	180.0	80.0	China	CHN	1992 Summer	1992	Summer	Barcelona	Barcelona	Basketball Men's Basketball	NaN
1	2	A Lamusi	M	23.0	170.0	60.0	China	CHN	2012 Summer	2012	Summer	London	Judo	Judo Men's Extra-Lightweight	NaN
2	3	Gunnar Nielsen Aaby	M	24.0	NaN	NaN	Denmark	DEN	1920 Summer	1920	Summer	Antwerpen	Football	Football Men's Football	NaN
3	4	Edgar Lindenau Aabye	M	34.0	NaN	NaN	Denmark/Sweden	DEN	1900 Summer	1900	Summer	Paris	Tug-Of-War	Tug-Of-War Men's Tug-Of-War	Gold
4	5	Christine Jacoba Aaftink	F	21.0	185.0	82.0	Netherlands	NED	1988 Winter	1988	Winter	Calgary	Speed Skating	Speed Skating Women's 500 metres	NaN

附录图9 奥运会历史数据集

（2）过滤这个 DataFrame，对于实践活动描述中提到的5项运动，只包含2016年奥运会这5项运动奖牌获得者相应的行：

```
# filter the DataFrame to contain medal winners only (for non-winners, the
Medal feature is NaN)
```

```
# note use of the inplace parameter
olympics_winners = olympics_df.dropna(subset = ['Medal'])
# list the top 5 sports
top_sports = ['Athletics', 'Swimming', 'Rowing', 'Football', 'Hockey']
# filter dataframe to include 2016 records of specified sports
olympics_top_sports_winners_2016 = olympics_winners[(olympics_winners.
Sport.isin(top_sports)) & (olympics_winners.Year == 2016)]
olympics_top_sports_winners_2016.head()
```

输出如附录图 10 所示。

	ID	Name	Sex	Age	Height	Weight	Team	NOC	Games	Year	Season	City	Soprt	Event	Medal
158	62	Giovanni Abagnale	M	21.0	198.0	90.0	Italy	ITA	2016 Summer	2016	Summer	Rio de Janeiro	Rowing	Rowing Men's Coxiess Pairs	Bronze
814	465	Matthew " Matt" Abood	M	30.0	197.0	92.0	Australia	AUS	2016 Summer	2016	Summer	Rio de Janeiro	Swimming	Swimming Men's 4 x 100 metres Freestyle Relay	Bronze
1228	690	Chantal Achterberg	F	31.0	172.0	72.0	Netherlands	NED	2016 Summer	2016	Summer	Rio de Janeiro	Rowing	Rowing Women's Quadruple Sculls	Silver
1529	846	Valerie Kasanita Adams - Vili (- Price)	F	31.0	193.0	120.0	New Zealand	NZL	2016 Summer	2016	Summer	Rio de Janeiro	Athletics	Athletics Women's Shot Put	Silver
1847	1017	Nathan Ghar - Jun Adrian	M	27.0	198.0	100.0	United States	USA	2016 Summer	2016	Summer	Rio de Janeiro	Swimming	Swimming Men's 50 metres Freestyle	Bronze

附录图 10 奥运会历史数据集（奖牌获得者）

查看数据集中的特征，明确它们的数据类型，是分类特征还是数值特征？

（3）**Sport** 特征、**Team** 特征、**Medal** 特征和 **Sex** 特征都是分类特征，而 **Age**、**Height** 和 **Weight** 特征都是数值特征。不过，我们还要明确数值特征的值范围，从而对数据有所认识。这可以使用 **describe** 函数（见第 1 章 Python 可视化介绍：基本和定制绘图中的介绍）得到，如下所示：

```
olympics_top_sports_winners_2016[['Age', 'Height', 'Weight']].describe()
```

输出如附录图 11 所示。

	Age	Height	Weight
count	732.000000	729.000000	727.000000
mean	25.577869	180.023320	73.720770
std	4.451373	10.076398	14.279014
min	16.000000	150.000000	40.000000
25%	22.000000	173.000000	64.000000
50%	25.000000	180.000000	72.000000
75%	29.000000	187.000000	82.000000
max	40.000000	207.000000	136.000000

附录图 11 奥运会历史数据集（前 5 项运动奖牌获得者）

（4）根据以上输出，我们要可视化显示 **height** 和 **weight** 特征的全局模式：

```
# import the seaborn library
import matplotlib.pyplot as plt
import seaborn as sns

fig1 = plt.figure()
ax = fig1.add_subplot(111)
ax = sns.scatterplot(x="Height", y="Weight", data=olympics_top_sports_
winners_2016)
plt.show()
```

输出如附录图 12 所示。

需要指出有意思的一点，奖牌获得者的身高和体重特征之间几乎有一种线性关系，只有很少量的异常值。不过，由于这是一个相当稠密的图，某些区域有大量数据点，所以我们将绘制一个六边形图来表示这个数据。

（5）绘制六边形图：

```
sns.set(style="ticks")
## hexbin plot
sns.jointplot(olympics_top_sports_winners_2016.Height, olympics_top_
sports_winners_2016.Weight, kind="hex", color="#4CB391")
```

输出如附录图 13 所示。

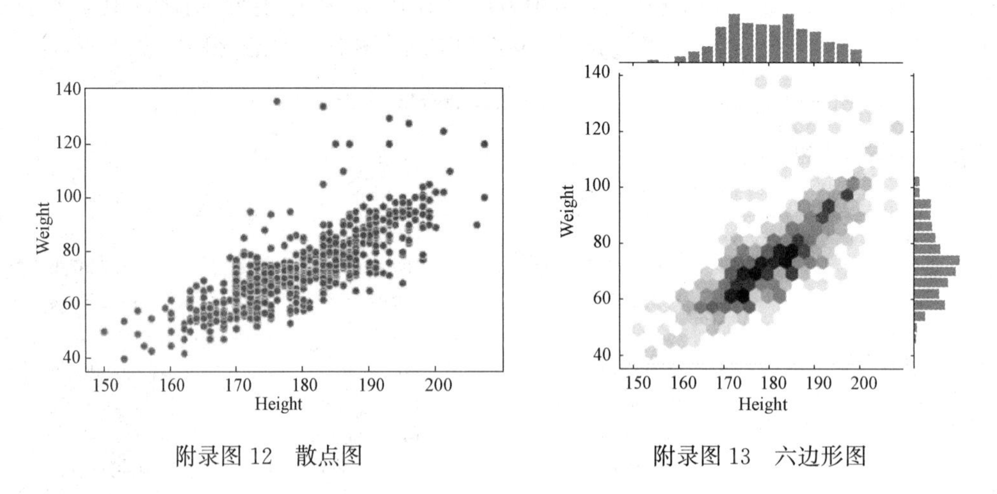

附录图 12　散点图　　　　附录图 13　六边形图

（6）下面可视化显示 **height** 和 **weight** 特征关于奖牌的汇总统计，并且按运动员性别分组：

```
sns.set_style('white')
ax1 = sns.violinplot(x='Medal', y='Weight', data=olympics_top_sports_
winners_2016, hue='Sex')
```

输出如附录图14所示。

（7）如下将y轴设置为**Height**：

```
ax2 = sns.violinplot(x='Medal', y='Height', data=olympics_top_sports_
winners_2016, hue='Sex')
```

输出如附录图15所示。

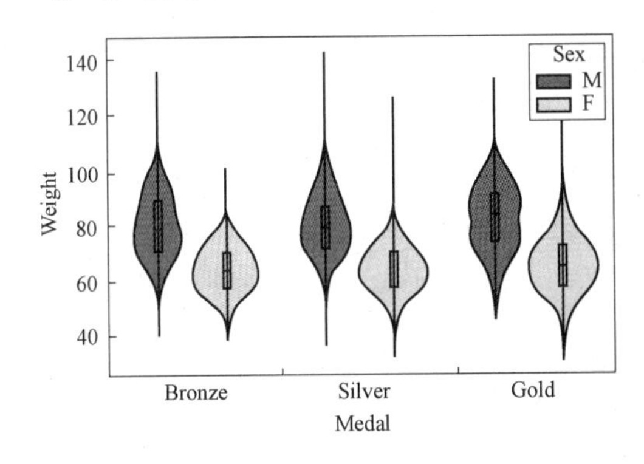

附录图14　显示奖牌与体重关系的小提琴图

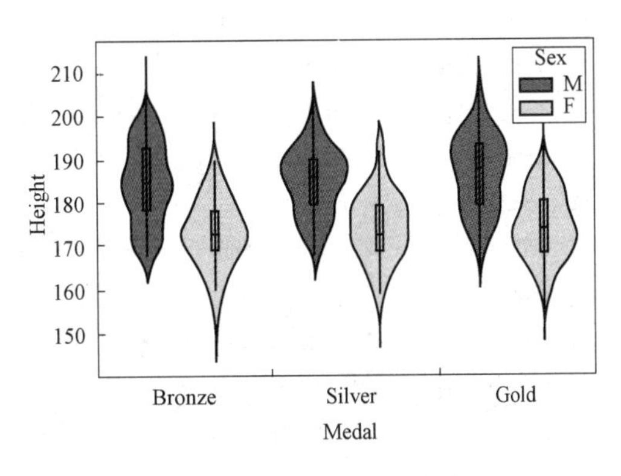

附录图15　显示奖牌与身高关系的小提琴图

正如我们预想的，可以看到，对于不同奖牌的获得者，**Height**和**Weight**特征并没有太大差别。另外，在奖牌获得者中，女性的身高和体重都大大低于男性。

8.3　第3章：从静态到交互式可视化

8.3.1　实践活动3：使用Plotly Express创建不同的交互式可视化

答案

（1）打开一个新Jupyter notebook。

（2）导入必要的Python库和包：

```
import pandas as pd
```

```
import plotly.express as px
```

（3）在这个 notebook 中重新创建练习 22 中的二氧化碳排放量和 GDP DataFrame：

```
url_co2 = 'https://raw.githubusercontent.com/TrainingByPackt/Interactive-
Data-Visualization-with-Python/master/datasets/co2.csv'
url_gm = 'https://raw.githubusercontent.com/TrainingByPackt/Interactive-
Data-Visualization-with-Python/master/datasets/gapminder.csv'
co2 = pd.read_csv(url_co2)
gm = pd.read_csv(url_gm)
df_gm = gm[['Country', 'region']].drop_duplicates()
df_w_regions = pd.merge(co2, df_gm, left_on='country', right_on='Country',
how='inner')
df_w_regions = df_w_regions.drop('Country', axis='columns')
new_co2 = pd.melt(df_w_regions, id_vars=['country', 'region'])
columns = ['country', 'region', 'year', 'co2']
new_co2.columns = columns
df_co2 = new_co2[new_co2['year'].astype('int64') > 1963]
df_co2 = df_co2.sort_values(by=['country', 'year'])
df_co2['year'] = df_co2['year'].astype('int64')
df_gdp = gm[['Country', 'Year', 'gdp']]
df_gdp.columns = ['country', 'year', 'gdp']
data = pd.merge(df_co2, df_gdp, on=['country', 'year'], how='left')
data = data.dropna()
```

（4）创建一个散点图，x 和 y 轴分别是 **year** 和 **co2**。由地区（region）确定数据点的颜色。用 **marginaly _ y** 参数为 **co2** 值增加一个箱形图：

```
scat = px.scatter(data, x = 'year', y = 'co2', color = 'region',
marginal_y = 'box')
```

（5）显示散点图：

```
scat.show()
```

输出如附录图 16 所示：

这个图是交互式的，原因为：可以把鼠标悬停在一个数据点上来得到更多信息。还可以选择和取消选择地区，来观察一个或一组特定地区的数据。

（6）创建一个散点图，x 和 y 轴分别是 **gdp** 和 **co2**。由地区（region）确定数据点的颜色。用 **marginaly _ y** 参数为 **co2** 值增加一个箱形图，并用 **marginal _ x** 参数为 **gdp** 值创建一个 rug

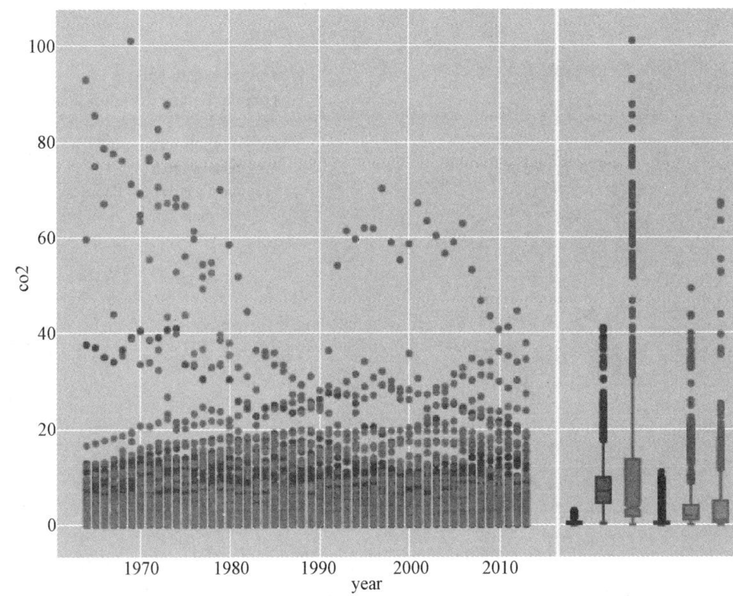

附录图 16 每年 CO2 排放量的散点图

图。在 **year** 列上增加动画参数：

```
scat1 = px.scatter(data, x = 'gdp', y = 'co2', color = 'region',
marginal_y = 'box', marginal_x = 'rug', animation_frame = 'year',
animation_group = 'country')
```

（7）显示散点图：

```
scat1.show()
```

输出应该如下附录图 17 所示。

这个图是交互式的，原因为：可以把鼠标悬停在一个数据点上来得到更多信息。还可以选择和取消选择地区，来观察一个或一组特定地区的数据。另外可以滑动滑块来观察不同年份的数据点。

（8）创建一个密度等高线图，x 和 y 轴分别是 **gdp** 和 **co2**。由地区（region）确定数据点的颜色。用 **marginaly _ y** 参数为 **co2** 值增加一个直方图，并用 **marginal _ x** 参数为 **gdp** 值创建一个 rug 图。在 **year** 列上增加动画参数：

```
dens1 = px.density_contour(data, x="gdp", y="co2", color="region",
marginal_x="rug", marginal_y="histogram", animation_frame = 'year',
animation_group = 'region')
```

（9）显示密度等高线图：

```
dens1.show()
```

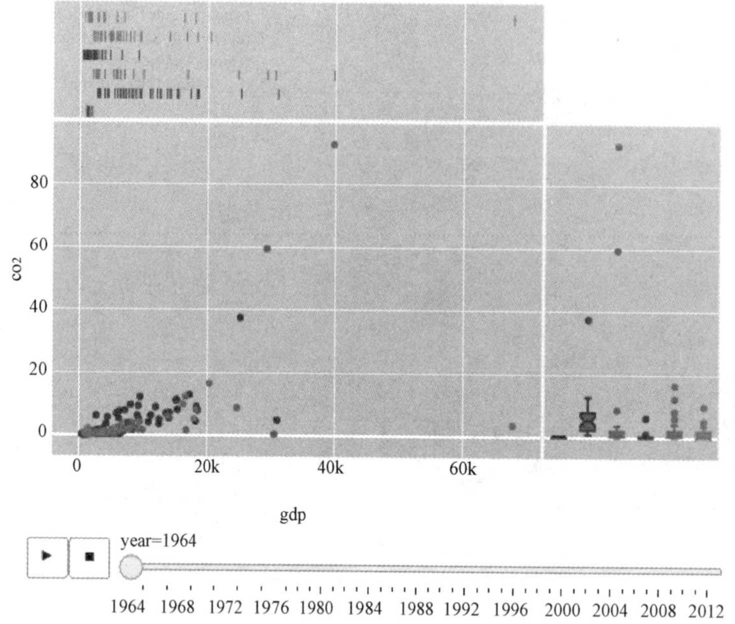

附录图 17　CO_2 排放量与 GDP 的散点图

输出如附录图 18 所示。

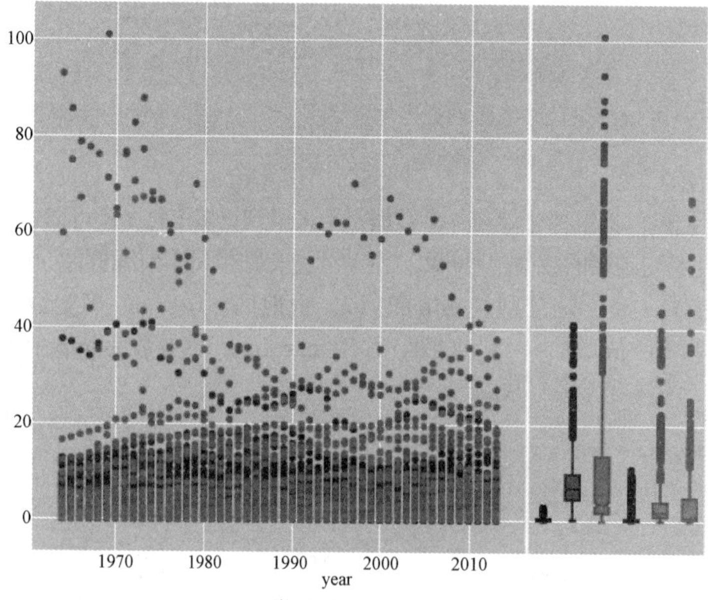

附录图 18　CO_2 排放量与 GDP 的密度等高线图

这个图是交互式的，原因为：可以把鼠标悬停在一个数据点上来得到更多信息。还可以选择和取消选择地区，来观察一个或一组特定地区的数据。另外可以滑动滑块来观察不同年份的等高线图。

8.4 第4章：基于层次的数据交互式可视化

8.4.1 实践活动4：生成一个柱状图和一个热图表示 Google Play Store Apps 数据集中的内容分级类型

答案

（1）加载必要的 Python 模块并下载本书 GitHub 存储库托管的数据集，将它格式化为一个 **pandas** DataFrame：

```
# load pandas library
Import pandas as pd
# download file 'googleplaystore.csv' from course GitHub repository
# read the dataset as a pandas DataFrame
gps_apps_df = pd.read_csv('https://raw.githubusercontent.com/
TrainingByPackt/Interactive-Data-Visualization-with-Python/master/
datasets/googleplaystore.csv')
#worldrank_df = pd.read_csv('https://raw.githubusercontent.com/
TrainingByPackt/Interactive-Data-Visualization-with-Python/master/
datasets/googleplaystore.csv')
# preview DataFrame
gps_apps_df.head()
```

输出如附录图19所示。

（2）删除 DataFrame 中特征值为 **NA** 的记录：

```
gps_apps_df = gps_apps_df.dropna()
```

（3）创建所要求的各个内容分级（**Content Rating**）类别中应用数的柱状图。也就是说，根据应用分级为 **Adults only 18+/Everyone/Everyone 10+/Mature 17+/Teen/Unrated** 来绘制柱状图：

```
#import altair
Import altair as alt
alt.data_transformers.enable('default',max_rows = None)
# create bar plot
```

```
alt.Chart(gps_apps_df).mark_bar().encode(
x = 'Content Rating:N',
y = 'count():Q'
).properties(width = 200)
```

	App	Category	Rating	Reviews	Size	Installs	Type	Price	Content Rating	Genres	Last Updated	Current Ver	Android Ver
0	Photo Editor & Candy Camera & Grid & ScrapBook	ART_AND_DESIGN	4.1	159	19M	10，000+	Free	0	Everyone	Art & Design	January 7，2018	1.0.0	4.0.3 and up
1	Coloring book moana	ART_AND_DESIGN	3.9	967	14M	500，000+	Free	0	Everyone	Art & Design; Pretend Play	January 15，2018	2.0.0	4.0.3 and up
2	U Launcher Lite - FREE Live Cool Themes，Hide...	ART_AND_DESIGN	4.7	87510	8.7M	5，000，000+	Free	0	Everyone	Art & Design	August 1，2018	1.2.4	4.0.3 and up
3	Sketch - Draw & Paint	ART_AND_DESIGN	4.5	215644	25M	50，000，000+	Free	0	Teen	Art & Design	June 8，2018	Varies with device	4.2 and up
4	Pixel Draw - Number Art Coloring Book	ART_AND_DESIGN	4.3	967	2.8M	100，000+	Free	0	Everyone	Art & Design; Creativity	June 20，2018	1.1	4.4 and up

附录图 19　Google Play Store apps 数据集

输出如附录图 20 所示：

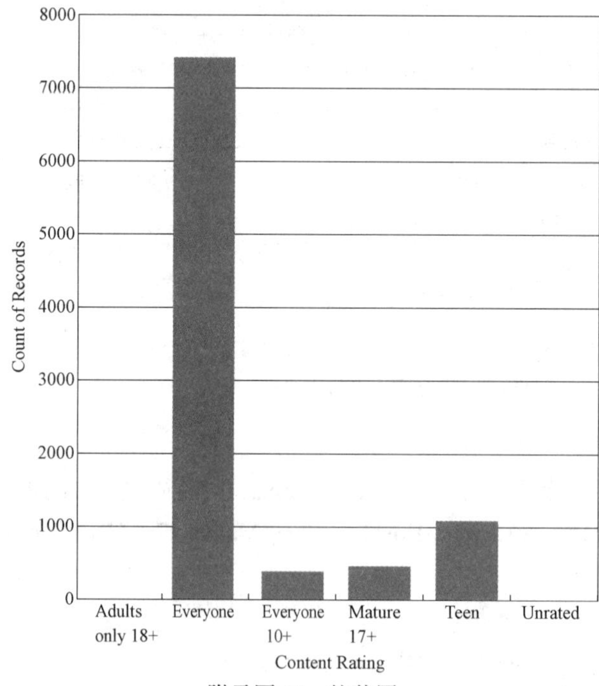

附录图 20　柱状图

（4）创建所要求的热图，指示各应用类别（**Category**）和分级（**Rating**）范围相应的应用数：

```
# create heatmap
alt.Chart(gps_apps_df).mark_rect().encode(
alt.X('Category:N'),
alt.Y('Rating:Q',bin=True),
alt.Color('count()',
scale=alt.Scale(scheme='greenblue'),
legend=alt.Legend(title='Total Apps')
)
).properties(
width=600
)
```

输出如附录图21所示。

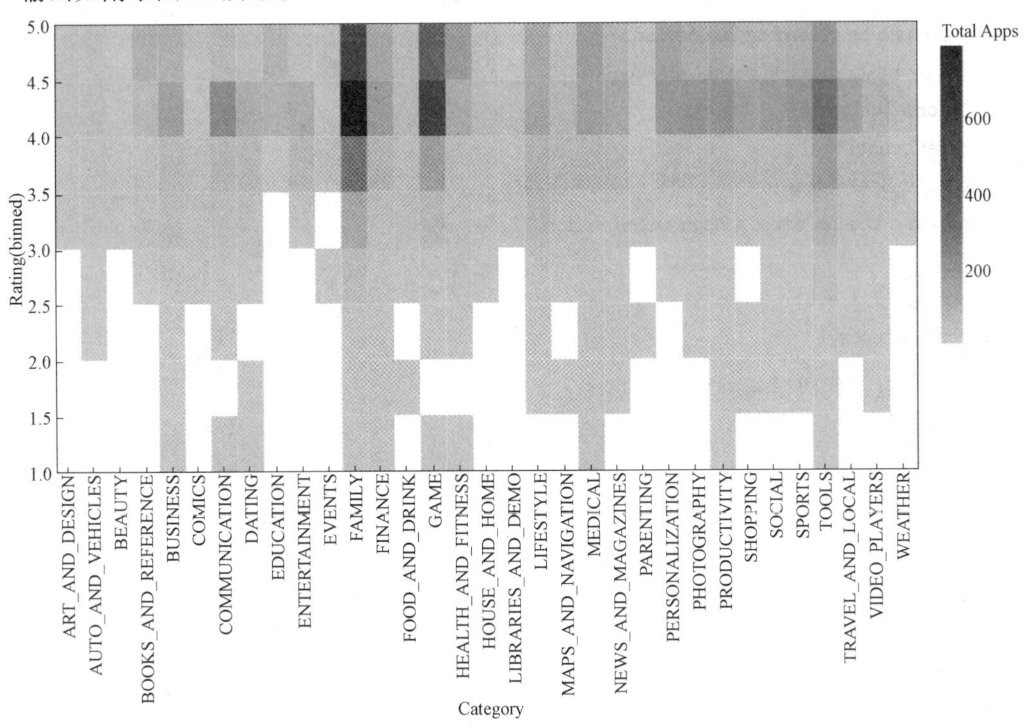

附录图21　热图

（5）合并柱状图和热图的代码，创建一个可视化，其中这两个图动态地相互链接，使得柱状图中的选择会反映到热图的变化中：

```
# define selection
selected_category = alt.selection(type = "single", encodings = ['x'])
# heatmap
heatmap = alt.Chart(gps_apps_df).mark_rect().encode(
alt.X('Category:N'),
alt.Y('Rating:Q', bin = True),
alt.Color('count()',
scale = alt.Scale(scheme = 'greenblue'),
legend = alt.Legend(title = 'Total Apps')
)
).properties(
width = 600
)
# circles to be placed on the heatmap
circles = heatmap.mark_point().encode(
alt.ColorValue('grey'),
alt.Size('count()',
scale = alt.Scale(domain = (1,600),range = (1,200)),
legend = alt.Legend(title = 'Apps in Selection')
)
).transform_filter(
selected_category)
```

（6）使用以下代码链接柱状图和热图：

```
# bar plot
bars = alt.Chart(gps_apps_df).mark_bar().encode(
x = 'Content Rating:N',
y = 'count()',
color = alt.condition(selected_category, alt.ColorValue("steelblue"), alt.
ColorValue("grey"))
).properties(
width = 200
).add_selection(selected_category)
# layering and hconcat
```

```
heatmap + circles | bars
```

输出如附录图22所示。

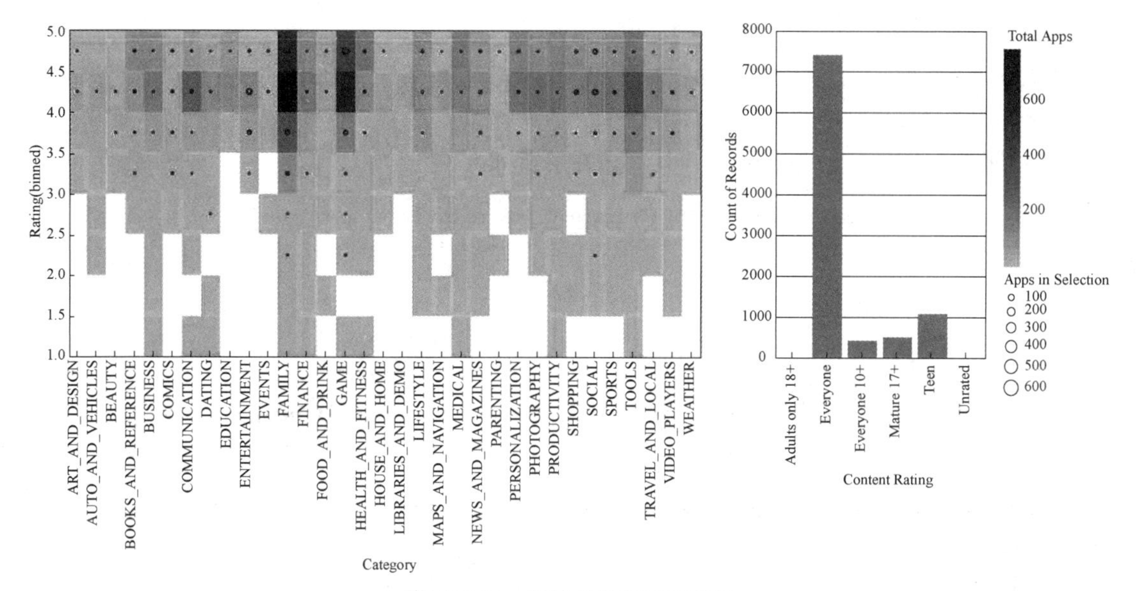

附录图22 链接的柱状图和热图

大功告成。祝贺你！

8.5 第5章：基于时间的数据交互式可视化

8.5.1 实践活动5：创建一个交互式时态数据可视化

答案

（1）导入必要的库：

```
from bokeh.io import show
from bokeh.layouts import column
from bokeh.models import ColumnDataSource, RangeTool
from bokeh.plotting import figure
from bokeh.io import push_notebook, show, output_notebook
from pathlib import Path
import pandas as pd
import numpy as np
```

```
from ipywidgets import interact
%matplotlib inline
```

（2）设置输出到 Jupyter Notebook：

```
DATA_PATH = Path("../datasets/chap5_data/")
output_notebook()
```

（3）创建一个 DataFrame **microsoft _ df 并解析 date** 列：

```
microsoft_df = pd.read_csv(DATA_PATH /"microsoft_stock.csv", parse_
dates=['date'])
```

（4）**设置索引为 date**：

```
microsoft_df.index = microsoft_df.date
```

（5）创建 **date numpy** 数组，设置数据源（source）为 **ColumnDataSource**。我们将使用这些绘制折线图：

```
dates = np.array(microsoft_df['date'], dtype=np.datetime64)
source = ColumnDataSource(data=dict(date=dates, close=microsoft_
df['high']))
```

（6）初始化图并画线：

```
p = figure(plot_height=300, plot_width=800, tools="xpan", toolbar_
location=None, title="Time Series Stock Data",
           x_axis_type="datetime", x_axis_location="above",
           background_fill_color="#ffefef", x_range=(dates[1000],
dates[1800]))
r = p.line('date', 'close', source=source)
p.yaxis.axis_label = 'High Price'
```

（7）使用 **RangeTool** 创建范围滑动条：

```
select = figure(title="Drag To See More Data",plot_width=800, y_range=p.y_
range,
                x_axis_type="datetime", y_axis_type=None, plot_height=130,
                tools="", background_fill_color="#ffefef", toolbar_
location=None,)
range_tool = RangeTool(x_range=p.x_range)
range_tool.overlay.fill_color ="green"
```

```
range_tool.overlay.fill_alpha = 0.2
```

（8）写一个定制 update 函数，按 **month**、**year** 和 **day** 聚合数据：

```
def update(f):
    if   f = =“day”:
        r.data_source.data = dict({
            ‘date’: microsoft_df.index,
            ‘high’: microsoft_df.high
        })
    elif f = =“month”:
        month = microsoft_df.groupby(pd.Grouper(freq = ”M”))[[‘high’]].
mean()
        r.data_source.data = dict({
            ‘date’: month.index,
            ‘high’: month.high
        })
elif f = =“year”:
        year = microsoft_df.groupby(pd.Grouper(freq = ”Y”))[[‘high’]].mean()
        r.data_source.data = dict({
            ‘date’: year.index,
            ‘high’: year.high
        })
    push_notebook()

select.line(‘date’, ‘high’, source = source)
select.ygrid.grid_line_color = None
select.add_tools(range_tool)
select.toolbar.active_multi = range_tool
show(column(p, select), notebook_handle = True)
```

输出如附录图 23 所示。

（9）在图上绘制范围滑动条和聚合器：

```
select.line(‘date’, ‘high’, source = source)
select.ygrid.grid_line_color = None
select.add_tools(range_tool)
select.toolbar.active_multi = range_tool
show(column(p, select), notebook_handle = True)
```

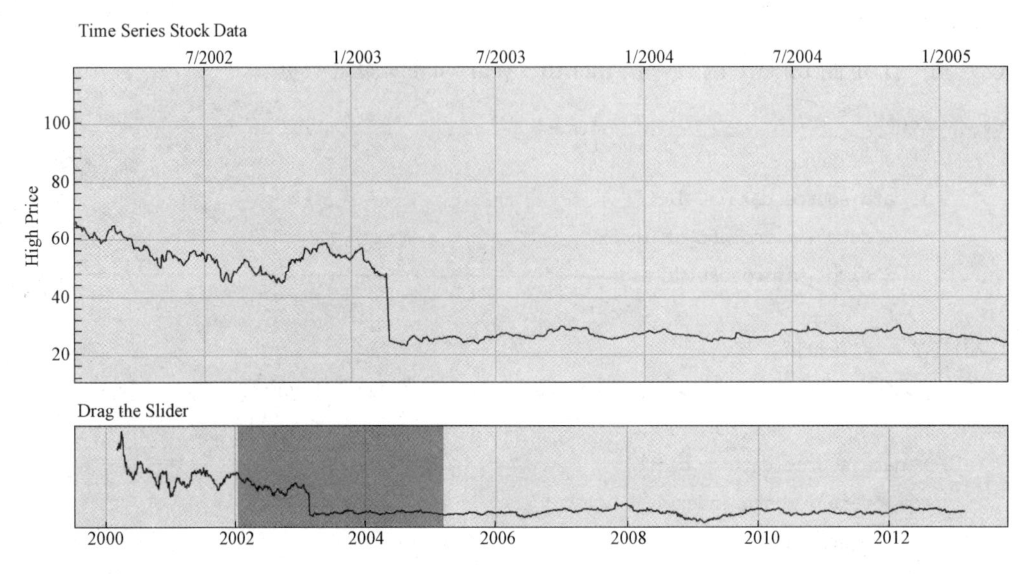

附录图 23 Microsoft 时间序列股价数据

```
interact(update, f=["day", "month", "year"])
```

输出如附录图 24 所示。

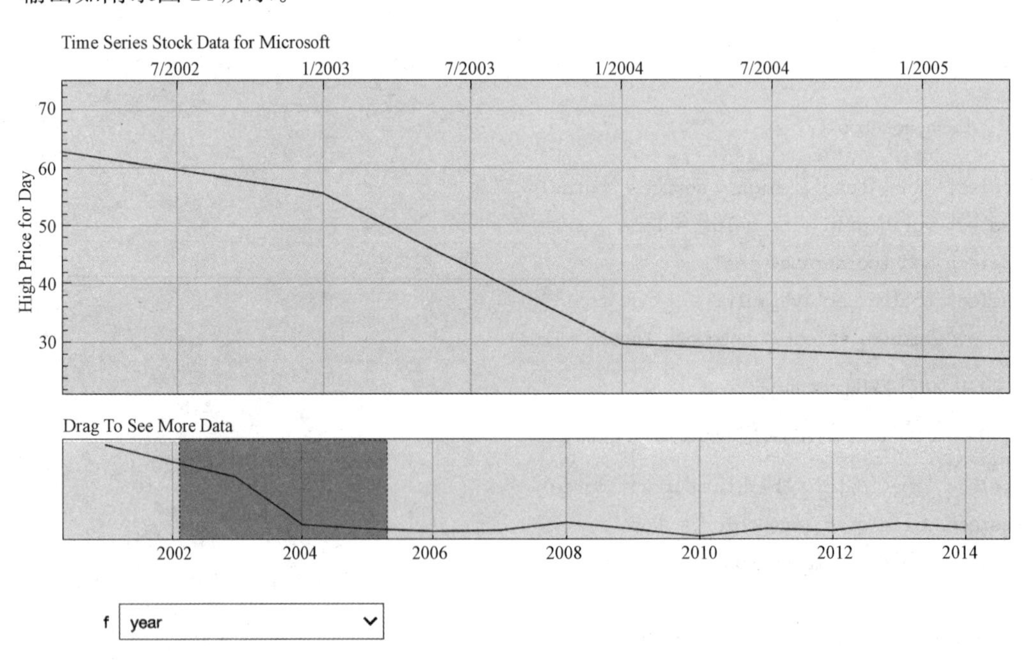

附录图 24 带范围滑动条和聚合器的 Microsoft 股价图

现在我们可以将图改为按月、日和年显示股价。这一节中，我们深入介绍了使用 **bokeh** 实现交互式时态数据可视化，了解了 **bokeh** 中的基本交互式图，并使用方框标注来强调特定区域。

8.6 第6章：地理数据交互式可视化

8.6.1 实践活动6：创建一个等值线地图表示全世界可再生能源生产和消费总量

答案

（1）加载可再生能源生产（**renewable energy production**）数据集：

```
import pandas as pd
renewable_energy_prod_url = "https://raw.githubusercontent.com/
TrainingByPackt/Interactive-Data-Visualization-with-Python/master/
datasets/share-of-electricity-production-from-renewable-sources.csv"
renewable_energy_prod_df = pd.read_csv(renewable_energy_prod_url)
renewable_energy_prod_df.head()
```

输出如附录图25所示。

	Country	Code	Year	Renewable electricity（% electricity production）
0	Afghanistan	AFG	1990	67.730496
1	Afghanistan	AFG	1991	67.980296
2	Afghanistan	AFG	1992	67.994310
3	Afghanistan	AFG	1993	68.345324
4	Afghanistan	AFG	1994	68.704512

附录图25 可再生能源数据集

（2）根据 **Year** 特征对 **production** DataFrame 排序：

```
renewable_energy_prod_df.sort_values(by=['Year'],inplace=True)
renewable_energy_prod_df.head()
```

输出如附录图26所示。

（3）使用 **plotly express** 模块为可再生能源生产数据生成一个等值线地图，并根据 **Year** 实现动画：

```
import plotly.express as px
```

```
renewable_energy_prod = renewable_energy_prod_df.query('Year<2017 and
Year>2007')
fig = px.choropleth(renewable_energy_prod_df, locations="Code",
color="Renewable electricity (% electricity production)",
hover_name="Country",
animation_frame="Year",
color_continuous_scale='Greens')
```

	Country	Code	Year	Renewable electricity (% electricity production)
0	Afghanistan	AFG	1990	67.730496
1668	France	FRA	1990	13.369879
1643	Finland	FIN	1990	29.451790
1618	Fiji	FJI	1990	82.441113
1593	Faeroe lslands	FRO	1990	35.545024

附录图 26　按年份排序后的可再生能源数据集

（4）更新布局，包括一个合适的投影方式和标题文本，然后显示这个图：

```
fig.update_layout(
# add a title text for the plot
title_text = 'Renewable energy production across the world (% of
electricity production)',
# set projection style for the plot
geo = dict(projection={'type':'natural earth'}) # by default, projection
type is set to 'equirectangular'
)
fig.show()
```

输出如附录图 27 所示。

（5）加载可再生能源消费（**renewable energy consumption**）数据集：

```
import pandas as pd
renewable_energy_cons_url = "https://raw.githubusercontent.com/
TrainingByPackt/Interactive-Data-Visualization-with-Python/master/
datasets/renewable-energy-consumption-by-country.csv"
renewable_energy_cons_df = pd.read_csv(renewable_energy_cons_url)
renewable_energy_cons_df.head()
```

输出如附录图 28 所示。

Renewable energy production across the world(% of electricity production)

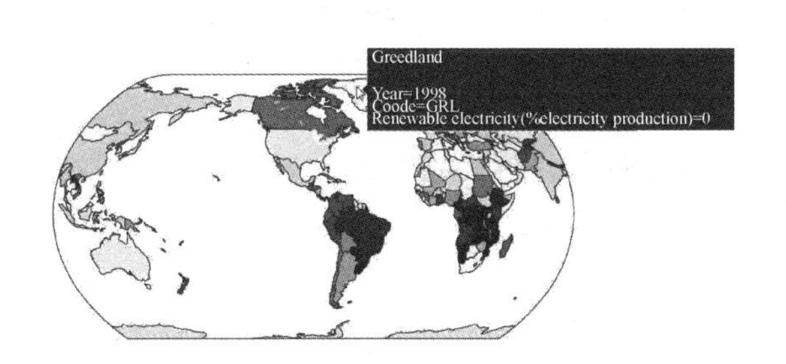

Year=1998

1990 1992 1994 1996 1998 2000 2002 2004 2006 2008 2010 2012 2014

附录图 27（a） 显示 1998 年格陵兰岛可再生能源生产量的等值线地图

Renewable energy production across the world(% of electricity production)

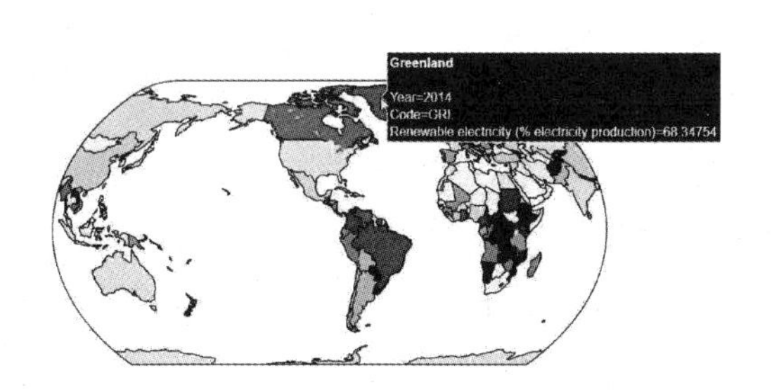

Renewable electricity(%electricity production)
100
80
60
40
20
0

Year=2014

1990 1992 1994 1996 1998 2000 2002 2004 2006 2008 2010 2012 2014

附录图 27（b） 显示 2014 年格陵兰岛可再生能源生产量的等值线地图

	Country	Code	Year	Traditional biofuels	Other renewables (modern biofuels, geothermal, wave & tidal)	wind	solar PV	Hydropower	Total
0	Algeria	DZA	1965	NaN	0.0	0.0	0.0	NaN	0.0
1	Algeria	DZA	1966	NaN	0.0	0.0	0.0	NaN	0.0
2	Algeria	DZA	1967	NaN	0.0	0.0	0.0	NaN	0.0
3	Algeria	DZA	1968	NaN	0.0	0.0	0.0	NaN	0.0
4	Algeria	DZA	1969	NaN	0.0	0.0	0.0	NaN	0.0

附录图 28 可再生能源消费数据集

（6）将 DataFrame 转换为所需的格式：

```
#renewable_energy_long_df = pd.wide_to_long(renewable_energy_df,
stubnames='Consumption', i=['Country', 'Code','Year'], j='Energy_Source')
#renewable_energy_long_df.head()
renewable_energy_cons_df = pd.melt(renewable_energy_cons_df, \
id_vars=['Country', 'Code','Year'], \
var_name="Energy Source", \
value_name="Consumption (terrawatt-hours)")
renewable_energy_cons_df.head()
```

输出如附录图 29 所示。

	Country	Code	Year	Energy Source	Consumption (terrawatt-hours)
0	Algeria	DZA	1965	Energy Source	Traditional biofuels
1	Algeria	DZA	1966	Energy Source	Traditional biofuels
2	Algeria	DZA	1967	Energy Source	Traditional biofuels
3	Algeria	DZA	1968	Energy Source	Traditional biofuels
4	Algeria	DZA	1969	Energy Source	Traditional biofuels

附录图 29　转换后所需的数据集

（7）根据 **Year** 特征对 **consumption** DataFrame 排序：

```
renewable_energy_cons_df.sort_values(by=['Year'], inplace=True)
renewable_energy_cons_df.head()
```

输出如附录图 30 所示。

	Country	Code	Year	Energy Source	Consumption (terrawatt-hours)
0	Algeria	DZA	1965	Traditional biofuels	NaN
4240	Finland	FIN	1965	Other renewables (modern biofuels, geothermal), ...	0.0
17252	Chile	CHL	1965	Total	0.0
4292	France	FRA	1965	Other renewables (modern biofuels, geothermal), ...	0.0
4344	Germany	DEU	1965	Other renewables (modern biofuels, geothermal), ...	0.0

附录图 30　按年份排序后的数据集

（8）使用 **plotly express** 模块为可再生能源消费数据生成一个等值线地图，并根据 **Year** 实现动画：

```
import plotly.express as px
renewable_energy_total_cons = renewable_energy_cons_df[renewable_energy_
cons_df['Energy Source'] = = 'Total'].query('Year<2017 and Year>2007')
fig = px.choropleth(renewable_energy_total_cons, locations = "Code",
color = "Consumption (terrawatt - hours)",
hover_name = "Country",
animation_frame = "Year",
color_continuous_scale = 'Blues')
```

（9）更新消费图的布局，包括一个合适的投影方式和标题文本，然后显示这个图：

```
fig.update_layout(
# add a title text for the plot
title_text = 'Renewable energy consumption across the world (terrawatthours)',
# set projection style for the plot
geo = dict(projection = {'type':'natural earth'}) # by default, projection
type is set to 'equirectangular'
)
fig.show()
```

输出如附录图 31 所示。

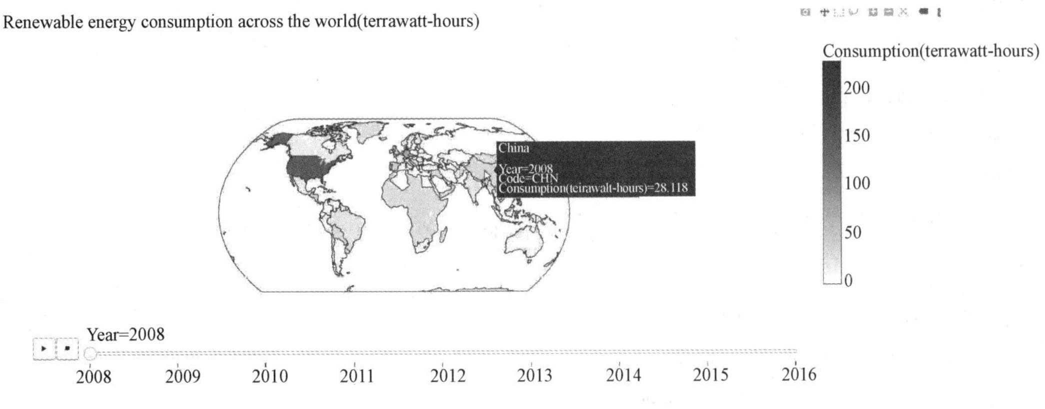

附录图 31（a）　显示 2008 年中国可再生能源消费量的等值线地图

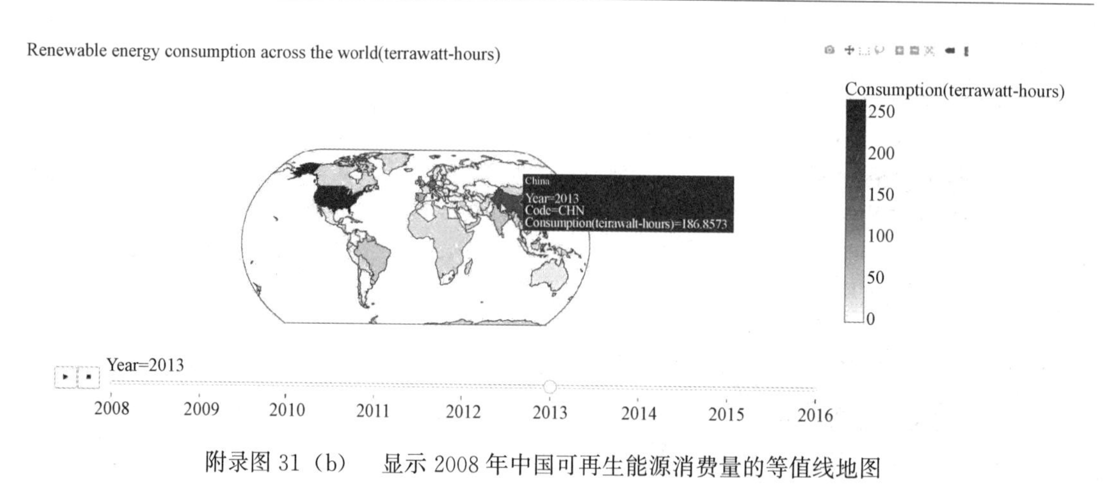

附录图 31（b） 显示 2008 年中国可再生能源消费量的等值线地图

从前面两个图可以得出，中国从 2008 年～2013 年的可再生能源消费量有所增加。

8.7 第 7 章：避免创建交互式可视化的常见陷阱

8.7.1 实践活动 7：确定在一个散点图上可视化哪些特征

答案

（1）导航到存储 .csv 文件的文件夹，启动一个 Jupyter Notebook。

（2）导入 **pandas**，**numpy** 和 **plotly. express**：

```
import pandas as pd
import numpy as np
import plotly. express as px
```

（3）创建同样的 DataFrame，不过不只包括 **gm** DataFrame 中的 **gdp** 列，还要包括 **population**，**fertility** 和 **life** 列：

```
co2 = pd. read_csv('co2. csv')
gm = pd. read_csv('gapminder. csv')
df_gm = gm[['Country', 'region']]. drop_duplicates()
df_w_regions = pd. merge(co2, df_gm, left_on = 'country', right_on = 'Country',
how = 'inner')
df_w_regions = df_w_regions. drop('Country', axis = 'columns')
new_co2 = pd. melt(df_w_regions, id_vars = ['country', 'region'])
```

```
columns = ['country', 'region', 'year', 'co2']
new_co2.columns = columns
df_co2 = new_co2[new_co2['year'].astype('int64') > 1963]
df_co2 = df_co2.sort_values(by=['country', 'year'])
df_co2['year'] = df_co2['year'].astype('int64')
df_g = gm[['Country', 'Year', 'gdp', 'population', 'fertility', 'life']]
df_g.columns = ['country', 'year', 'gdp', 'population', 'fertility',
'life']
data = pd.merge(df_co2, df_g, on=['country', 'year'], how='left')
data = data.dropna()
```

（4）打印这个 DataFrame 的前几行。除了索引列外，应该还有 8 个列：

```
data.head()
```

输出如附录图 32 所示。

	Country	Year	fertility	life	population	child _ mortality	gdp	region
0	Afghanistan	1964	7.671	33.639	10474903.0	339.7	1182.0	South Asia
1	Afghanistan	1965	7.671	34.152	10697983.0	334.1	1182.0	South Asia
2	Afghanistan	1966	7.671	34.662	10927724.0	328.7	1168.0	South Asia
3	Afghanistan	1967	7.671	35.170	11163656.0	323.3	1173.0	South Asia
4	Afghanistan	1968	7.671	35.674	11411022.0	318.1	1187.0	South Asia

附录图 32 最终 DataFrame 的前 5 行

（5）用以下信息使用一个散点图可视化表示 **co2** 和 **life** 之间的关系：

x 轴为 **life** 列，y 轴是 **co2** 列，**size** 参数为 **population** 列，**color** 参数是 **region** 列，**animation _ frame** 参数是 **year** 列，**animation _ group** 参数是 **country** 列，**hover _ name** 参数为 **country** 列，最大大小为 **60**：

```
fig = px.scatter(data, x="life", y="co2", size="population",
color="region", animation_frame = 'year', animation_group = 'country',
hover_name="country", size_max=60)
fig.show()
```

期望的输出如附录图 33 所示。

如果按下播放按钮或者手动将滑动条拖动到不同年份，你会注意到，从这个散点图并不能看出什么趋势或模式。不过*散点图的关键就是要显示一个关系，那么这里究竟有没有值得*

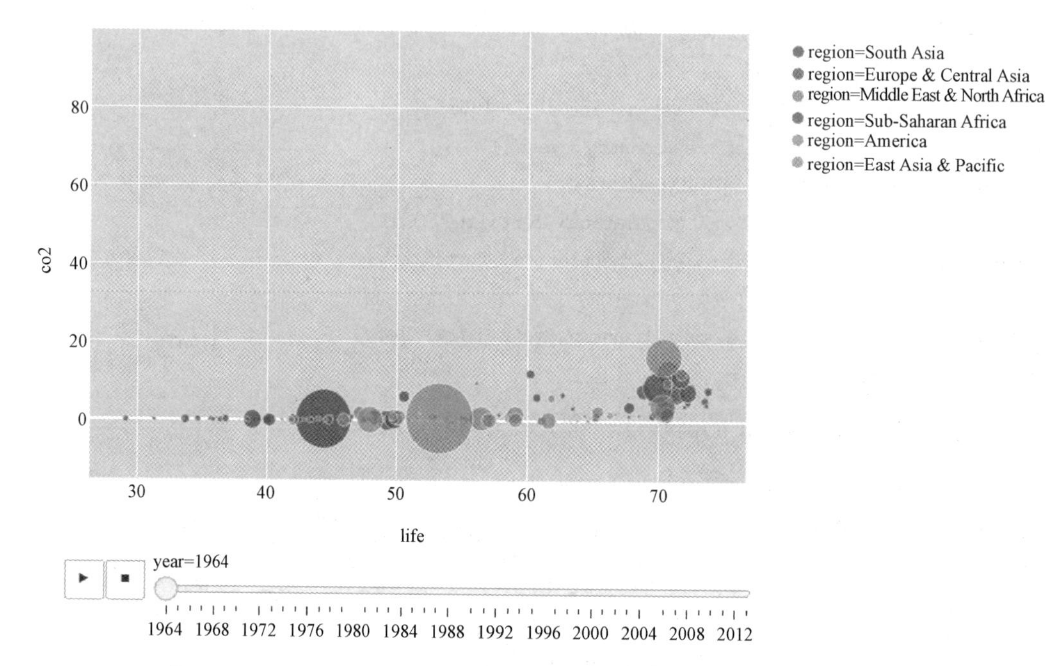

附录图 33 描述各国每年二氧化碳排放量与寿命之间关系的交互式散点图

*可视化表示的关系呢？*我们来检查一下。

（6）创建 co2 列和 life 列的 numpy 数组：

```
np1 = np.array(data['co2'])
np2 = np.array(data['life'])
```

（7）计算这两个数组之间的相关性：

```
np.corrcoef(np1, np2)
```

下面是所得到的输出：

```
array([[1.     , 0.40288934],
 [0.40288934, 1.     ]])
```

这里几乎没有什么相关性。可以与 **co2** 和 **gdp** 之间的相关性做个比较。

（8）对 **co2** 和 **gdp** 列重复步骤 6 和步骤 7：

```
np1 = np.array(data['co2'])
np2 = np.array(data['gdp'])
np.corrcoef(np1, np2)
```

下面是所得到的输出：

```
array([[1..., 0.78219731],
[0.78219731, 1...]])
```

这里有很强的相关性！正因如此，我们对这两个特征绘图时能观察到一个趋势。

（9）用以下信息使用一个散点图可视化表示 **co2** 和 **fertility** 之间的关系：

x 轴为 **fertility** 列，y 轴是 **co2** 列，**size** 参数为 **population** 列，**color** 参数是 **region** 列，**animation _ frame** 参数是 **year** 列，**animation _ group** 参数是 **country** 列，**hover _ name** 参数为 **country** 列，最大大小为 **60**：

```
fig = px.scatter(data, x="fertility", y="co2", size="population",
color="region", animation_frame = 'year', animation_group = 'country',
hover_name="country", size_max=60)
fig.show()
```

以下是所得到的输出如附录图 34 所示。

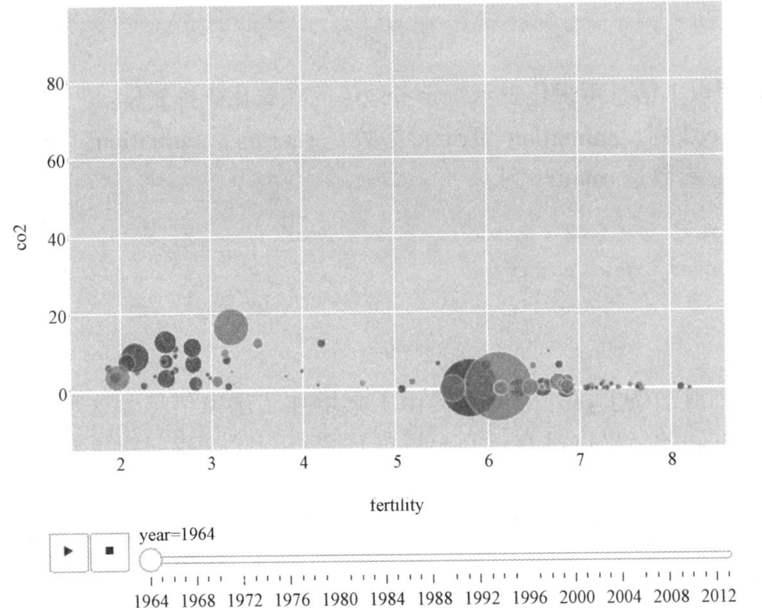

附录图 34 描述各国每年二氧化碳排放量与生育能力之间关系的交互式散点图

与前面的图很类似，看起来这两个特征之间也没有什么关系。下面再来检查一下。

（10）对 **co2** 和 **fertility** 列重复步骤 6 和步骤 7：

```
np1 = np.array(data['co2'])
np2 = np.array(data['fertility'])
np.corrcoef(np1, np2)
```

输出如下所示：

```
array([[ 1. , -0.31439742],
 [-0.31439742,1. ]])
```

这里只有很弱的负相关，正因如此，从这个可视化并不能观察到太多结果。因此，适当地选择特征从而创建一个有意义的可视化总是很重要。下面来看如何明智地选择一个可视化，以及这个过程中常见的一些陷阱。

8.7.2 实践活动 8：创建一个柱状图改善可视化

答案

（1）导入 **plotly. express**：

```
%run exercise55.ipynb
import plotly.express as px
```

（2）创建一个柱状图，用以下信息可视化表示每年各地区的二氧化碳排放量：

x 轴是 **region** 列。y 轴是 **co2** 列。**animation _ frame** 参数是 **year** 列。**animation _ group** 参数是 **country 列。hover _ name** 参数是 **country 列。**

```
fig3 = px.bar(data, x = 'region', y = "co2", animation_frame = 'year',
animation_group = 'region', hover_name = 'country')
fig3.show()
```

输出如附录图 35 所示。

我们把时间信息放在一个滑动条上，并为悬停提示工具增加了国家信息。这个可视化好多了！轴上有标签，而且 y 轴的标尺也没有过高。根据这个可视化，我们能更好地了理解发生了什么。与前一个可视化相比，现在可以更容易地比较每年各地区的二氧化碳总排放量。

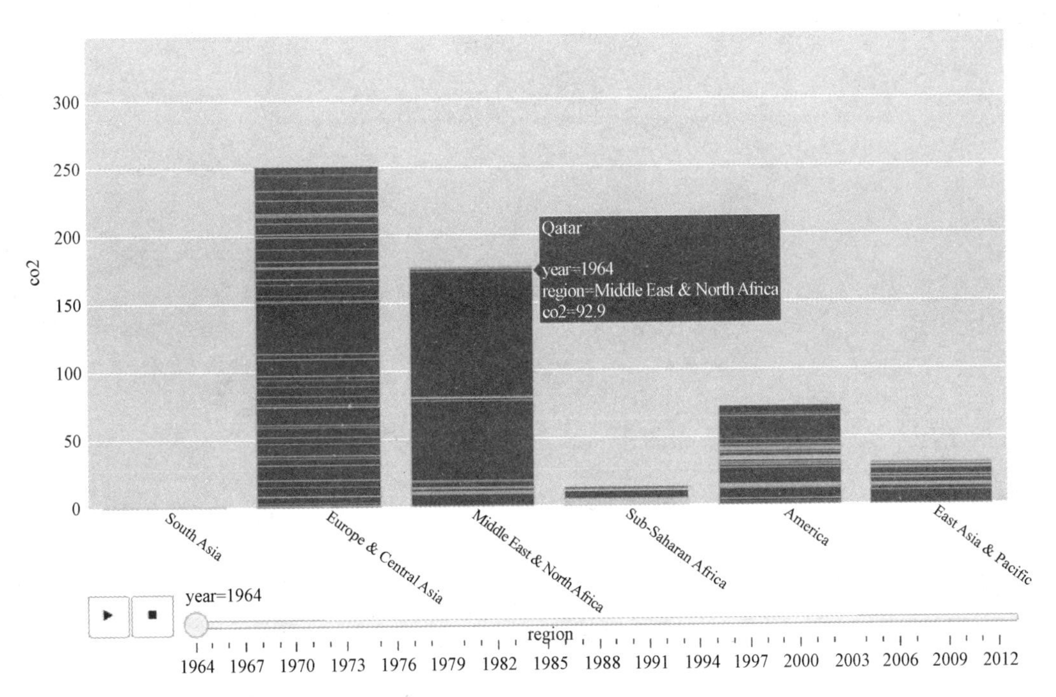

附录图 35　这个堆叠柱状图形式的交互式可视化表示了 50 年期间每个地区的二氧化碳排放量